Mare antiliarum.

peru

America

EQVINOCTIALIS

Canibales.

Brasilus.

Quarta orbis pars.

Mundus nouus.

ORIENS

Terra Incognita

Brasil Insólito

GUÍA PARA EL
VIAJERO DEL MISTERIO

Primera edición: julio 1999

c/ Santa Engracia, 90, 7.º
28010 Madrid

Depósito Legal: M-32625-1999

I.S.B.N.: 84-930329-5-6

Maquetación: Juan Ignacio Cuesta Millán

Impresión: Gráficas DOS, Madrid.

Impreso en España - Printed in Spain

Brasil Insólito

Guía para el viajero del misterio

Pablo Villarrubia Mauso

Marzo 09

Para Romyta, la chica más indómita, este Brasil insólito en el que me gustaría que compartiésemos algunas tramas...

Un abrazo muy muy fuerte

Carmen

Ediciones Corona Borealis

Brasil Insólito

GUÍA PARA EL VIAJERO DEL MISTERIO

* Imágenes de presentación en las secciones áureas de comienzo de cada capítulo.

DISTRITO FEDERAL

GRECAS DE SEPARACIÓN

Piauí, los "OVNIS" estrellados y las cadenas de ADN, según Däniken.

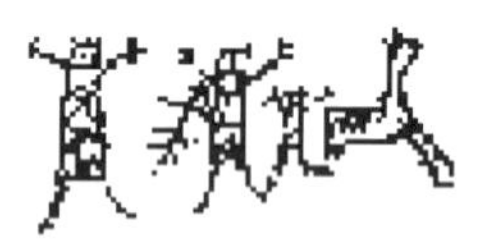

Piauí, los cazadores que se enfrentan a curiosos animales.

Sierra del Sol y de la Luna. Dibujos prehistóricos y motivo de la portada.

Bajorrelieves de la piedra de Ingá.

"nosotros, los atlantes, fundaremos la futura civilización, la civilización definitiva, donde se aprovecharán todas las grandes lecciones del pasado"

JERÔNYMO MONTEIRO: *A cidade perdida*, 1948

Este libro está especialmente dedicado a dos queridos amigos trágicamente desaparecidos en 1998: el prof. Aurélio M.G. de Abreu (arqueólogo y mi maestro), y al joven Ramsés Bahury Ramos (poeta y humanista).

- - -

Deseo expresar mi reconocimiento a todos aquellos amigos, colegas investigadores y directores de publicaciones con los que día a día compartimos experiencias vividas y proyectos futuros. Agradecimientos, en especial a mis padres Angela y Pablo, y a Montserrat Llor Serra, que comprenden el sentido de mi trabajo.

Nota al lector: en el libro aparecen muchas palabras en portugués. Exceptuados los nombres propios, los términos intraducibles al castellano se muestran en cursiva. La correcta pronunciación obedece algunas reglas muy sencillas para el lector de idioma español: la **lh** se lee como la **ll** ; la **nh** se le como la **ñ** ; las vocales **ão, õe** se pronuncian nasalmente.

PRÓLOGO

Estuve en Brasil en el verano de 1991. Lo recuerdo como uno de mis mejores viajes, repleto de experiencias y sensaciones nuevas. Allí descubrí no un país, sino todo un subcontinente.

Cada lugar donde tomaba tierra (y digo bien, porque casi todos los trayectos hay que hacerlos en avión) me parecía totalmente distinto del anterior. Los contrastes geográficos y culturales que ví allí no los había percibido en ninguna otra parte del mundo. El sabor africano de la población de Salvador de Bahía no se parecía en nada al sabor gaucho de Porto Alegre, capital del rico estado de Río Grande do Sul. Las cataratas de Iguazú (un total de 275 saltos) vistas desde el lado brasileño, del argentino y desde el cielo -en helicóptero- me hicieron enteder por qué los indios llamaron a este paraje "el lugar donde nacen las nubes". Un baño en las aguas del río Negro, infestado de pirañas, tenía para mí el mismo morbo y peligro que pasear por la noche y solo por la playa de Ipanema en Río de Janeiro.

Recuerdo Brasilia como una ciudad futurista inhabitable, hecha a la medida de los vehículos y no del ser humano. Fue construida en apenas tres años y con cierta guasa me dijeron que el ciudadano de Brasilia está compuesto de tres partes: cabeza, tronco y coche. A pesar de todo, me pareció muy destacable no la catedral de hormigón de Niemeyer cuyo diseño recuerda la corona de espinas de Jesucristo, sino el Santuario de Dom Bosco, auténtico corazón espiritual de la ciudad, con una iglesia inundada en un intenso color violeta y una paz excepcional (recordemos que Dom Bosco fue un sacerdote italiano que profetizó en 1883 que surgiría una nueva civilización en una tierra de leche y miel en el centro de Sudamérica, dentro de las coordenadas en que se encuentra Brasilia).

Más interesante, sin duda, son los alrededores que la capital misma. Tuve oportunidad de acercarme al Templo de la Buena Voluntad (Legião da Boa Vontade), con forma de pirámide, en cuya cúspide se encuentra el mayor cristal de cuarzo puro encontrado en Brasil y en cuyo interior hay que seguir la senda de un laberinto destinado a la purificación.

También me acerqué al llamado Valle del Amanecer (a 60 km de Brasilia) donde habitan unos estrafalarios personajes que practican un culto de lo más variopinto y sincrético. Es un movimiento religioso fundado por la clarividente Tía Neiva en 1959, en el que se mezclan sin disimulos los espíritus Aluxá y Jaruá con Jesucristo y el indio Flecha Blanca. Allí uno de sus sacerdotes, además de realizarme una "limpia" con huevo, me hicieron partícipe de la inminente llegada del fin del mundo para el final del milenio.

En Salvador de Bahía disfruté paseando por el barrio racial de Pelourinho (declarado por la Unesco como el más importante grupo de arquitectura colonial) y me introduje en uno de los templos cristianos más supersticiosos: la iglesia de Nuestro Señor de Bonfim, para colocarme una de sus pulseras mágicas capaces de conceder toda clase de deseos con la condición de que caiga de tu muñeca por causas naturales, deshilachada o desecha de tanto uso. Una prueba de paciencia y credulidad que muy pocos son capaces de pasar (yo no). Participé en una sesión de *umbanda* en un sombrío y alejado *terreiro* de Río de Janeiro, al que me llevaron con tal sigilo que sus coordenadas geográficas me fueron luego imposibles de localizar.

Aluciné con una de las ciudades más encantadoras que he visto en mi vida, Curitiba, capital del estado de Paraná, un modelo de urbanismo y ejemplo de cómo se pueden hacer bien las cosas, integrando progreso, asfalto y humanidad. Inolvidable el trayecto que realicé en el llamado "tren Litorina", visitando los riscos de Serra do Mar y descendiendo finalmente hasta Morretes. Apasionante fue la navegación que hicimos por los tranquilos *igarapés*, ríos estrechos que alimentan el Amazonas, trazando un intrincado y exhuberante laberinto de pasillos acuáticos donde se mezclan los sonidos de las aves más exóticas con los ruidos de los animales más inquietantes. Descubrí que éste no es un simple río sino una inmensa cuenca (la mayor de la Tierra) con siete millones de kilómetros cuadrados. Que poco a poco está siendo deforestada con el consentimiento tácito de los gobiernos que trafican con su madera y apenas ya se escucha la voz de las escasas 150 tribus de indios que se reparten por la superficie de esta gran región, uno de los pocos lugares de nuestro planeta que todavía encierra secretos para el hombre; uno de los pocos lugares donde todavía palpitan numerosos enigmas e interrogantes...

Aún guardo en la retina el perfil de rostro de anciano de Pedra da Gávea, contemplada desde el Pan de Azúcar o el impresionante espectáculo de *capoeira*, una lucha marcial practicada por los esclavos negros a la que tuvieron que disfrazar de baile étnico y acrobático, en las calles de Salvador.

Lástima que en aquel viaje no tuviera este libro de Pablo Villarrubia que estoy prologando. Me hubiera sido de gran utilidad y seguro me habría puesto sobre la pista de nuevas rutas. Muchos lugares que me pasaron desapercibidos los hubiera visto desde otra perspectiva y los habría saboreado como se merecen.

Conozco a Pablo desde hace varios años y además su encuentro fue muy especial para mí, puesto que fue el mismo día que nació mi hijo Javier. ¿Casualidad? Había seguido sus peripecias por Brasil y por otros países gracias a los artículos que iba publicando en distintas revistas especializadas que se encuentran "en la frontera de la ciencia" o ¿no es acaso ciencia descubrir petroglifos olvidados, rescatar testimonios de indígenas y *caboclos* en las selvas amazónicas o del Mato Grosso, hallar rastros arqueológicos de ciudades perdidas, perseguir a animales criptozoológicos que traen de cabeza a los más prestigiosos expertos o recuperar la memoria sobre legendarios hechos históricos?

La labor de investigación de Pablo Villarrubia es en gran parte un trabajo silencioso hecho a través de miles de kilómetros recorriendo mugrientos caminos del *sertão* brasileño o húmedas sendas en los bosques tropicales, buscando aquello que otros no se atreven, desconocen o desprecian. Alguien tiene que ir allí y contarlo. Por eso es una labor encomiable, una investigación de campo "con todas las de la ley", jugándose la piel en bastantes de las ocasiones para conseguir la foto testimonial que dé sentido a toda una jornada o una semana de búsqueda.

Los que hemos seguido sus reportajes sabemos la importancia de este esforzado trabajo, no siempre bien recompensado económicamente, que nos acerca a nuestra confortable casa mundos alejados, inhóspitos, exóticos y sorprendentes. Es nuestro particular "Indiana Jones", pero cercano y con una categoría humana y profesional que deja patente cada día a todos los que nos consideramos sus amigos.

Ojalá hubiera llevado este libro en mi macuto cuando encaminé mis pasos a Brasil porque otro gallo me hubiera cantado, otras pistas hubiera encontrado y otros enclaves me hubieran ilusionado. No obstante, bienvenido sea este nuevo libro de Pablo (el primero que publica en España) donde se recogen datos sorprendentes para acercarnos a un Brasil insólito en el que cabe casi todo lo que nos podamos imaginar y lo que no.

Por ejemplo, nos podremos enterar que existió un ferrocarril del diablo (en el estado de Rondônia) o un campo de fútbol entre dos hemisferios (en Amapá). Comprobaremos que en el estado de Pará se encuentran las pinturas rupestres de Monte Alegre, consideradas las más antiguas de América. Viviremos los múltiples percances que le llevaron a buscar primero y a encontrar después El Dorado o la Piedra Pintada (en Roraima), el Laberinto Místico (en Tocantins), las grutas de Ubajara (en Ceará) o la ciudad perdida del coronel británico Fawcett (en Bahía). Incluso ha seguido sus huellas para intentar localizar su cadáver, puesto que desapareció en el Mato Grosso mientras buscaba otra de esas míticas ciudades perdidas que él relacionaba con la civilización atlante.

Nos advertirá que el encuentro con João Galafuz o el Zumbí (en Sergipe, el estado más pequeño de Brasil) suele traer casi siempre consecuencias nefastas; nos hablará de las andanzas del jesuita canario José de Anchieta por tierras del estado de Espíritu Santo; nos contará al oído los últimos testimonios del *Mapinguary* localizados en el Amazonas; nos sugerirá la existencia de mundos subterráneos en la Sierra del Roncador; nos deleitará con las riquezas de las Siete Ciudades de Piauí en el estado más pobre de Brasil y nos señalará las curiosidades que contiene el monolito de Ingá con sus 500 inscripciones, en Paraíba.

Es sólo una muestra. Todo eso y mucho más es lo que podemos encontrar en esta obra que está a caballo entre una guía de viajes y un libro de aventuras, para que no le falte de nada.

Puedo asegurar que la visión de Brasil después de leer este libro no se reducirá exclusivamente a los jugadores de fútbol o a las mulatas cariocas.

JESÚS CALLEJO
Víspera del día de San Juan

INTRODUCCIÓN: VIAJE POR UNA GEOGRAFÍA FANTÁSTICA

ESTA ES LA PRIMERA obra que se publica sobre Brasil dedicada íntegramente a sus misterios. A la vez es una guía para aquellos que deseen aventurarse por algunos de los senderos más insólitos del planeta. Que yo sepa, tras haber consultado miles de documentos en las bibliotecas de Brasil y del extranjero, jamás se publicó un libro de estas características con la pretensión de abordar todo el país[1].

La geografía "oculta" y la "historia subyacente" o "marginada" es lo que me interesa mostrar. Así, penetraremos en los rincones más enigmáticos e insólitos de este amplio territorio repleto de mitos, leyendas y tradiciones que suelen tener una base real. Como siempre la realidad supera la ficción, lo que podrá comprobar quien lea o consulte esta guía.

Hablar en un solo libro sobre todos los lugares y misterios de Brasil es una misión imposible. Cada estado brasileño equivale a un país y, como mínimo, ofrece material suficiente para escribir una obra entera. Ante la imposibilidad editorial de abordar un proyecto de esta envergadura, tuvimos que ceñirnos a elementos resumidos y parciales, pero que no defraudarán con certeza al lector.

He recorrido más de 50.000 km por el vasto territorio brasileño y confieso que cada vez me asombro más ante las bellezas, miserias, riquezas y misterios de este país. Queda mucho por descubrir, investigar y estudiar en todos los ámbitos, desde la arqueología hasta la ecología. Durante estos viajes, algunos con más de 4 meses de duración, viví todo tipo de situaciones, a veces encarando a corta distancia la misma muerte. Sin embargo, los momentos placenteros fueron mucho más abundantes.

El que quiera lanzarse a la aventura, lo tiene servido. Como prueba yo mismo pude descubrir, junto con otros expedicionarios, petroglifos y yacimientos arqueológicos aún no catalogados por los estudiosos (ver Paraíba). Incluso redescubrir gracias a las pistas del explorador alemán Heinz Budweg y el brasileño Luis Caldas Tibiriçá la famosa Ciudad Perdida del manuscrito 512 de los *bandeirantes*, posible-

1. Un primer intento fue la publicación de mi libro: *Mistérios do Brasil: 20.000 km a través de uma geografia oculta* (Ed. Mercuryo, São Paulo, 1997), abarcando sólo una parte de los estados brasileños.

mente la misma que buscaba el ahora mítico coronel Fawcett (ver Bahía y Mato Grosso) en los años 20.

Las cosas son hoy más fáciles gracias a la amabilidad, hospitalidad y cariño del pueblo brasileño. Infelizmente, una minoría de verdaderos indeseables procuran hundir al país y denigrar su imagen.

El viajero deberá extremar el cuidado en las grandes ciudades, especialmente en Río de Janeiro, São Paulo, Salvador y Recife, donde los atracos son más frecuentes. En estos sitios nada de caminar con las cámaras colgando, exhibiendo los "Rolex" o las joyas de la abuela. Sencillez y "ojo avizor" son los mejores consejos.

Este es un libro universalista. Tratamos de comparar y disponer Brasil en contraste con otros países y otras culturas, comparándolo constantemente y procurando generalizar los conceptos más fundamentales, como pueden ser la búsqueda de *El Dorado*, de las civilizaciones megalíticas, de la cultura africana, en fin, todo aquello que forma parte de la conciencia arquetípica.

También se precia por rescatar antiguos documentos, sacar a luz informaciones perdidas deliberada o accidentalmente. Uno de los hechos más interesante de la historia oculta de Brasil involucra a la famosa Orden de Cristo. En la Edad Media se creó la Orden de los Caballeros Templarios, que tantas páginas de la historia ha llenado. Disuelta violentamente en 1312 por el Papa, siguió existiendo en Portugal -uno de los reinos más tolerantes por aquel entonces- y dio cobijo a los que huían de la atroz persecución en otros dominios europeos.

El rey luso Dinis fundó la Orden de Cristo, en realidad una fachada para ocultar los verdaderos templarios. Otro personaje célebre, el infante Enrique, conocido como El Navegante, fundador de la Escuela de Sagres (de técnicas y descubrimientos náuticos) fue el líder de la misma. Algunos historiadores creen que Brasil fue parte de su patrimonio durante mucho tiempo, puesto que las carabelas que allí llegaron llevaban desplegadas las velas con la cruz templaria, símbolo de la institución.

Este libro abordará ampliamente el pasado brasileño de la época de los descubrimientos y expansión territorial bajo el poder portugués. Uno de los datos más significativos para comprender la nueva Tierra Prometida o Paraíso Terrenal -tal como Cristóbal Colón proclamó al descubrir el continente Americano-, que supuestamente confundió con las Indias- es la desconocida o quizás omitida historia de Pedro de Rates Hanequim, natural de Lisboa que vivió 26 años en Minas Gerais.

En 1741, su Majestad Juan V ordenó confiscar los bienes y la excomunión de Hanequim y en 1744, como golpe de "misericordia", el Santo Oficio dictó su muerte por ahogamiento primero y por el fuego después, a fin de reducir su cuerpo a cenizas. Todo ello para que no tuviera sepultura y que su nombre se borrara de la historia. Pero los mismos documentos eclesiásticos denunciaron este atroz asesinato.

¿Por qué murió Hanequim? Por algo muy grave, se supone... Su nombre estaba ligado a una conspiración contra la monarquía portuguesa y su dominación sobre Brasil. Buscaba la independencia de aquellas tierras americanas. Sin embargo, no fue ese el motivo que llevó a que el Santo Oficio o Inquisición decretara su bárbara muerte. Según cuenta el gran historiador brasileño Sérgio Buarque de Holanda[2], el ciudadano luso fue condenado por considerar Brasil el Paraíso Terrenal, donde había un árbol con frutos semejantes a higos o manzanas que era la encarnación a la vez del bien y el mal.

También creía que los indios brasileños descendían de las tribus perdidas de Israel -que aparecen en el Viejo Testamento- y que Adán, el progenitor de la humanidad, se crió en Brasil, desde donde se trasladó a Jerusalén abriéndosele el océano Atlántico a su paso, del mismo modo que el mar Rojo se abrió después a los israelitas. Y para probar que este Adán brasileño existió, mencionaba las huellas de pies humanos calcados en unas rocas en las costas de Bahía.

Con atisbos proféticos pregonaba que en Brasil se erigiría el "Quinto Imperio", superpoderoso, que extendería sus dominios en todo el mundo[3]. Además de todo esto, difundía que el diluvio bíblico no había sido universal: Brasil había escapado al aguacero. Pero la "gota" que colmó el vaso fue la declaración de que en la Creación sólo intervinieron el Hijo y el Espíritu Santo, excluyendo a Dios Padre de esta nimia tarea. A esto se añade que las entidades divinas tienen cuerpo material, es decir, los ángeles e incluso Nuestra Señora son tan palpables y visibles como puede ser cualquier mortal.

Aunque bajo tortura durante tres años, siguió afirmando lo antedicho ante los crispados padres del Santo Oficio que no le perdonaron la herejía.

Casi 213 años después de la eliminación física de Hanequim un tal Peregrino Vidal hizo una relectura de la Biblia y situó a los hijos de Abel ("cantores del templo") y a los de Caín ("adeptos al culto negro") en Brasil. Los primeros crearon una civilización pujante y prometedora mientras que los segundos adoraban a Satán y construyeron monumentos megalíticos.

Los secuaces del culto negro eligieron el estado de Paraná para sus actividades. El principal centro se situaba en las formaciones geológicas de Vila Velha, en las proximidades de Curitiba. Los buenos, o sea los hijos de Abel construyeron ciudades importantes en el centro de Brasil: "Surgía en una isla artificial... De un lado medía 620 km y de otro 420... Estaba cercada de varios muros, fosos y canales. Estos, algunos cubiertos, permitían la entrada a la ciudad de las naos de largo recorrido. En el centro de la ciudad, en un suave cerro, se erguía la ciudadela con el palacio real y el majestuoso templo...Había casas balnearias para todos; templos, jardines, gimnasios e hipódromos..."[4].

2. En *Visão do Paraíso*", José Olympio Editora, 1959.

3. Quizás en algo Hanequim haya podido "dar en el clavo" aunque parcialmente. Hoy Brasil no es la quinta pero si la octava potencia económica mundial, pese a que la renta esté tan mal distribuida que no beneficie por igual a todos sus ciudadanos.

4. En *América pré-histórica e Hércules*, Botucatu, 1957.

Nadie, hasta hoy ha podido encontrar los vestigios de esta fabulosa ciudad, tan semejante a la descrita por Platón en su *Timeo y Critias.* Y en referencia a la Atlántida, Brasil fue descrito por varios investigadores de arqueología fantástica como una colonia atlante que se refugió allí tras el gran cataclismo que hundió su continente.

Los atlantólogos más atrevidos, dicen que la mismísima civilización desaparecida quedaba en Brasil. El infatigable estudioso de los misterios de la región, el italobrasileño Gabriel D'Annunzio Baraldi[5] sitúa en Piauí una parte del escurridizo continente. Como pruebas esgrime una piedra del museo particular de Cabrera Darquea, un médico de Ica, Perú, donde aparecen supuestamente grandes ciudades atlantes en el continente sudamericano.

Una de las bases para relacionar Brasil con la Atlántida está asentada en la geología. El territorio brasileño es el más antiguo del planeta. La ausencia de depósitos de sedimentos del secundario en la meseta central brasileña atestigua que tales tierras se hallaban sobre las aguas en fechas muy anteriores a su acumulación en el fondo del mar. En otras palabras, su parte central ya constituía un continente extenso cuando las demás partes del mundo aún estaban bajo las aguas del gran océano primigenio.

Gabriel D'Annunzzio Baraldi.

La primera comparación que se hizo entre Brasil y Atlántida se la debemos al francés Snider Pellegrini. En su obra *La creation et ses mystères devoilés: l'origin de l'Amerique* [6], 1859, afirmaba que las selvas del Mato Grosso (que entonces se escribía Matto Grosso ocultaban las ruinas del otrora glorioso imperio mencionado por Platón. Más tarde, a principios del siglo XX, el célebre coronel británico Percy Fawcett sostendría y popularizaría esta hipótesis.

La desaparición del explorador, en 1925 en la región del Xingú inspiró al autor inglés T.C. Brides a escribir *The Mysterious City.* Londres, 1928. En esta novela aparece una ciudad, Hulak, construida en un antiguo cráter, cerca del río Xangu (quizá se habría inspirado en él), a 10º de latitud sur y 55º de longitud oeste.

Estaba habitada por los hulas, hombres de raza blanca que procedían de Atlántida. Eran bajitos y rubios, vestidos con túnicas de seda azul, las mujeres eran más robustas. Inventaron un mortífero rayo azul con el que aterrorizaban a sus enemigos. El joven explorador inglés Alan Upton logró hacerse con el arma y diezmó la

5. Baraldi es presidente fundador del Instituto de Cultura Megalítica S/C Ltda, con sede en São Paulo.

6. Mencionado por el historiador Johnni Langer en su artículo "A Esfinge Atlante do Paraná: o imaginário de um mito arqueológico" (en la revista *História, Questões & Debates*, de Curitiba, vol. 13, julio/diciembre de 1996).

mayoría de los 500 habitantes: sólo quedaron trece. Aquí había un templo con un imponente disco de oro y piedras preciosas que representaba al Sol.

Otra ciudad perdida que recaló en el imaginario de la literatura fue la "República 3000"[7] , ideada por el gran escritor brasileño Menotti del Picchia en los años 30 y situada en el mítico territorio de Mato Grosso, ese espacio donde no hay trabas para la imaginación, donde el hombre es libre para constituir sus utopías, sus sueños y sus anhelos más profundos.

Los protagonistas de la obra, el capitán del ejército Paulo Fragoso y el cabo Maneco llegan a una zona inexplorada en la Serra dos Baús, cerca del límite con el estado de Goiás, entre los ríos Taquari y Jauru. Avanzando por ese territorio se topan con una fabulosa ciudad, casi toda metálica, donde habitan robots enanos (anticipándose a la *Guerra de las Galaxias*), con un solo ojo y descendientes de cretenses e incas de Manco Capac.

En esta ciudad perdida, protegida por un fuerte campo electromagnético, se le permite a Fragoso consultar unos documentos escritos por el cronista Ama, de "raza sidoniana" (posiblemente de Sidón, Fenicia). "Éste estaba al servicio del rey Idomine, que viajó en la nao Cnosso siguiendo la ruta de un navegante fenicio, nativo de Byblos, llamado Arad, que naufragó en la bahía de Marajó".

El cronista Ama narraba lo siguiente, según la creatividad de Picchia: "La crónica sobre la ruta de Arad, escrita con caracteres que son una evolución lineal de la escritura jeroglífica egipcia[8], la conservamos con otras reliquias del Cnosso, en una de las salas del Museo de la República".

"El nombre del jefe de la expedición cretense, Kynir, hijo de Tamou, de origen egipcio, que dirigió en tierra también a los náufragos hasta que se recuperaran y aquí fundaron la República, quedó en nuestra tradición como patriarca de la patria 3000. Todo esto pertenece más a la leyenda que a nuestra exacta cronología".

Portada del libro *A filha do Inca*, del visionario Menotti del Picchia.

Este magnífico libro es la mejor prueba de cómo toda la imaginería de los otros pueblos, especialmente europeos, fue trasladada a una superficie geográfica desconocida y con necesidad de ser ocupada no sólo por los indios que allí vivían de forma

7. *La República 3000* o también en otras ediciones *A filha do Inca*, traducida a otros idiomas.

8. Sobre la presencia de egipcios en América os aconsejo la lectura del aclarador libro de Nacho Ares, *Egipto el oculto* (Ediciones Corona Borealis, Madrid, 1998).

muy primitiva comparados con los Incas y Aztecas, si no por "grandes civilizaciones" que los portugueses y otros europeos jamás encontraron.

A lo largo de este libro el lector encontrará innumerables referencias a los *bandeirantes*, hombres responsables de las *bandeiras*, expediciones a los territorios entonces incógnitos, dedicados a descubrir riquezas (especialmente minerales) y apresar indígenas.

Según la documentación aportada por el escritor sertanista e historiador paulista Manoel Rodrigues Ferreira, las *bandeiras* eran las fuerzas armadas de los núcleos urbanos fundados por los portugueses en territorio brasileño con el objetivo de "servir al rey (de Portugal) y las villas y ciudades".

Las más importantes se crearon en los siglos XVII y XVIII. La mayoría de sus miembros salían de São Paulo. Burlando el Tratado de Tordesillas (1494), firmado entre España y Portugal y sus límites impuestos, se adentraban en el continente expandiendo los territorios administrados por la corona portuguesa.

Para Ferreira, al contrario de lo que cuentan los libros de texto y de historia ortodoxa, en una primera fase de sus expediciones más que indios para esclavizar, buscaban su propio *El Dorado* y encontraron ciudades perdidas (ver capítulo de Bahía y el manuscrito 512 de los *bandeirantes)*, oyeron el canto del gallo fantasmal, vieron luces extrañas y vivieron bajo el gran miedo que provocaban los hechiceros indígenas.

Estos hombres eran portugueses, mestizos de blancos e indios o hijos de portugueses nacidos en Brasil. La mayoría de los historiadores narran que eran invariablemente crueles hasta el extremo: diezmaban poblaciones indígenas y atacaban las misiones jesuítas que daban cobijo a indios guaraníes, apresándolos y sacrificándolos.

La imagen de hombres incultos con conocimientos muy básicos, solamente dedicados a desflorar indias vírgenes, no correspondería en su totalidad a la popular que se tiene de ellos, según nos cuenta Ferreira. Y es cierto que gracias a sus grandes conocimientos geográficos, cartográficos y astronómicos lograron topografiar vastas extensiones territoriales confeccionando los primeros mapas del interior de Brasil. También expandieron enormemente sus fronteras ignorando el mencionado Tratado de Tordesillas.

La palabra Brasil encierra en sí misma todo un enigma. Todos los paisanos aprenden en la escuela que "Tierra de Vera Cruz" y luego "Tierra de Santa Cruz" fueron los primeros nombres que recibió el nuevo territorio descubierto por Pedro Alvares Cabral en 1500. Luego se denominó Brasil en función de la especie de madera que se explotaba por aquellas tierras y que servía de tinte para las ropas.

No obstante, esta explicación no ha convencido a algunos historiadores heterodoxos (y no menos eruditos) como Gustavo Barroso. El árbol cuyo tronco sirvió de tinte durante muchos siglos, el brazil, ya aparecía en los relatos de Marco Polo en Asia, con diversas variaciones: *bressil, brasilly, bresilisi* o *braxilis.* Fue introducido en España de 1221 a 1243 por los venecianos.

Barroso buscó en la leyenda de una tierra mítica y perdida, la isla de Brasil, el origen para el actual nombre del país sudamericano. Según los mapas de la Edad Media[9] emerge entre las oscuras y tenebrosas aguas del Atlántico una isla, la de Brazil, Berzil o Brasil.

Un documento escrito en Génova, en 1325 por un tal Angelinus Dalorto, daba a conocer la isla de Brasil ("L'Isola Brazil") que suponía ubicada una latitud al sur de Irlanda. Su nombre procedería tal vez del galélico *Bresail*, un antiguo semidiós pagano. La misteriosa isla, un enorme anillo de tierra que rodeaba un mar interior salpicado de islotes, era sólo visible a los ojos de unos pocos elegidos.

Los catalanes también tienen su participación en la historia secreta del nombre "Brasil". En la Biblioteca de Módena (Italia) existía un mapamundi anónimo, de procedencia catalana -su propietario habría sido Angelino Balorto-, donde se observa cerca de Irlanda una isla llamada Brezil. Algunos historiadores creen que el mapa data de 1350, otros lo sitúan hacia 1367. ¿Será que los antiguos navegantes ya conocían Brasil antes de su descubrimiento oficial en 1500 y lo confundieron con una isla?

Otro dato curioso es que los españoles llegaron a bautizar un puerto en la isla de Santo Domingo como Brasil o Brazil. Un mapa de 1439 que se halla en la Biblioteca de San Marcos (Venecia), cuyo autor era un tal Andréa Bianco, muestra una isla en el extremo oriental del Atlántico con el nombre de Brazil, cerca de otra llamada Antilia y una tercera bajo el extrañísimo nombre de ¡"Isla de la mano de Satanaxio"!

En el idioma gaélico la palabra Brasil significa afortunado/a y se incorpora al mito de las famosas "Islas Afortunadas" que algunos historiadores también asocian con las Canarias. Un manuscrito del colegio de Corpus Christi, en la Universidad de Cambridge, de Guillermo Botoner, 1480, narra el descubrimiento de una isla llamada Brasil al oeste de Irlanda. Hy-Bresail o O'Breasail era una tierra "prometida" de las leyendas celtas que se confundía con la isla de San Brandón o Borondón o incluso con las igualmente míticas islas de Siete Ciudades.

El mito de las Afortunadas pudo venir de los griegos y latinos, vadeando los ríos del conocimiento oscuro y confuso de la Edad Media para extenderse por los países nórdicos y occidentales de Europa.

A principios del siglo XX el canónigo Raymundo Ulysses de Pennafort (defensor de la existencia de Atlántida) creía que la palabra "Brasil" procedía del sánscrito, "Berézatl-Gairi" y que significa "Alta Colina"[10].

Al margen de esta interpretación muy poco ortodoxa y como concluye Barroso, la palabra Brasil no era desconocida por los navegantes portugueses. Es posible que se hubiesen confundido, creyendo haber encontrado la mítica isla del Atlántico, repleta de la madera rojiza que tiñió sus ropas y sus sueños...

9. En los mapas de Medici (1351) y de Pzigani o Pizignano (1367).

10. Pennafort también atribuía el origen del nombre *ycamiabas* -dado a las mujeres amazonas brasileñas - a las palabras *ysâmicaka* o *ysamicábas*, que en sánscrito significan "sin unión de sexos".

Uno de los mayores investigadores del pasado megalítico brasileño, Alfredo Brandão, decía en 1937 que los autores de las pinturas e inscripciones rupestres brasileñas no fueron los indios, sino los representantes de dos civilizaciones remotísimas: una la megalítica y otra procedente de la Atlántida. El resto del mundo antiguo pudieron ser hijas de estas dos, como ocurre con Egipto, Asiria, Etruria o Iberia, un mundo que se originó en el continente "brasiláfrico".

La acción de los cataclismos naturales afectó menos a Asia y a Europa que América y Africa y a partir de esto deduce que la civilización de Atlántida siguió viva en los dos primeros continentes mencionados. Aquí la población superviviente a un segundo cataclismo sería muy pequeña y aislada del resto del mundo y se "degradó". Reflejando una ideología muy naturalista achacaba al clima de los trópicos (al que denominaba "malsano" y "enfermizo"), a sus selvas infernales y a sus desiertos tórridos, la creación de una raza "salvaje como la propia naturaleza que la cercaba, triste, melancólica, desconfiada, ignorante y desanimada", descendiente de los atlantes.

El sabio brasileño, lleno de prejuicios adquiridos del pensamiento europeo propio del siglo pasado y vigente hasta bien entrado el XX, estaba convencido de que los indígenas eran ignorantes y retrasados, hecho que hoy en día los antropológos calificarían de racismo. En verdad, los indígenas brasileños estaban perfectamente adaptados a su medio ambiente y sacaban provecho de sus recursos: plantas medicinales como productos animales, sólo por mencionar dos ejemplos.

Por fin, y más bien a modo de anécdota, quisiera mostrar al lector cómo Brasil está presente en el inconsciente de la humanidad, incluso en el país más poderoso de la Tierra: Estados Unidos. Navegando por Internet -el espacio más moderno de las comunicaciones planetarias- me topé con una curiosa página *web* en inglés referente a la teoría de la Tierra Hueca. En ella se menciona un libro, *Underground Alien Bases*, publicado por Tim Beckley and Ufo Review-Abelard Press (Nueva York) cuyo autor es un tal *Commander X* (Comandante X), un oficial anónimo de los servicios de Inteligencia de EEUU.

Y así reza parte de la obra: "...de todos los países de la Tierra, ninguno es tan misterioso o menos explorado que Brasil. Millas y millas de este país nunca fueron pisadas por el hombre blanco. En estas áreas viven tribus enteras de indios salvajes cuyas civilizaciones podrían ser semejantes a las que existían en la Edad de la Piedra. Muchos de los que se han atrevido y aventurado por aquellas selvas inexploradas jamás regresaron. Quizás el caso del coronel Fawcett sea el más familiar a los lectores como uno de los ejemplos más conocidos. Él, supuestamente, fue capturado por una tribu de indios salvajes mientras buscaba una "Ciudad Perdida" que se localiza en los confines de la densa jungla..."

El Comandante X sigue diciendo en su libro: "...Antes de morir, el Dr. (Raymond) Bernard (uno de los principales defensores y divulgadores de la teoría de la Tierra Hueca), envió a quién escribe muchas cartas personales respecto a sus conclusiones sobre las civilizaciones subterráneas. Escribió lo siguiente: 'Yo llegué a

Brasil en 1956 y estaba llevando adelante mis investigaciones hasta que me encontré al líder Teosófico que me habló respecto a las ciudades subterráneas... que existen en Brasil. Se refería al Profesor Henrique de Souza, presidente de la Sociedad Teosófica Brasileña', en São Lourenço, Minas Gerais, que erigió un templo dedicado a Agharta, el nombre Budista del mundo subterráneo. Aquí, en Brasil, viven teosofistas de todo el mundo y creen en la existencia de estas ciudades" (...)"

"El profesor de Souza me contó que el explorador inglés está aún vivo en una ciudad subterránea en las montañas del Roncador, Mato Grosso, donde encontró la ciudad subterránea de los atlantes que buscaba, pero le hicieron prisionero para que revelara el secreto de su escondrijo. No fue asesinado por los indios como se suele creer. El profesor sostiene haber visitado ciudades subterráneas, incluida Shamballah, la capital mundial del Imperio subterráneo de Agharta..."

Por lo que hemos podido leer, Brasil sigue siendo uno de los favoritos en cuanto a misterios, hechos y lugares ocultos, desencadenando una irresistible atracción en todos aquellos que anhelan algo más que el simple día a día, los que buscan las "verdades" espirituales que pueden estar dentro de uno mismo. Brasil es el empujón que nos hace falta para llegar a este otro "mundo subterráneo", el de nuestras mentes.

Portada del libro: *Exploration Fawcett*, basado en los apuntes y diarios del coronel Percy Harrison Fawcett.

NORTE

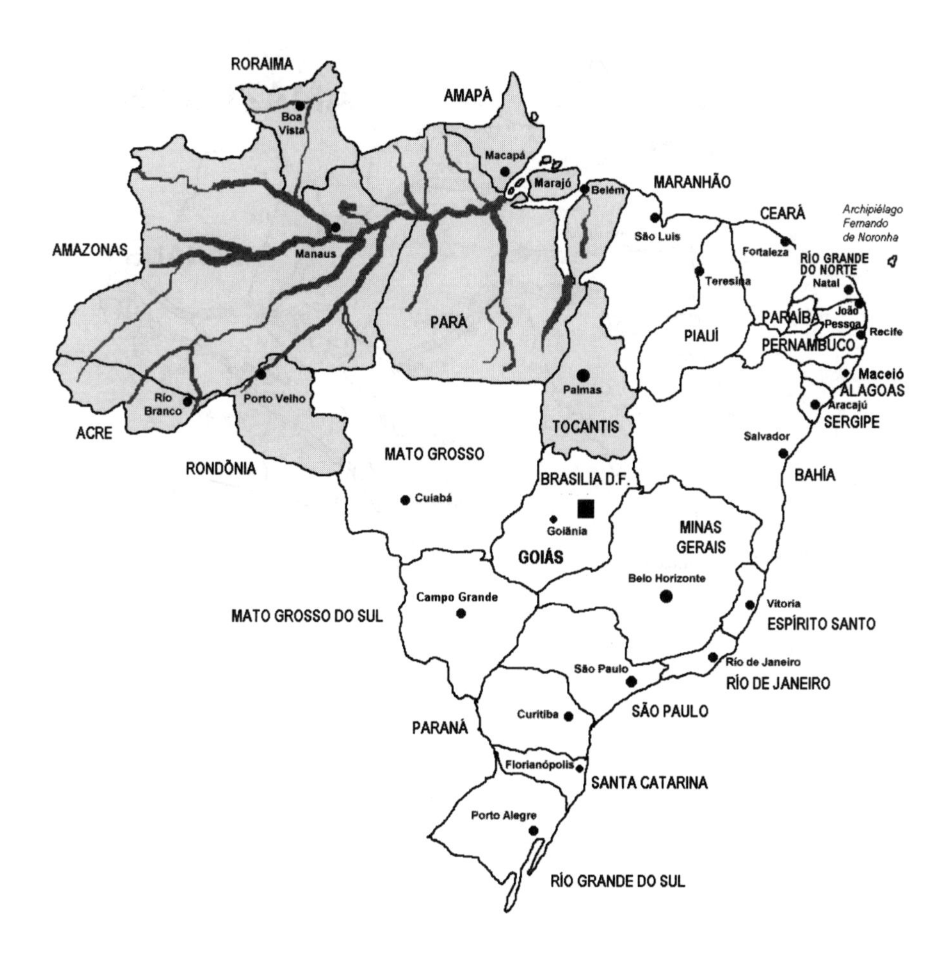
RORAIMA
Boa Vista
AMAPÁ
Macapá
Marajó
Belém
MARANHÃO
São Luis
CEARÁ
Archipiélago Fernando de Noronha
Fortaleza
RÍO GRANDE DO NORTE
Natal
Teresina
AMAZONAS
Manaus
PARÁ
PIAUÍ
PARAÍBA
João Pessoa
Recife
PERNAMBUCO
Maceió
ALAGOAS
Aracajú
SERGIPE
Palmas
TOCANTIS
Río Branco
Porto Velho
ACRE
RONDÔNIA
MATO GROSSO
Salvador
BAHÍA
BRASILIA D.F.
Cuiabá
Goiânia
GOIÁS
MINAS GERAIS
Belo Horizonte
Vitoria
ESPÍRITO SANTO
Campo Grande
MATO GROSSO DO SUL
São Paulo
Río de Janeiro
RÍO DE JANEIRO
SÃO PAULO
Curitiba
PARANÁ
Florianópolis
SANTA CATARINA
Porto Alegre
RÍO GRANDE DO SUL

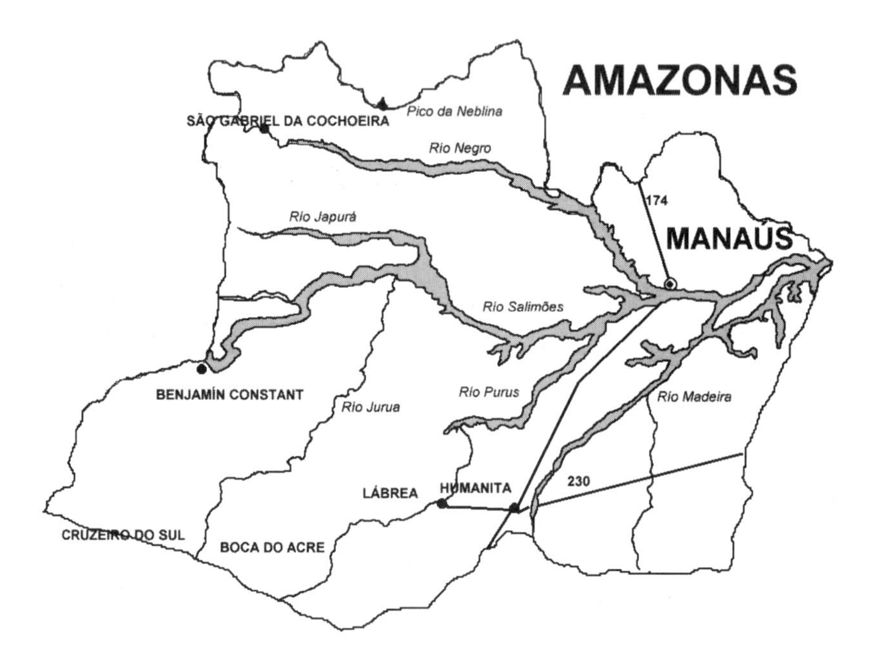
AMAZONAS
Pico da Neblina
SÃO GABRIEL DA COCHOEIRA
Rio Negro
174
Rio Japurá
MANAUS
Rio Salimões
BENJAMÍN CONSTANT
Rio Jurua
Rio Purus
Rio Madeira
230
LÁBREA
HUMANITA
CRUZEIRO DO SUL
BOCA DO ACRE

I

AMAZONAS:
PIRÁMIDES, YETIS Y OTRAS CRIATURAS

EL ESTADO de Amazonas sigue siendo el gran desconocido de Brasil. Su territorio (1.567.954 kms^2) aún está poblado de selvas vírgenes y tribus desconocidas que no han tenido contacto con el "hombre (in)civilizado". Es el paraíso para quienes son consumidos por el gusanillo de la aventura y el riesgo. Navegar por sus ríos de aguas rápidas en inestables canoas o piraguas puede poner el pelo de punta. Los insectos, especialmente mosquitos, pueden hacerte perder la calma y te golpearás con la intención de apartarlos o aplastarlos.

Podemos toparnos con una tarántula en el servicio o con mosquitos que más bien parecen prototipos de aviones... No quiero con esto, disuadir al lector de visitar el Amazonas -nunca me pasó nada grave hasta este momento- sólo recomiendo que esté prevenido contra cualquiera de estas situaciones. Mucho repelente, vacunaciones y principalmente: gran atención a donde se pisa, se ponen las manos o uno se mete.

Si Ud. decide pasar varios días en la selva, es bueno saber que durante el período de "sequía" (es decir, que llueve algo menos), los índices de malaria disminuyen debido a que los mosquitos, vectores transmisores de la enfermedad, reducen su procreación. Regiones como el alto Río Negro son consideradas endémicas respecto al paludismo y vale la pena prevenirse siguiendo un tratamiento adecuado (cuya protección no está absolutamente garantizada), hasta que los científicos descubran una vacuna cien por cien eficaz.

> "El potencial turístico del Amazonas es enorme, sin embargo muy mal aprovechado. Para que se tenga una noción, de los más de 260 mil millones de dólares que anualmente rinde la industria turística, la región Amazónica sólo se lleva menos del 0,01% de ese total." (*N. del A.*).

Retrocedamos en el tiempo. Ninguna opción curativa o preventiva tuvieron en el año 1542 los 30 miembros de la expedición comandada por el español Francisco

Vista aérea del río Negro (Amazonas) y al fondo el macizo montañoso con el Pico de la Neblina, en la frontera con Venezuela.

de Orellana, que partió de Quito en búsqueda del "Rey Dorado" -jamás lo encontraron-, hasta llegar por tierra al Valle de Sumaco después de mil y una desventuras. Harapientos, los testarudos y valerosos expedicionarios bajo las órdenes del andaluz Diego Mexía, construyeron un bergatín. Con él se lanzaron a las aguas del río Coca, luego al Napo y por fin al Amazonas ("río mar", como le denominan comunmente los brasileños).

Es en esta histórica expedición -cuyo trayecto completo jamás ningún ser humano volvió a repetir- cuando Orellana y sus hombres llegaron el día 24 de junio de 1542 a una zona llena de *malocas* (grandes residencias indígenas), bajaron a una playa para celebrar la fiesta de San Juan Bautista. El cronista de la expedición, el fraile Gaspar de Carvajal, narra que allí fueron atacados por mujeres altas, de tez clara y vestidas únicamente con taparrabos[1].

Arqueras expertas luchaban, según el religioso, mejor que los hombres. Eran capaces de disparar siete flechas por cada tiro de arcabuz o de ballesta de los españoles. El cómputo final de bajas fue ocho indias muertas, algunos hombres heridos y la pérdida de un ojo del fraile Carvajal, que tuvo la desgracia de quedarse tuerto a causa de un certero flechazo.

Un mensajero indio del cacique Oriximiná había sido capturado por los españoles y les contó que aquella era la tierra de las *coniupuyaras* que luego fueron comparadas por Carvajal con las míticas mujeres guerreras de Asia: las "amazonas". Según el mensajero, las de las selvas ecuatoriales eran dueñas de un inmenso imperio que

1. Uno de los mejores libros sobre las expediciones que navegaron por el río Amazonas es el del "amazonista" gaucho Altino Berthier Brasil: *Desbravadores do rio Amazonas*, Posenato Arte & Cultura, Porto Alegre, 1996.

sumaba 70 aldeas, donde abundaba el oro y la plata. Su reina se llamaba Coñori, eran "hijas del sol" y le rendían pleitesía. Además, como sus símiles asiáticas, eran solteras y sólo durante las guerras que libraban a las otras aldeas capturaban varones para perpetuar la raza.

Si los hijos que nacían de estas relaciones eran niños se les sacrificaba inmediatamente o, en un acto algo más benevolente, eran entregados a sus padres. Sólo las niñas eran criadas y recibían, al primer atisbo de consciencia, un fuerte entrenamiento militar. Estas mujeres peleonas cobraban tributos a los pueblos que estaban bajo su amenaza[2].

El 26 de agosto de 1542, después de ocho meses de aventuras y penalidades, salen a la mar a través de la desembocadura del río Araguari y alcanzan el pueblo de Nueva Cádiz en la isla de Cubágua, Caribe. Después se realizaron otras importantes expediciones, como la del portugués Pedro Teixeira (entre 1637 y 1639) cuya trayectoria fue seguida recientemente por el "amazonista" Altino Berthier Brasil. Su hazaña sirvió para incluir en las posesiones portuguesas buena parte del actual territorio amazónico brasileño.

En otros libros ofreceré más detalles sobre ésta y otras muchas expediciones, pues ahora nos esperan algunos de los más extraordinarios misterios amazónicos, ocultos en las tupidas selvas del río Negro.

La región delimitada por las fronteras de Colombia, Venezuela y Brasil es una de las más remotas y menos exploradas del mundo. Además es el escenario idóneo para fenómenos tan sorprendentes como son las apariciones de luces de origen desconocido que asustan a los nativos. Ángeles, múltiples criaturas misteriosas como el temible *Mapinguary* o ciempiés gigantes de más de tres metros de longitud. La historia pretérita de la región evoca a un dios blanco y civilizador: el Pai Zumé, ciudades perdidas, e inscripciones en las rocas de los ríos cuyo significado se ha perdido en la noche de los tiempos. Entonces "las rocas aún eran blandas", según la leyenda que todavía se oye en el Alto Río Negro.

Salí de Manaus (capital del estado del Amazonas) rumbo a aquellas fronteras. Durante casi dos horas y media sobrevolé en un bimotor una abundante y tupida vegetación sin el más mínimo rastro de huellas humanas, siempre acompañando al gigantesco río Negro, uno de los más caudalosos del mundo. Mi destino final era São Gabriel da Cachoeira, una villa aislada en la selva habitada por militares e indios.

Poco antes de tomar tierra divisé en el horizonte el imponente y majestuoso Pico da Neblina, con sus 3.014 metros de altitud, descubierto en 1946 por un piloto norteamericano que volaba perdido en la región. Situada entre Brasil y Venezuela,

2. El doctor en antropología social y especialista en etno-historia Antonio Porro, de São Paulo, me envió su libro *O povo das aguas: ensaios de etno-historia Amazônica*, Ed. Vozes-Edusp, Petrópolis, 1996, donde desmitifica la famosa leyenda de las mujeres amazonas. Según el autor, Carvajal había exagerado o inventado algunos hechos, incluso empleando palabras que no se hablaban en laamazonia oriental, propias de la región andina. De todas formas, Porro no niega la existencia de sociedades matriarcales en la región.

es una montaña sagrada para los indígenas yanomamis que habitan sus faldas, donde frío y viento evocan los espíritus ancestrales.

También pude observar en la Sierra del Curupira un grupo de montañas de forma piramidal. Eran las mismas que provocaron gran polémica a mediados de los 70 cuando el investigador brasileño Roldão Pires Brandão anunció su descubrimiento. A la sazón la desaparecida revista "Mundo Desconocido" -dirigida por Andreas Faber Kaiser, prestigioso investigador de lo insólito ya fallecido-, divulgó el misterioso hecho para después hundierse en el olvido.

Roldão creía que aquellas montañas eran pirámides de hasta 200 metros de altura construidas por una civilización preincaica, tal vez atlante. Algunos geólogos se negaron a aceptar esta explicación, atribuyendo la construcción de las pirámides a la naturaleza, que se encargó más tarde de cubrirlas con vegetación. Todas las expediciones organizadas por tierra para alcanzarlas resultaron frustadas.

Uno de los guías de la expedición era un personaje controvertido, un pseudoindígena que se autonombra Tatunka Nara. Abriré un largo paréntesis para explicar un poco más esta fascinante historia.

Existe una serie de relatos narrados por Tatunka y compilados por un periodista alemán[3]. Según éstos, hace 14.000 años se construyó una ciudad en medio de la selva amazónica (entre Brasil y Perú) cuyo nombre era Akakor. Algunos conquistadores españoles lograron llegar a esta ciudad perdida y habitada por los indígenas de la tribu Ugha Mongulala. Su trazado geométrico recordaría al de la capital de la Atlántida: Poseidón, donde había un gigantesco templo dedicado al dios Sol. Sus sillares eran similares a los de la fortaleza de Sacsahuhaman (Perú). Además, por debajo se extendía un entramado de túneles subterráneos por donde los españoles pudieron escapar a la persecución de los indígenas.

Sus habitantes poseían embarcaciones veloces, "más rápidas que el vuelo de las aves", que se valían de velas y remos. También eran propietarios de "piedras mágicas" con las que podían observar hechos en la distancia. "Todo lo que ocurría en la Tierra y en el Cielo se reflejaba en esas piedras", se dice en el libro del periodista alemán.

En el año 10481 a.C., siempre según estos relatos, los dioses que habitaban Akakor huyeron de la ciudad previendo un cataclismo. Estas deidades civilizadoras se marcharon en "navíos que los llevaron al cielo, entre fuego y truenos". Algunos años después, en 10468 a.C. acaeció la primera catástrofe, seguida de una segunda 6000 años después, cuando las "aguas del gran río" anegaron la región. En la primera, miles de personas, incluidos sus sacerdotes espirituales fallecieron entre temblores de tierra, lluvias, frío y nieve. La fecha del primer cataclismo coincide, según Tatunka Nara, con la destrucción de la ciudad de Tiahuanaco, en Bolivia, como señalaba el investigador germano-boliviano Posnansky a principios de este siglo. En el segundo cataclismo, hacia 3166 a.C., hubo un gran diluvio.

3. Karl Brugger: *La Crónica de Akakor*, Pomaire, 1976

Hoy Akakor está en ruinas. Sus últimos supervivientes huyeron hacia el "mundo subterráneo" donde existen otras ciudades. Aún en nuestro siglo, algunos nazis alemanes se refugiaron en sus ruinas, guiados por los descendientes de los antiguos Ugha Mongulala. En el templo subterráneo de la ciudad estarían escondidos un "platillo volador y una extraña nave que puede pasar sobre las montañas y el agua". Este "platillo" es de color oro y está fabricado con un metal desconocido. "Tiene la forma de un cilindro de arcilla y la altura y ancho de dos hombres uno sobre otro. En el platillo hay espacio para dos personas", reza la Crónica.

Inscripciones rupestres a las orillas del río Negro, en São Gabriel da Cachoeira (Amazonas)

Una segunda ciudad, Akahim, se situaba entre las actuales fronteras amazónicas de Brasil y Venezuela. Era semejante a Akakor, también dotada de un templo dedicado al dios Sol y grandes edificios pétreos. Tras duras batallas contra aquellos a los que la Crónica llama "Bárbaros Blancos", sus habitantes destruyeron lo que restaba de su ciudad y se refugiaron en su mundo subterráneo. Su planificación obedecía a la forma de la "constelación de los Dioses". Hasta el año 1972 Tatunka informaba que sólo cuatro edifícios subterráneos de Akahim seguían habitados por cerca de 5.000 personas.

Ambas estaban conectadas por un pasillo subterráneo y comunicadas por medio de una compleja red de espejos de plata que transmiten señales luminosas de un extremo a otro del recorrido.

La misteriosa -y también dudosa- crónica atrajo la atención del escritor suizo Eric von Däniken que decidió financiar algunas expediciones a la frontera entre Brasil y Venezuela para localizar la ciudad de Akahim, en cuyas proximidades se encuentran grandes pirámides. El aviador Ferdinand Smithd, junto con el investigador de misterios arqueológicos brasileño Roldão Pires Brandão, organizaron en los años 70 algunas expediciones por tierra, pero todas fracasaron.

En 1982, Brandao sobrevoló la zona de las pirámides, una de ellas más alta que la de Keops, en Egipto. El brasileño creía que allí estaban los vestigios de la civilización atlante. No obstante, el reconocimiento aéreo despertó sospechas entre los geólogos que consideraron tales formaciones naturales, como grandes cerros aislados y recubiertos de tupida vegetación selvática.

Sobrevolando la región se pueden observar montañas y sierras aisladas, algunas con formas peculiares, lo que no excluye la posibilidad de que existan formaciones artificiales. En 1975 el satélite norteamericano Ladsat II fotografió ocho pirámides emplazadas en la selva amazónica peruana. Algunos arqueólogos creen que la región amazónica brasileña también puede ocultar construcciones prehispánicas. Las dificultades de acceso impiden que se verifique desde la superficie la existencia de pirámides artificiales.

A finales de los 80, reportajes de la televisión brasileña y alemana destaparon la verdadera identidad de Tatunka Nara: era un ciudadano alemán que dejó su país abandonando a su familia para vivir en la amazonia. Hoy es guía turístico en la ciudad de Barcelos (en el estado) y junto con su actual esposa, se dedica desde hace

Paisaje del noroeste del estado de Amazonas, cerca de São Gabriel da Cachoeira.

muchos años a llevar a los turistas a conocer "ciudades perdidas" en la zona que nunca nadie ha visto.

En enero de 1984 apareció muerto engimáticamente en Río de Janeiro Karl Brügger. El motivo no ha sido aclarado hasta hoy. La policía afirma que fue asesinado por atracadores, aún cuando se demostró que no le fue robado ningún objeto. En su pecho tenía tatuada una tortuga, símbolo de los Ugha Mongulala, atravesada por una bala. Nadie sabe exactamente cuáles fueron los motivos de ésta y otras muertes de viajeros que buscaban las ciudades perdidas. Tampoco se ha podido verificar si tales ciudades mencionadas por la *Crónica de Akakor* realmente existen, y si ocultan conocimientos o incluso nazis en sus túneles y construciones ciclópeas.

Bajé del bimotor en el aeropuerto de São Gabriel da Cachoeira. Éste consiste en un pequeño edificio y una pista de tierra rojiza, rodeado por el verdor amazónico. Me subí a una camioneta rumbo a la villa de los militares -algunos kilómetros desde el aeropuerto- aceptando la invitación de dos soldados. Al igual que en Manaus, la característica más marcada de la región es el calor húmedo y agotador al que me enfrentaría los próximos días.

Yo era el único huésped del grupo de cabañas situado en una isla en medio del río Negro, justo enfrente a São Gabriel. La primera noche conversé con el gerente del hotel Ilha dos Reis: Wilson de Andrade, para saber algo más del pueblo.

-" No sé si te va a interesar" - me dijo Andrade-, pero en la colina más elevada del pueblo se halla una mole granítica con varias inscripciones. La llaman *Pedra do Boi (*"Piedra del Buey"), puesto que sus grabados parecen partes de las entrañas de ese animal. Además hay una huella de un pie al que muchos van a venerar y rezar".

Cuando Andrade me dijo estas palabras, me acordé del mítico Pai Zumé o Pai Tomé, el misterioso dios civilizador de los pueblos indígenas, con una larga barba y tez blanca según narran las leyendas. Por toda Sudamérica se habla de las pisadas dejadas en las piedras por este dios que algunos suponen había venido del oriente, más allá del océano Atlántico.

Lo que más me sorprendió del relato de Andrade era que el culto a las huellas del dios blanco aún estuviera vivo. En aquél rincón de la amazonia sobrevivió la admiración que antaño tuvieron por Bochica los antiguos colombianos, o por Quetzalcoalt los mayas y aztecas, o incluso todavía los indios tupis-guaranís de Brasil y Paraguay.

Al día siguiente cruzamos el río en una canoa hasta llegar al pueblo cuyas calles son de tierra y subimos a la colina donde estaba la "Piedra del Buey". Un indígena que dormitaba en una caseta de vigilancia de una torre de telecomunicaciones nos contó que aquellas huellas eran las de un "ángel" que pasó por allí[4]. Nada más supo o quiso decirnos. Algunas flores marchitas y velas denunciaban que allí aún se practicaba algún culto primigenio, quizá mezclado con elementos del catolicismo a raíz de la influencia de los padres salesianos que actúan en la región.

Para algunos estudiosos, el Pai Zumé era un monje irlandés que predicó en América a principios del cristianismo. Otros creen que que se trata de un rey vikingo, un soberano atlante o incluso un extraterrestre procedende de una estrella lejana que vino a aleccionar a los indígenas. Algunas leyendas hablan del regreso del gran dios blanco que habría de reconducir a la humanidad al Paraíso Perdido.

Según un correo electrónico recibido el 1 de abril de 1998 del investigador de misterios Arysio Nunes dos Santos, de Belo Horizonte (Minas Gerais), la palabra Sumé es de origen Quechua, de la región de Tiahuanaco (Bolivia) relacionada con el idioma dravídico de la India. Sumé, en este caso, significa "él que apareció del Oeste"

4. El escritor y periodista catalán Sebastián D'Arbó nos cuenta en su libro *España mágica y misteriosa.* (Ed. del Serbal, 1994), que en el País Vasco existía la creencia de que la Virgen de la Antigua de Lekeitio había dejado impresas las plantas de sus piés en una piedra del monte Kurlutxu.

y Arysio lo interpreta como un dios o semidiós que vino de la India para dejar las huellas de su civilización.

Bajamos por el lado opuesto de la colina y nos encontramos con la choza de una paupérrima familia de *caboclos* (mestizos de blancos e indios). Allí vimos a un hombre que sólo vestía unos pantalones tipo bermudas afilando un machete en una piedra. Nos acercamos para saludarle. Durante el rato que estuvimos conversando, Humberto Gonzalves nos contó que por aquellos lares se les aparecían lo que los caboclos llamaban *lobisomens* ("hombres lobos" en portugués y gallego).

Intrigado, le pregunté como era el *lobisomen.*

-"Es como una luz errante, blanca o azul. Mi familia y yo la hemos visto varias veces durante los últimos meses. No es muy grande, quizá pueda tener como mucho el tamaño de una rueda de camión y vuela muy rápido sobre las aguas del río. Viene de dentro de la selva por las noches o al final de tarde. Creo que es una alma en pena."

Su esposa nos comentó que su hija de 14 años había visto en aquellos días a un "angel" allí mismo, a la orilla del río Negro. Era como una persona "vestida de luz" flotando sobre el agua a menos de 30 metros de la adolescente.

-" Mi hija nos contó que el ángel movía su boca muy lentamente pero no podía oír nada. Estuvo un ratito así y luego se fue volando, desaparenciendo en el cielo".

Aquella gente simple y pobre, seguro analfabeta como la gran mayoría de los *caboclos,* me comentó todo aquello sin ningún ánimo de lucro o de llamar la atención. Con sencillez me contaban lo que les había pasado y lo que su cultura les permitía interpretar acerca del fenómeno.

La esposa de Humberto me trajo un folio fotocopiado que le había entregado un pastor perteneciente a alguna de las tantas sectas evangélicas que pululan por la región amazónica, desde Iquitos en Perú hasta las Guayanas. El papel, muy tópico, mencionaba a la Virgen de Fátima, especialmente a la Tercera Profecía que el Vaticano mantiene guardada bajo siete llaves. El mensaje aludía a la aproximación del "fin de los tiempos". Algunos días después encontraría la respuesta que me permitió juntar todas las piezas de este puzzle para dar coherencia a "ángeles" y *lobisomens.*

Una de las noches de la semana en que estuve en São Gabriel da Cachoeira conocí al joven caboclo Roberto Pascoal, de 24 años, recientemente llegado al pueblo. Antes vivía con su familia en la selva, lejos de la civilización.

-"Hace algunos años, yo pescaba cerca de la aldea de mis padres, en la isla de Caranaí, aquí en el río Negro. Era de madrugada y vi una luz azulada que, en movimiento, soltaba chispas. Salió de la selva y se paró en la orilla y ahí se quedó un buen rato, bajando y subiendo, siempre sin tocar el suelo. Yo estaba con miedo y por eso agarré la escopeta que llevaba."

-" ¿Y qué tamaño tenía esa luz?", le pregunté a Roberto.

-"No más que la de una rueda de camión. Creo que estaba a unos 100 metros de mí. Noté que a veces era como el foco de una linterna que apunta iluminando hacia abajo. Arriba notaba que existía una cosa oscura, de donde salía esa luz, pero no podía saber lo que era realmente".

Un amigo de Roberto le comentó que aquella luz era la de una luciérnaga gigante, pero él no se lo creyó. En su simplicidad y aislamiento en la selva, sin radio ni televisión como la mayoría de los pocos habitantes de aquella inmensa región, el joven tampoco sabía qué era un platillo volante o un OVNI.

Roberto también me narró un sorprendente avistamiento vivido por un amigo pescador. Belmiro Tacurupacamirim pescaba por la noche cuando una luz de características semejantes a las que vio Roberto se acercó hasta su canoa donde permaneció flotando a escasos metros de altura. El pescador, asustado, se lanzó al agua donde estuvo un par de horas ocultándose detrás de su embarcación mientras el fenómeno jugaba al "escondite", arrojándole un haz de luz todas las veces en que se asomaba para ver qué sucedía.

-"No le pasó nada", me dijo Roberto, "pero estuvo varios días con fiebre y muy asustado".

Roberto también me habló de la existencia del *Curupira*, una especie de espíritu o duende de la selva que defiende a los animales de los abusos de los cazadores. Curiosamente, me contó la historia de unos amigos que mataron a una jabalina preñada. Esa misma noche se les apareció una bola de luz de muchos colores acercándose al campamento que habían montado. Uno de ellos, que era indígena, se echó de rodillas y rezó en su idioma para apartar la "aparición fantasmal".

- "¿Pero esa luz era el *curupira*?, le pregunté incrédulo.

- "Sí. El *curupira* puede aparecer bajo la forma de una persona bajita y cabezona o de un alma en pena, o sea, de una bola de luz", me contestó Roberto con su lógica incontestable.

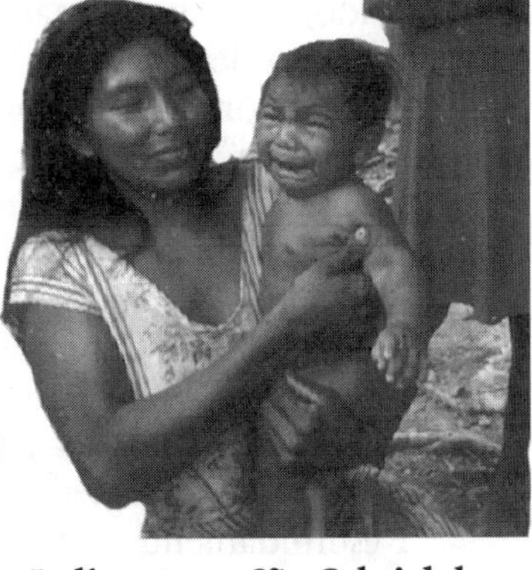

Indígenas en São Gabriel da Cachoeira (Amazonas).

Durante varios días tuve por compañero de viaje a José de Oliveira, otro caboclo que me sirvió de guía con su *voadeira* (especie de barco de aluminio con un pequeño motor) para recorrer una parte del gigantesco río Negro que en algunos tramos llega alcanzar 15 km de ancho. De sus aguas turbulentas nacen rocas gigantescas, amén de islas e islotes inhabitados. También son comunes los torbellinos que, de no ser por la pericia de mi guía, nos hubieran engullido con su tremenda fuerza.

Seguramente éste es uno de los paisajes más sobrecogedores y a la vez hermosos de la naturaleza. La soledad de sus aguas en el entorno selvático, las nubes de mariposas amarillas que vuelan sobre su cauce crean un ambiente mágico como jamás he visto en el mundo. Quizá sólo es comparable por su soledad con la Patagonia. A lo lejos divisábamos las altas montañas de la sierra del Cabarí, de siluetas muy recortadas, donde quizá nadie o unos pocos han podido llegar.

Con algunos bidones de diesel navegamos hacia la frontera con Colombia. Paramos en la aldea de Pauarí, habitada por *caboclos* e indios analfabetos. Allí nos recibió -con la entrañable hospitalidad de aquellas gentes- la dueña de una cabaña, Josefa

Tavares dos Santos y su marido, Domingos. Ellos serían la pieza clave para montar mi "puzzle".

-"Aquí están apareciendo muchos *lobisomens* más grandes que un candelero, generalmente entre las 8 de la noche y las seis de la mañana. Suelen venir de la selva y volar sobre el río y sus afluentes. Sin embargo, hace unos días apareció uno de ellos en la casa de nuestros vecinos. Pensaron que era alguien con una linterna, pero notaron que la luz era mucho más fuerte y se quedó parada en el aire un buen rato", me contó Josefa.

La mujer me comentaba que a veces la luz era de color rojo, pues ella misma la había visto, que "enfocaba como una linterna hacia abajo" y que no se distinguía la parte superior, algo como una masa oscura y amorfa.

-"Hay gente que cree que esta luz se transforma en una persona y aparece los viernes. Creen que son almas perdidas. Pero yo no se lo que es realmente", me dijo Josefa con toda su sinceridad.

El marido, Domingos, más tímido, me contó que también vió al *lobisomen*, no obstante había un detalle importante y revelador en su avistamiento.

-"Yo vi como a un dragoncito hechando fuego muy rojo por la boca y volando sobre el agua".

Le miré con cara de asombro al pronunciarme aquellas palabras. ¿Un dragón? Pero su esposa había visto lo mismo y me lo había descrito de manera muy distinta...

Volví a insistirle respecto a su avistamiento y Domingos repitió lo mismo. Sin embargo no supo describirme exactamente como era un dragón y tampoco dibujármelo. En aquél momento tuve el "insight" que necesitaba. Me acordé del célebre libro de Jacques Vallée, *Pasaporte para Magonia*, un clásico de la ufología que explica como los contenidos culturales afectan la interpretación del fenómeno OVNI.

Resumidamente cuenta que los gnomos, duendes, hadas y luces fantasmales, así interpretadas en la Edad Media o aún recientemente, podrían ser los tripulantes de las naves espaciales, las mismas que hoy son vistas en todo el planeta.

Domingos no me había contado una patraña. Mientras que su mujer, con una mente más objetiva me relató lo que exactamente vio, su marido, influido quizá por la Biblia y la religión (los curas visitan esporádicamente aquellas aldeas), pudo haber dado su propia interpretación. Fue inconsciente de lo visto y no lo podía explicar según sus paradigmas. El *Curupira* y otras criaturas que surgen en las selvas se podrían encasillar dentro de la misma fenomenología según la teoría de Vallée.

Tal vez el "ángel" visto por la adolescente en São Gabriel da Cachoeira fuese un humanoide, semejante a muchos otros observados en varias partes del mundo. Pero, ¿por qué ocurría aquella oleada, que hasta ahora se extiende por Brasil? ¿Y por qué los OVNIs han elegido aquella remota región de la amazonia?

Durante varios días navegamos por el río y algunos de sus afluentes, visitando sus aldeas y durmiendo en hamacas. En casi todas las aldeas sus habitantes habían visto al ya famoso *lobisomen* que para nada se parecía al típico hombre-lobo. Pero ya sabía que las metamorfosis del hombre en luz[5] o al revés eran comunes. Jacques Vallée

5. Es recomendable la lectura del capítulo "Luces élficas" del libro *Gnomos: guía de los seres mágicos de España*, de Jesús Callejo con ilustraciones de Manuel Díez. Ed. Edaf, Madrid, 1996, donde se dan numerosos ejemplos de las vinculaciones entre los elementos ígneos o luminosos con entidades sobrenaturales.

decía que esa era la explicación popular para las entidades extraterrestres que salían del interior de sus naves con las que conmumente se confundían.

José y yo llegamos a una aldea donde una señora nos contó que habían escuchado algo extraño.

-"Hemos oído al *Mapinguary* y la gente está asustada. Sus gritos son tremendos, como los de una criatura herida".

El monstruo puede rebasar los dos metros de altura y según dicen, tiene cara de mono, con un solo ojo. Sus huellas son redondas, por eso le llaman *mão-de-pilão* (mano de mortero), tiene garras tan afiladas como las del jaguar y su pelo es rojo. La característica más fantástica de esta criatura es una enorme boca que se abre del pecho hasta el ombligo, en sentido vertical. Además exhala un fétido olor. Sus gritos desga-

Rápidos del río Negro (Amazonas).

rrados producen escalofríos a todos los que los oyen. Su único punto vulnerable es el ombligo.

Cuando regresé a Manaus en el avión conocí a un español, el santanderino Francisco Porres, un avezado explorador de la amazonia. Me contó que estuvo viajando solo por las selvas del río Negro y que había llegado a aldeas prácticamente abandonadas a causa del pánico que hizo cundir los gritos del *Manpiguary.*

Altino Berthier Brasil, autor de varios libros sobre leyendas de esta región, entre los cuales se encuentran títulos como *Mitos Amazônicos* (Ed. EST, Porto Alegre, 1987), o también *Amazônia: Reino da Fantasia.* (Ed. Posenato, Arte & Cultura, Porto Alegre, 1987), me comentó en Porto Alegre (Río Grande del Sur), antes del viaje, que el monstruo es para algunos pueblos amazónicos un viejo indio que habría descubierto la droga de la inmortalidad, cuyo precio pagó con tomar la apariencia de una horrorosa criatura. Otros dicen que sería un viejo *pajé* (chamán) que al morir volvió para asustar a hombres y animales en las selvas. "El único ojo", me dijo Berthier, "podría ser una influencia cultural de los antiguos colonizadores portugueses, absorbida por los nativos. Lo cierto es que una criatura realmente horrible existe en aquellas selvas".

Las apariciones del *Mapinguary* -que ataca animales e incluso personas- parecen tener alguna relación con los avistamientos de OVNIs en la región. Suele ocurrir en los mismos períodos de las oleadas ufológicas. Por eso, no son pocos quienes se arriesgan al decir que los "abominables" de todo el mundo, así como el famoso chupacabras puedan ser experimentos genéticos extraterrestres en nuestro planeta.

En la capital del estado de Pará, Belém (en la desembocadura del río Amazonas) visité al científico estadounidense David Oren en el Museu Emilio Goeldi, uno de los más prestigiosos centros de estudios amazónicos. Apenas tuve tiempo de hablar con él, pues justo en aquél momento se lanzaba a otra expedición en búsqueda del *Mapinguary.*

Oren no es ningún soñador o loco. Biólogo y doctor por la Universidad de Harvard ha recogido centenares de relatos de indígenas y caboclos amazónicos que hablan de la extraña criatura y de sus huellas, heces y pelos como pruebas de su existencia. Me dio un pequeño monográfico titulado *Did ground sloths survive to Recent*

Viaje en *voadeira* (lancha de aluminio) por el río Negro y sus islotes.

times in the Amazon region?, donde explica su teoría: el *Mapinguary* podría ser una especie de perezoso gigante prehistórico supuestamente extinguido hace miles de años que haya podido sobrevivir en los espacios más recónditos de la selva.

También me dijo que existe "un complot no escrito para esconder la existencia del animal, puesto que los dueños de los *seringales* (plantaciones del árbol del caucho) prohíben a sus empleados contar que han visto al *Mapinguary*". La difusión de esta noticia supondría infundir el pánico entre los demás trabajadores y propiciar el abandono de las plantaciones.

Uno de los relatos más sorprendentes de las apariciones de la criatura fue recogido por este investigador entre los indios canamaris del Amazonas (indígenas que viven en la región del alto río Jutai, bajo Jabai, alto Itacaí y medio Jumá), que hace 15 años capturaron un cachorro del Barteci ("cabellos largos", en el idioma de la tribu), quizá un pariente o el mismo *Mapinguary.* Tenía 20 centímetros y fue criado por los indios durante dos años, cuando empezó a desprender un olor hediondo. A causa de esto fue liberado. Sigue suelto el *Mapinguary* por las selvas amazónicas y quizá algún día Oren u otro aventurero nos revele la identidad de esta fascinante criatura.

Imagen de satélite de la zona de Manaus y de la intersección del río Negro con el Amazonas.

Amazona. Ilustración antigua.

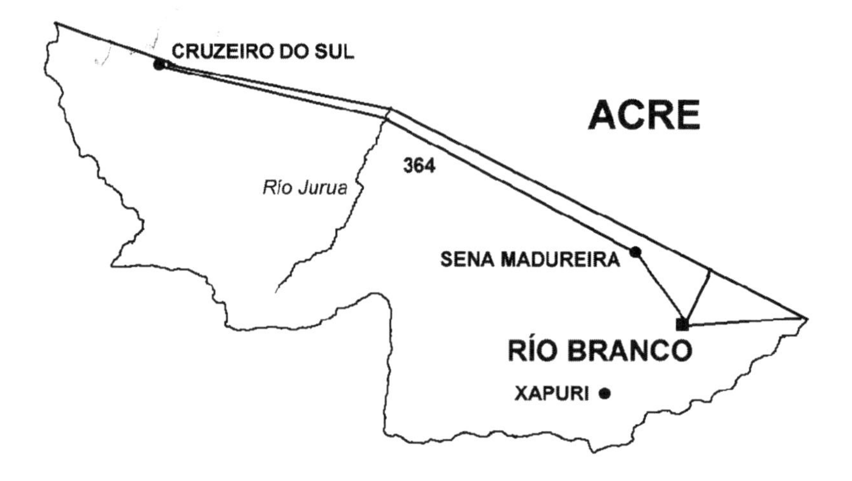
CRUZEIRO DO SUL
ACRE
364
Río Jurua
SENA MADUREIRA
RÍO BRANCO
XAPURI

II

ACRE: LOS MISTERIOS DEL SANTO DAIME

EL ESTADO DE ACRE (153.698 kms²) sería prácticamente desconocido en el ámbito internacional si no fuera por un triste suceso acaecido en 1988 en la localidad de Xapuri: el asesinato del líder campesino Francisco *Chico* Mendes, cuya vida fue llevada al cine en una película de Hollywood. Aquel año pistoleros a sueldo de latifundistas quitaron la vida a Chico, líder del sindicato de *caucheros* y defensor ecologista. Y es que los *caucheros* o *seringueiros* (como se los conoce en Brasil) son gente que sabe explotar la selva sin perjudicarla. Por ese motivo Acre es el mayor productor brasileño de caucho. El territorio pertenecía a Bolivia. A finales del siglo pasado muchos *nordestinos* llegaron a la región, invadieron el territorio y empezaron a explotar las *seringueiras* (*Hevea brasiliensis*), el árbol del que se extrae el caucho. Las inmigraciones provocaron roces entre autoridades bolivianas y brasileñas hasta que, en 1902 los brasileños liderados por José Plácido de Castro anexionan el territorio.

Por desgracia los inmigrantes que han llegado al estado en los últimos años han talado tantos grandes espacios selváticos que la región corre el riesgo de ser la primera de la amazonia brasileña en transformarse en un gran desierto. Esperemos que las autoridades se sensibilicen ante este peligro inminente y traten de impedir que se siga ampliando la destrucción apostando por la explotación sostenible de los recursos naturales y por un *verdadero* ecoturismo.

> "Digo *verdadero* pues el término se ha puesto de moda y no refleja sustancialmente la propuesta auténtica de esta modalidad turística, donde, por encima de todo, se debe respetar la naturaleza. Hacer ecoturismo no significa hacer turismo masivo ni establecer grandes hoteles. También se debe respetar al nativo, sus tradiciones, su modo de vida, aunque, indefectiblemente se altere sus costumbres cuando alguien se introduce en su medio. En este caso deben percibir una parte de los ingresos que generalmente se quedan en su casi totalidad, en manos de una minoría que los explota." *(N. del A.)*

Río Branco, la capital de Acre, con casi 200.000 habitantes se extiende por ambas orillas del río homónimo donde antes existía una tupida jungla. El viajero se sorprenderá al ver los bares nocturnos repletos de universitarios e intelectuales charlando animadamente. Y es que allí está la segunda universidad federal más importante de la amazonia, donde se estudia todo lo relacionado con la selva y a su aprovechamiento aparentemente sostenible. Si usted viaja allí, con toda probabilidad encontrará a alguien que le cuente lo que narro a continuación.

"*Ecoou pela floresta/ o grito de Equiôr/ Um grito de longo alcance/ Um longo grito de amor.*" Este es uno de los muchos versos que componen los himnos cantados durante las ceremonias del Santo Daime, una religión que nació en las selvas de este estado y que después se expandió hacia los centros urbanos, incluso en España y otros países europeos.

El principal elemento aglutinador de los seguidores del Santo Daime es el empleo de sustancias enteógenas[1], término que intenta eufemizar la palabra alucinógenos, acuñada por el investigador Gordon Wasson. El enteógeno bebido es la *ayahuasca*, una pócima hecha con lianas de la *Banisteria caapi*. Su nombre, que es de origen quechua, tiene varios significados "liana de los espíritus", "liana de los sueños" o "soga del muerto".

Selvas y ríos amazónico del Acre.
Foto: Secretaría de Turismo de Acre.

La *Banisteria* es una planta trepadora de la familia de las malpigiacias. Los principios activos (elementos químicos que actúan en el ser humano) son la harmina y la dimetiltriptamina, dos alcaloides que se encuentran en la raíz de la planta. Algunos científicos los llaman telepatina, por su capacidad de inducir a estados telepáticos y clarividentes[2]. El primero es eliminado en 24 horas tras la ingesta, y el segundo durante o después de los efectos alucinatorios.

1. A respecto de tales sustancias recomiendo la lectura de los libros: *Hacia una medicina psicodélica: reflexiones sobre el uso de enteógenos en psicoterapia*, de Richard Yensen (1998) y *El hongo y la génesis de las culturas: duendes y gnomos. Ámbitos culturales forjados por el consumo de la seta enteógena Amanita muscaria*, de Josep Maria Fericola (1994), ambos de la editorial: Los libros de la liebre de marzo, Barcelona.
2. Sobre fenómenos paranormales y sus variadas implicaciones, vale la pena consultar el libro *Los poderes ocultos de la mente*. Ed. América-Ibérica, Madrid, 1995, cuyo autor es Enrique de Vicente, director de la revista Año Cero.

Sobre la posible influencia de la telepatina, existe un relato curioso publicado por el Dr. Oswaldo de Almeida Costa y Luiz Faria[3] . Un experimentador del brebaje, cuando salió del estado de trance, señaló con precisión el lugar de la casa donde estaba escondida la cartera de una mujer.

En 1989, durante la realización de la serie televisiva "En Busca del Misterio" (serie dirigida por el Dr. Fernando Jiménez del Oso), en una comunidad ayahuasquera ("Céu e Mar", de Visconde de Mauá) en el estado de Río de Janeiro el escritor e investigador Juan José Benítez vivió una experiencia quizás estimulada por la telepatina. Durante el trance -que le produjo malos ratos en los que vomitó copiosamente- Benítez "voló" hacia un domicilio en una ciudad del País Vasco donde describió exactamente uno de los dormitorios y sus objetos.

El uso de la *Banisteria* está bastante extendido por casi toda la zona amazónica sudamericana. La pócima recibe distintos nombres a lo largo y ancho de esta gran geografía: *caapi, cadána, natema, pinde, yagé,* etc. Su uso más antiguo se encuentra en los indígenas que creían -y aún creen- que la ingesta de la substancia conlleva la absorción del espíritu de la planta, con todo su encanto y poder.

Los indios pueden entrar en contacto con el mundo de sus antepasados personales o colectivos, o saber dónde se encuentran los animales que quieren cazar. Suelen retirarse a lo más profundo de la selva para ingerirla y sólo entonces captan los influjos de la naturaleza.

Los indígenas yaguas tienen una curiosa explicación para los poderes adivinatorios y telepáticos del *yagé*: en su mitología existen cinco espíritus que el cuerpo humano alberga. Dos de tales espíritus pueden abandonarlo temporalmente, tal como ocurre en los viajes astrales y visitar lugares lejanos, dentro o fuera de nuestro planeta. Estas almas también pueden contactar con otras superiores que rigen el pasado, presente y futuro.

Para los indios tariana, el héroe civilizador Capiriculi, antes de irse para siempre, regaló a las gentes de la selva el *caapi.* Como dice el antropólogo Sangirardi Jr., el caapi era "la sangre eucarística de Capiriculi". La pócima los convertía en más aptos para las guerras, fuertes, gráciles y valientes.

En la principal celebración de los indios jíbaros, de Ecuador (conocidos por la técnica de momificar y encoger la cabeza de sus enemigos), se bebía el natema durante una gran orgía. Mientras preparaban la liana tocaban instrumentos musicales para provocar trances colectivos. Los consumidores del enteógeno se autodenominan "los que desean soñar". Las mujeres lo emplean para recibir los consejos de una enigmática entidad: la *Madre Nangui,* una vieja mística, que da consejos y enseñanzas cotidianas. También es empleado para provocar estados hipnóticos útiles para encontrar objetos y esposos desaparecidos o que se fugaron con sus "queridas".

En la región del alto río Negro los indígenas creen que el caapi fue traído por el héroe civilizador de la zona, Jurupari. En los rituales en que se empleaba, las mujeres tenían prohibido consumirlo al igual que los chicos púberes. Las danzas máginas atraviesan la noche y el *caapi* les permite entrar en contacto con sus dioses.

Generalmente el enteógeno es suministrado por el chamán o *pajé* de la tribu, siendo entonces de uso exclusivo. En estos casos, durante el trance, éste puede diag-

3. "A planta que faz sonhar: o yagê", en *Revista da Flora Medicinal,* Rio de Janeiro, 1936.

nosticar una enfermedad y descubre el individuo que la produjo por métodos mágicos según sus creencias. Además, el chamán puede descubrir los planes secretos de los enemigos de su tribu, percibir con antelación la aproximación de extraños e incluso, en cuestiones más "familiares": detectar si las mujeres son fieles a su marido.

Varios antropólogos, como Luis Eduardo Luna, de Colombia, cree que la *ayahuasca* permite rescatar imágenes de los espacios más recónditos de la mente y trasladarlas al plano consciente. Luna descubrió a un chamán peruano, Pablo Amaringo, que pintaba imágenes ricas en símbolos tras sus experiencias con la *ayahuasca.*

En 1858 Villavicencio, un geógrafo ecuatoriano, escribió acerca de su uso entre los indígenas záparos y describió su propia experiencia como un viaje al futuro, donde se veía volando y tenía "las más magníficas visiones de grandes ciudades, altas torres, hermosos parques y otros objetos extrañamente atractivos".

Amaringo puede plasmar imágenes que ningún ser humano jamás habrá visto, las mismas que muestran criaturas arquetípicas, es decir, en el inconsciente de toda la humanidad, especialmente de los que habitan la selva amazónica. En sus cuadros surge la *anaconda* primitiva o primigenia que, según las leyendas de los indígenas, era portadora de la humanidad.

El Acre es el estado brasileño donde, en 1930, se originó el culto que más ha difundido el uso de la *ayahuasca* por todo el país e incluso en el extranjero: el Santo Daime. Según cuenta Sangirardi Jr.[4] su empleo mágico-religioso o *caapi* pasó de las *malocas* (cabañas indígenas) a los poblados de la región y se mezcló con el espiritismo, catolicismo, *pajelança* (sistema de curaciones empleado por los chamanes o pajés) e incluso con elementos de los cultos de origen africano.

Cerca de Río Branco, en el pueblo de Cefluris, surgieron los primeros atisbos de la actual doctrina. El fundador de esta comunidad fue Raimundo Irineu Serra, un negro robusto y de gran talla, casi dos metros de altura. Por aquél entonces trabajaba en una comisión de límites fronterizos del general Rondón, encargado de delimitar las fronteras de Brasil con Perú y Bolivia. Mientras estuvo allí trabó relación con los indios de la región peruana y le iniciaron en preparación y el uso de la droga.

Durante sus trances veía una entidad espiritual que se identificaba a sí misma como la Virgen de la Concepción y Reina de la Floresta. A partir de las orientaciones de la entidad formó una comunidad religiosa fundamentada en el uso de la droga.

Surgió el CEFLURIS, sigla que significa Centro Eclético da Fluente Luz Universal Raimundo Irineu Serra. Antes de fallecer en 1971 adivinó las rencillas que surgirían por la disputa del poder entre los grupos ayahuasqueros.

La viuda de Irineu, Peregrina Gomes Serra, acusó a uno de los discípulos de su marido, Sebastião Mota de Melo de querer hacerse con el poder y emplear indebi-

4. *O índio e as plantas alucinógenas: plantas alucinógenas, excitantes, narcóticas e psicodélicas.* Ed. Alhambra, Rio de Janeiro, 1983.

damente el nombre de Irineu en los himnos de la doctrina. Disgustado con sus adversarios, Sebastião abandonó Alto Santo y fundó la Colônia 5.000, cercana a Río Branco. Después de afrontar problemas con la policía, el líder se marchó a la reserva forestal Ceú de Mapiá.

Irineu pregonaba el uso de la *ayahuasca* bajo algunas condiciones especiales: abstinencia sexual y bebidas alcohólicas tres días antes y tres días después de la ingesta del enteógeno. El estado de trance es llamado *miração.* Hoy en día son muchos los intelectuales que defienden el uso controlado de estos potentes agentes psicoactivos que generan el éxtasis.

En CEFLURIS llaman a esta pócima Daime, derivado de *Dai me* (dámelo). El brebaje bebido tiene color café con leche, casi idéntico al "Baileys". A la *Banisteria caapi* se le añaden hojas de un arbusto llamado *chacrona* (*Psychotria viridis*). Su preparación requiere tres fases: corte, maceración y cocción de las plantas. Los usuarios de esta sustancia amarga y emética (vomitiva) tienen visiones de paisajes fantásticos habitados por elementos simbólicos que surgen con mucha claridad y realismo.

Raimundo Irenio Serra, fundador del Santo Daime (1892-1971).

Beber *ayahuasca* produce mareos -que se contrarrestan con perfume de *cuáquena* y con la cebolla del *piripiri*-, vómitos y profundas arcadas. Además tiene efectos laxantes. Sus usuarios advierten que la ingesta no debe ser realizada en solitario y tampoco fuera de un contexto religioso, es decir, por el simple capricho de probar para "ver qué pasa".

En Veila Ivonete, otra barriada de Río Branco, también se desarrolló el culto al Daime en un templo espiritista formando una extraña cohabitación. En Porto Velho, capital de Rondônia, existía un *terreiro* (templo) de *candomblé* erigido en honor a Yemanjá (la reina del océano) donde se empleaban los himnos del Daime.

Como ya hemos dicho, en la comunidad Céu de Mapiá residía el "padrino" Sebastião Mota de Melo, disidente y líder espiritual del Santo Daime que cultivaba, además de las prácticas religiosas, una luenga barba apostólica. Uno de sus grupos, conocido como Grupo Espiritual Fluente Luz Universal llegó a percibir 5 millones $ del ex-presidente de la república José Sarney para desarrollar una reserva de extracción de caucho y de *castanha do Pará* (coquitos de Brasil).

Esta Comunidad empezó en 1990 a explotar los recursos naturales de la selva de "forma racional", como informaron los periódicos de la época. Una curiosidad es que el ex-marido de la actriz estadounidense Jane Fonda, Tom Hayden (ex-diputado por el estado de California), estuvo en la Comunidad de Mapiá para ver cómo sus miembros actuaban. Satisfecho, envió un informe al Consejo del Medio Ambiente de la ONU dando su visto bueno.

Tom tomó el Daime junto con otras 150 personas, todas vestidas de blanco. Los hombres vestían trajes y las mujeres vestidos largos, con una corona de brillantes sobre la cabeza. Éstas tocaban maracas y movían su cuerpo de forma sincopada mientras cantaban himnos del Daime. Tales músicas son monocordes y repetitivas al igual que los *mantras*. Sus letras son muy simples: hablan del amor, de la fraternidad y de un paraíso lleno de jardines y huertos.

Algunos científicos han descubierto propiedades curativas en el empleo de la *ayahuasca*, como mejorar algunas formas de parálisis, epilepsia, mal de Parkinson y otras enfermedades nerviosas. También se han detectado casos de curación y prevención de malaria o paludismo. Parece que aún esas investigaciones son incipientes, quizá por los prejuicios que se urden en torno al empleo de tal sustancia.

No obstante, han surgido en los últimos años algunos problemas presuntamente relacionados con el uso del enteógeno. El 21 de junio de 1992, durante un ritual del Santo Daime en "Céu do Mapiá", falleció en circunstancias poco claras el joven Jambo Veloso de Freitas. El periodista Jorge Mourão, padrasto de Jambo, escribió un libro denunciando el suceso (*Tragédia na Seita do Daime.* Ed. Imago, 1995), donde muestra que algunos miembros afirmaron que su hijastro estaba aquejado por desequilibrios mentales y que se habría suicidado.

Antes del supuesto suicidio, Jambo habría sido sometido a un ritual denominado "trabajo de curación", durante el cual fue obligado a tomar una dosis más fuerte de la *ayahuasca* mientras era adoctrinado. El cuerpo del joven fue enterrado en un lugar desconocido de la selva amazónica, sin acta de defunción y sin autorización de la familia. Todavía más recientemente, emisoras de televisión brasileñas han entrevistado a varias personas, ex-miembros del Santo Daime y de otros grupos, que confesaron haber sido sometidos a prácticas de control mental.

En el capítulo dedicado al estado del Amazonas encontramos referencias sobre el *Mapinguary*, una bestia que algunos creen tratarse de un perezoso gigante prehistórico que escapó a la extinción, un mono gigante o incluso el espíritu de un indio viejo que se transformó en monstruo.

Quizá sus apariciones no sean tan sólo folclóricas como informó el sobrio y mesurado diario brasileño "O Estado de Sao Paulo" el día 23 de mayo de 1994, cuando daba a conocer la muerte de varios indígenas del estado de Acre provocada por este mítico animal. La noticia comentaba que el cacique Kampa Conchare, de la aldea Feijó vio a la criatura y afirmó que cinco hombres de su tribu habían sido atacados y devorados por el ser, bastante más alto que un hombre, peludo, con zarpas afiladas.

Otro cacique, João Kampa, de la aldea vecina de Coco-Açu, también vio el monstruo que devoró a dos personas de su tribu. En 1991, en el municipio de Manuel Urbano, tambien en Acre, surgieron noticias de que había devorado a indios y a *seringueiros*. En aquél tiempo el científico Alceu Ranzi, de la Universidad Federal del Acre llegó a organizar una expedición para intentar capturarle, pero sin éxito.

Parece que la mayor arma de la criatura es su fortísimo olor. En la expedición organizada por el biólogo estadounidense David Oren en marzo de 1994 a la región de Eirunepé, en el río Juruá (1.200 km al sudoeste de Manaus), el equipo llevaba consigo máscaras de gas para protegerse del mismo. Oren cree que tiene una glándula en la barriga que los nativos confunden con la boca. Además, la criatura camina sobre dos o cuatro patas, vive lejos de los ríos, y puede pesar según el tamaño de las huellas entre 200 y 300 kg.

En el metro de São Paulo conocí a un joven que había trabajado en el *garimpo* (zona minera aurífera) de Acre. Por las noches había oído el lastimoso aullido de la criatura de la que nadie negaba su existencia. "Ninguno de los que viven en las selvas puede confundir el aullido del *Mapinguary* con el de otro animal. Sabemos que existe, pues otros *garimpeiros* se toparon con la bestia. Es como un mono grandullón y que de un sopapo deja a cualquiera hecho un asco". Consejo a los lectores: mejor evitar contactos con él, es arisco y poco amigable.

Sebastião Mota, líder del Santo Daime.

Río Trombetas
Isla de Marajó
SOURE
Río Amazonas
ALENQUER
BELÉM
MONTE ALEGRE
SANTARÉM
ALTAMIRA
010
230
TUBA
PARÁ
MARABA
163
230
Río Tapajós
Río Xingú
JACAREACANGA

PARÁ:

LA CIVILIZACIÓN MÁS ANTIGUA DE AMÉRICA

EL GIGANTESCO estado de Pará (1.246.833 kms²) alberga las pinturas rupestres más antiguas de América, seres fantásticos que parecen salidos de las "Mil y Una Noches" y el intrigante soplo del viento entre las hojas de los millones de árboles de la selva amazónica. Aquí desemboca otro gigante: el río Amazonas -ante Marajó- considerada la más grande de todas las islas fluvio-marítimas del mundo.

En el estado también residen los famosos indios gigantes, los parakanãs, contactados en 1971 por Orlando Villas Boas. Algunos de estos indígenas alcazan los dos metros de altura y pintan sus cuerpos de negro, dando una impresión verdaderamente aterradora. Hoy en día quedan muy pocos, pues la mayoría murieron a causa de enfermedades traídas por sus nuevos vecinos "civilizados".

Las bellezas naturales de Pará son indescriptibles al igual que los atentados perpetrados contra la naturaleza en los últimos años, especialmente al sur del estado: tala incontrolada de árboles, explotación minera que revuelve montañas y deja un panorama lunar, contaminación de mercurio para la explotación del oro, desaparición de numerosos grupos indígenas y la matanza de "sin tierras" en manos de latifundistas y hasta la misma policía militar.

Nuestra esperanza es, como he repetido a lo largo de todo el libro, que las autoridades brasileñas tengan noción real del daño que se ocasiona a su entorno. ¿No sería mejor y más bonito explotar racionalmente los recursos naturales y preservar verdaderamente el medio ambiente y sus gentes? ¿Será que Brasil debe pagar mil y una veces la deuda externa y seguir obedeciendo ciegamente al Fondo Monetario Internacional? Mejor dejar un legado de conservación y construcción para nuestros hijos y no la estela de destrucción actual. Su signo son las nubes que se levantan en el sur a causa de los incendios, la mayoría provocados, que sirven para quemar los restos de tala de troncos y de maleza.

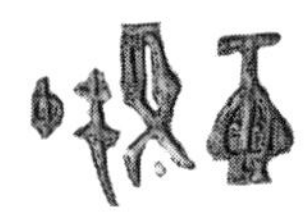

En plena selva amazónica en el estado de Pará, el barco Príncipe Negro surcaba las aguas del río Amazonas, el más largo y caudaloso del mundo. Había salido de Belén, capital del estado[1], en la desembocadura junto al océano Atlántico. Desde el inicio sentí que aquél viaje iba a tener todos los visos de una singular aventura. Y por si fuera poco, llegaría con el anticipo de varios meses (septiembre de 1995) a un remoto lugar donde vivió la más antigua civilización de todas las américas legándonos sus espectaculares pinturas rupestres.

Mi misión era llegar a un pequeño poblado a orillas del río Amazonas -a medio camino de Manaus- llamado Monte Alegre, cerca de Santarém. Había leído una obra del naturalista ingles Alfred Russel Wallace escrita el siglo pasado que despertó mi curiosidad por una serie de hallazgos que permanecieron olvidados hasta los años 80. Éste autor, cuyo nombre fue eclipsado injustamente por el de Darwin, desarrolló independientemente y al mismo tiempo que su célebre paisano naturalista, la teoría de la evolución de las especies y se internó en la selva brasileña en busca de pruebas.

Pero encontró algo más que pájaros, mamíferos, vegetales y una amplia biodiversidad: pinturas rupestres de origen desconocido. El hallazgo se produjo en una región montañosa de la cuenca amazónica. Éstas son muy raras en la región y debieron atraer a un pueblo que dejó sus huellas indelebles impresas en la roca durante miles de años.

Además de su diario de viaje, había encontrado en la Biblioteca Nacional de Río de Janeiro viejos boletines del siglo pasado que narraban los viajes de un canadiense: Charles Frederic Hartt, quien algunos años después del citado naturalista, logró visitar Monte Alegre.

El barco donde yo viajaba no era, ciertamente, lo más indicado para quien desea hacer un apacible viaje turístico. A estas embarcaciones las llaman en la amazonia *Gaiolas* (jaulas), nombre por supuesto muy acertado: los viajeros, más de 300, viajan hacinados en dos plantas, expuestos al aire libre, durmiendo en hamacas muy apretadas entre sí. Los movimientos se encargan de "acunar" a los pasajeros en sus respectivas tumbonas, que se golpean entre sí con cada balanceo.

Y para más "inri", el comedor se sitúa al lado de la cabina de máquinas, donde el aire exhalaba un "agradable" olor a diesel quemado por los motores. Mientras comía un pescado típico de la región, el *pirarucú* (uno de los pocos peces del mundo con pulmones), y bebía agua para quitar la sed por la excesiva sal empleada por el

1. Belém tiene más de 1,5 millones de habitantes. Fue fundada en 1616, cuando los portugueses controlaban la entrada y salida de embarcaciones de piratas franceses, ingleses y holandeses por el Amazonas. Hoy en día es una importante metrópoli, con un gran centro de investigaciones científicas (Museo Emílio Goeldi), el mercado Ver-o-Peso (el más pintoresco de la amazonia) y la gran procesión conocida como Círio de Nazaré.

cocinero, pensaba que tardaría dos días y medio de viaje entre Belén y Monte Alegre. Allí me esperaría Nelsí Sadek, brazo derecho de la famosa arqueóloga estadounidense Anna Roosevelt, del Museo Field de Chicago.

Nelsí, con quien había hablado por teléfono desde Belém, excitó mi curiosidad cuando dijo que me tenía preparada una sorpresa en lo que a pinturas rupestres se refiere. En aquél momento sólo me quedaba revisar los apuntes sobre los viajes de Wallace y Hartt. El último decía que el terreno donde se sitúan las pinturas tiene más de 400 millones de años, época en la que el océano empezó a retroceder y a formar los primeros sedimentos. Por ello se dice que el territorio brasileño es, geológicamente, uno de los más viejos del mundo y que la amazonia estuvo sumida en el océano durante varios millones de años.

Singladura por el río Amazonas en una *gaiola*, embarcación típica de la región.

Monte Alegre es un pueblo simpático, situado sobre una colina a orillas del Amazonas, coronada por una iglesia, desde donde se puede divisar las serranías del Pai Tuna y Ereré (del Sol y de la Luna, en lengua indígena). Esto es algo poco común en la vasta planicie amazónica. Las sierras "intrusas" fueron y siguen siendo un lugar sagrado para los nativos, y es en ellas donde habitaron los "antiguos": gente que desapareció y donde surgen esporádicamente espectros fantasmales, luces que sobrevuelan los paredones abruptos de las montañas y se esconden en sus cuevas.

Después de mi primer día de estancia y tras ambientarme un poco, Nelsí Sadek me comentó: "Aquí la gente cuenta muchas historias raras. Sin embargo, hay algo de verdad en lo que dicen. Se habla del *lanternador*, que es dos o tres focos semejantes a los de las linternas moviéndose en el aire y haciendo un ruido parecido al de un motor de barco". Mi cicerone desciende de libaneses, es un experimentado viajero, conocedor de los más intrincados recovecos de las dos sierras perdidas que aún ocultan muchos secretos.

Al día siguiente montamos en un todoterreno y pusimos rumbo hacia ellas, distantes unos 40 km de Monte Alegre. La carretera de tierra estaba en condiciones razonables. Por suerte, era época de sequía, puesto que durante el período de lluvias los fuertes aguaceros y tempestades amazónicas impiden que se acceda al sitio. A medida que avanzábamos, la vegetación se iba transformando, paulatinamente, de selva a sabana, que aquí llaman *cerrado*. Esta es otra peculiaridad de las sierras, pues se trata de una suerte de *isla* botánica, geológica y geomórfica en la cuenca amazónica.

Estabamos cerca de unos acantilados abruptos de la Serra da Luna, de unos 300 metros de altura. Podíamos divisar, a simple vista algunos dibujos de fuerte color rojo y amarillo, aunque estuviéramos a casi un kilómetro de distancia. Me imaginé que deberían ser pinturas de grandes dimensiones.

Subimos por la cuesta pedregosa de la montaña y ya más cerca las vimos mejor. Nelsí me miraba sonriendo, disfrutando de mi expresión boquiabierta: ante nosotros estaban dos grandes figuras antropomorfas de vivos colores rojo y amarillo de casi metro y medio de altura.

Sus cabezas son grandes esferas. Una de ellas muestra círculos concéntricos rojos y amarillo. La otra está con la cabeza hacia abajo. Se compone de circunferencias con un punto central, y tiene varios apéndices que se asemejan a brazos. Exteriormente la esfera presenta varias rayas, como si estuviera "iluminada". Inmediatamente me vinieron a la cabeza las imágenes del famoso "Dios Marciano" del Tassili, en el desierto del Sahara, sur de Argelia.

Mi asombro prosiguió al observar que la entidad que estaba "patas arriba" parecía estar flotando, ligada por una especie de cordón a otro objeto no muy nítido y borrado por el tiempo. La rodean objetos circulares radiados, con un punto central. Hasta los más incrédulos y férreos adversarios de las teorías sobre la presencia de extraterrestres en el pasado se impresionarían ante estas pinturas.

Para fortalecer la hipótesis, pude localizar en el mismo paredón abrupto -al que los antiguos artistas tendrían que acceder por medio de escaleras y cuerdas- otras pinturas mostrando objetos circulares, lenticulares radiados semejantes a platillos volantes u OVNIs.

Pero las más intrigantes son las pinturas de dos seres con cuerpos triangulares (con otra esfera también triangulada en su interior), rostros semi-humanos, con "cuernos" o "antenas" que parecen desprender algún tipo de luz o energía, representada con puntos a modo de aura alrededor de las cabezas y cuerpos. Uno de los personajes lleva a sus pies una especie de "valija" o "caja". Estos dos seres, los "diablitos" como los he llamado, jalonan otra figura, la de una persona, pero con rasgos más normales. Al ver este conjunto, saltan a la mente las imágenes de extraterrestres y dioses cósmicos del Tassili.

Pintura rupestre en la Sierra del Sol y de la Luna, en Monte Alegre.

Los nativos de la región, los *caboclos* (mestizos de blancos e indios) creen que los dos personajes son el Sol y la Luna, dos mitos muy presentes en su cultura. Además, las leyendas cuentan que allí vivieron ocultas las famosas amazonas, mujeres guerreras a las que los españoles se enfrentaron en el siglo XVII. Los arqueólogos no se arriesgan a decir nada todavía, pero Nelsí estaba a punto de desvelarme una sorpresa que me había reservado.

"Bueno, Pablo, ya es hora de que te cuente algo sobre lo que está ocurriendo aquí. Como sabes, trabajo para la doctora Ana Roosevelt, una de las más importantes americanistas. Lleva tres años investigando estas pinturas y ahora ha conseguido algunas dataciones que causaran revuelo en los medios científicos. Según el método del carbono catorce, algunas de las pinturas de Monte Alegre tienen entre ¡10.800 y 11.500 años de antigüedad!", me reveló Sadek.

"Si no me equivoco, eso significa que pueden ser las pinturas más antiguas de toda América, ¿es cierto?, le dije.

"Correcto. Además puede ser uno de los lugares más antiguos de ocupación humana permanente. Esto desbanca la antigüedad de otros sitios en Estados Unidos o como mucho serían contemporáneos a Monte Alegre. Por lógica, los hombres que ocuparon el continente procedentes del estrecho de Bering tuvieron que llegar primero a los actuales Estados Unidos para después llegar a la amazonia, mucho más al sur. Pero parece que no fue así", me aclaró Sadek.

Paredón con extrañas pinturas rupestres en la Sierra del Sol y de la Luna, en las que se ve el ser "flotante" boca abajo a la izquierda y los diablitos con "auras" a la derecha.

¿Llegaron procedentes de Bering los primeros amazónicos? ¿O tal vez encontraron una ruta "alternativa" para adelantarse a los ancestros de los "yanquis"? ¿O incluso será que las tesis del autoctonismo del hombre americano planteadas por varios arqueólogos, especialmente por el controvertido Ameghino, son correctas? Una cosa es cierta: la amazonia, al revés de lo que se creía, no es un inmenso vacío cultural, sino un poblamiento de gentes desconocidas con avanzados conocimientos.

"Los resultados de excavaciones y dataciones aún no han sido publicados, pero deberán salir en el mes de abril de 1996 en la prestigiosa revista *Science*, me vaticinaba el investigador, hecho que realmente se cumplió.

Anna Roosevelt descubrió hace pocos años la cerámica más antigua de América (5.500 a.C.) en un yacimiento arqueológico del mismo estado de Pará. La noticia entonces estalló como una bomba, pues se estimaba que su aparición no tenía más de 3.000 años de antigüedad en el continente. ¿Cómo el hombre prehistórico de Monte Alegre y Pará pudo adentrarse tanto tiempo antes que los demás pueblos americanos?

Teorías no faltan para explicarlo. Se baraja la posibilidad de que los Montealegrenses de antaño fuesen descendientes de los mismos atlantes, refugiados del gran cataclismo. Las fechas coinciden, pues algunos autores sitúan la desaparición del continente de la Atlántida entre 12.000 y 9.000 años. Si se observan las teorías del antropólogo portugués Mendes Correa, los amazónicos de Pará llegaron al continente no por el estrecho de Bering, sino que por un puente natural entre Australia, Antártida y Sudamérica (Patagonia), adelantando en muchotiempo a los primitivos norteamericanos.

Estudios recientes llevados a cabo por científicos del Museu Emilio Goeldi, de Belém (Pará) dan fe de que muchos amazónicos tienen características genéticas semejantes a las de los pueblos de Oceanía y Australia. Eso obliga a revisar las teorías casi cimentadas de muchos arqueólogos y a cambiar las páginas de los libros científicos y de texto. Lógicamente, no hay muchos dispuestos a hacerlo.

Durante dos días estuvimos recorriéndonos las sierras, buscando pinturas. Son muchas, más de mil dibujos esparcidos por los lugares más recónditos y de difícil acceso, algunos en cuevas y aberturas en la roca. En "O Mirador" existen cálices y símbolos que recuerdan a los de la cábala judaica. Desde allí se observa toda la región -es el punto más alto de las sierras- incluso el río Amazonas. También se yerguen bloques monolíticos, dólmenes y menhires según la opinión del geólogo e investigador brasileño Reinaldo Arcoverde Coutinho.

Éste ha elaborado una curiosa teoría en base a centenares de yacimientos que ha explorado en la región y el noreste de Brasil. En ella postula que el país fue visitado hace más de 7.000 años por pueblos procedentes de la península Ibérica y de Francia, los constructores de megalitos.

También intrigan las cruces celtas, ansadas o egipcias, objetos ovalados o redondos a modo de ojos radiados (semejante al ojo "que todo lo ve" de los egipcios). Según Nelsí, un hecho único en toda América, es la existencia en las sierras del Ereré y Pai Tuna de impresiones de manos (algunas con seis dedos) con espirales en su interior. "Debían tener un sentido mágico-esotérico que se ha perdido en la noche de los tiempos. También hay espirales sueltas, como las de Europa", me dijo Sadek que colecciona libros de pinturas rupestres de todo el mundo.

El investigador me mostró varios frescos con imágenes cuadriculadas y puntos. "Pienso que esto puede ser un tipo de calendario que no sabemos interpretar, relacionado con sistemas astronómicos. Pueden verse aquí cerca representaciones de lunas, soles y estrellas", me contó Sadek.

A 85 km de Monte Alegre, por una carretera de tierra polvorienta llegué en un autobús desvencijado de tipo escolar al poblado de Alequer, también a orillas del río Amazonas. Allí conocí al Dr. José Monteiro, un médico dedicado a labores humanitarias que presta auxilio a las poblaciones más desfavorecidas, donde nadie asume el riesgo de ir.

Monteiro compró, hace algunos años, un área de 140 hectáreas a unos 40 kms del poblado, donde está la llamada "Ciudad de los Dioses", un complejo geológico de formas que nos hacen sentir como si estuviéramos en otro planeta. El lugar fue tan recientemente descubierto de modo oficial en 1950 por el explorador inglés Michael Douglas Blair.

La "Ciudad de los Dioses" posee formaciones geológicas que recuerdan calles, callejones, edificios, estatuas, grandes portales y cálices de piedra que más bien parecen obra de constructores gigantes si no fuera la naturaleza la responsable de sus formas. Al igual que Monte Alegre, este sitio estuvo sumergido en el océano durante varios millones de años. Sin embargo, la naturaleza no todo lo explica y existen varias preguntas sin responder respecto a sus orígenes.

Los interrogantes fueron apareciendo durante el viaje que emprendí en todoterreno junto con la profesora Ilca Cabral, el capitán de la Policía Militar, Josaphat y el soldado José Carlos, todos de Alenquer. Bajo una fuerte lluvia recorrimos una parte de la "ciudad" el primer día. Nos sentíamos diminutos ante aquellas rocas -algunas superaban los 30 metros de altura- con las más variopintas formas.

Allí vi algo que me llamó la atención: canales o canaletas perfectamente rectas, de unos 30 a 40 cms. de anchas y otro tanto de profundidad, talladas en las rocas del suelo. Algunas se perdían en medio de la vegetación. "Esto no parece ser obra de la naturaleza. El hombre aquí dejó sus huellas", me dijo Ilca Cabral.

Menhir en la sierra del Sol y de la Luna. Por una abertura en su base se observa la puesta del Sol. ¿ Observatorio astronómico primitivo ?

¿Canales o conductores de agua? ¿Para quién? Pronto me percataría de que la "Ciudad de los Dioses" fue habitada por seres humanos en un pasado remoto, pues allí no se han realizado excavaciones ni dataciones. Al día siguiente, ya sin lluvia, nos internaríamos entre matorrales, abriendo camino con ayuda de machetes.

Nos acompañó Almir Maia, el guardián de aquella región, un "gigante" rubio de ojos verdes, a cuya familia pertenecen parte de aquellas tierras. Almir -cuya forma de ser recuerda a los indígenas- armado con su escopeta de caza, no sin esfuerzo nos llevó hasta un grupo de formaciones rocosas más pequeñas pero, igualmente repletas de pinturas rupestres.

Menos elaboradas que las de Monte Alegre, las que veíamos estaban más desgastadas, pues quizá fuesen más antiguas. Al igual que Monte Alegre son círculos, (algunos radiados), objetos lenticulares, cruces y una amplia variedad de símbolos complejos. Salimos de allí dando la espalda a un inmenso portal de piedra que lleva a ninguna parte, dejando atrás un enigma más.

Hace casi 12.000 floreció en lo que hoy es el desierto del Sahara -al sur de Argelia- una civilización que nos legó un gran conjunto de pinturas rupestres, bellas

***Ciudad de los Dioses*, en Alenquer.**

y raras. Quizá no por casualidad las dataciones de las pinturas coinciden con las de Monte Alegre, aunque ambos lugares están separados por el océano Atlántico por miles de kilómetros.

Y es que el Sahara en aquellos tiempos tenía un clima mucho más benigno, las praderas y sabanas verdosas tapizaban el paisaje. La amazonia, entonces, era menos frondosa y selvática que en la actualidad, y su vegetación sería bastante semejante al Tassili de antaño.

En el libro *Los dioses del Tassili: astronautas en la edad de la piedra*, sus autores, J. Blaschcke, R. Brancas y J. Martínez, nos hablan de una extraña pintura en la que aparecen cuatro mujeres -una adolescente, una gestante, una púber y una madre lactante-, arrastradas por una figura semihumana hacia lo que podría ser una especie de nave espacial, a la que se encuentra atada por un cordón. El supuesto extraterrestre, según los autores, secuestraba cuatro mujeres de la tierra para posibles experimentos genéticos.

La osada hipótesis no encontró más eco que entre los tres autores. Sin embargo se basaban en las teorías de Eric von Däniken y de investigadores rusos que afirman que en el Tassili llegaron los "dioses de las estrellas", como lo atestiguaría el famoso "dios marciano", una pintura de casi dos metros de altura que muestra un ser cuya cabeza se parece a un casco de astronauta.

¿Serían Tassili y Monte Alegre regiones "hermanas" habitadas por un pueblo con origen común? ¿Quizá eran los atlantes, como algunos estudiosos sugieren? Lo cierto es que los dos lugares tan separados entre sí, presentan algunos rasgos semejantes, como si fueran resultado de la proyección de los arquetipos más arraigados en el subconsciente de un pueblo desaparecido.

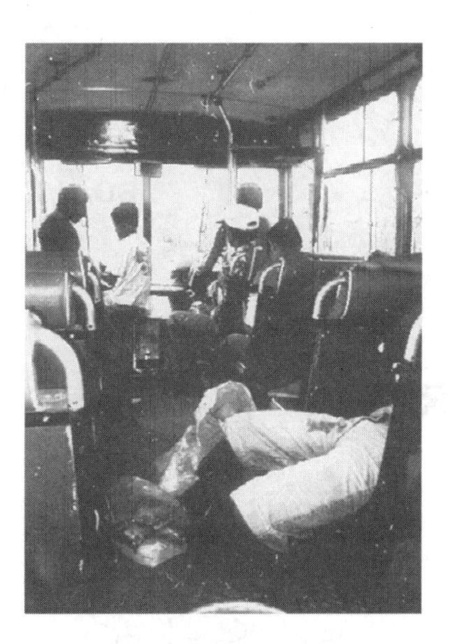

Un viaje "confortable" en autobús en la región de Santarém.

Pico Roraima
Sierra Paracaraíma
Sierra Parima
BOA VISTA
RORAIMA
Río Branco

IV

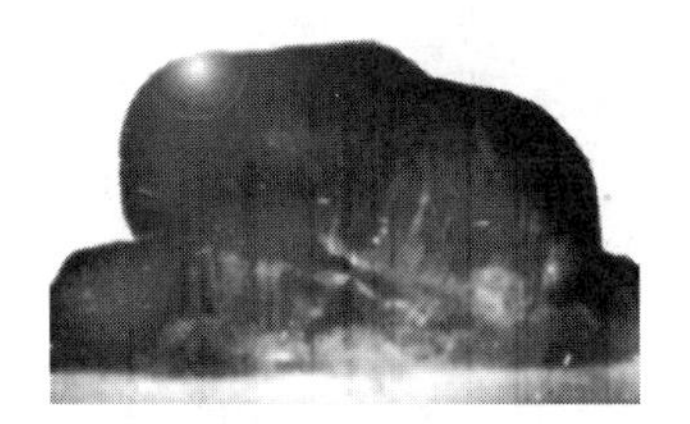

RORAIMA: EL DORADO BRASILEÑO

UNO DE LOS ESTADOS más desconocidos y enigmáticos de todo el territorio brasileño es sin duda Roraima. Su nombre evoca una de las regiones más remotas y recónditas del planeta, especialmente la gran meseta limítrofe con Venezuela y Guyana (ex-Guyana Inglesa), el macizo montañoso de las Guyanas, que incluyen las sierras de Parima, Pacaraima y Caraí en una extensión de 480 km. En la sierra de Pacaraima está situado el pico Roraima (2.875 m) uno de los más altos.

Su sector fronterizo con Venezuela sirvió de inspiración para que el célebre escritor británico sir Arthur Conan Doyle -el padre literario de Sherlock Holmes- escribiera una de sus más impresionantes novelas de ciencia-ficción, me refiero a *El Mundo Perdido*,1912. Tal obra también se inspiró en los viajes que otro británico, el coronel Percy Fawcett, realizó por Brasil en 1908. El explorador mantuvo contacto personal con el escritor y le contó que los nativos de Mato Grosso le habían hablado de seres que el coronel dedujo eran dinosaurios. Luego trasladó la supuesta fauna criptozoológica más al norte, al ignoto Roraima.

Y ¿qué había en El Mundo Perdido? Allí están los llamados *Tepuis* (en Venezuela) o *Chapadas* (en Brasil), montañas de cima plana cuyas laderas son extremadamente abruptas. Sus cimas son verdaderas islas de biodiversidad. Subsistirían criaturas de épocas prehistóricas, como dinosaurios, tigres de dientes de sable y otras bestias carnívoras o herbívoras de grandes dimensiones.

Aunque hoy ya se sepa que tales seres no parecen vivir por aquellos páramos, sí se confirmó que en estas "islas verdes" procrean pequeñas criaturas, principalmente reptiles, que no existen en ninguna otra parte del mundo. Además, sobre la superficie permanentemente lluviosa en la cima de las montañas crecen plantas que existían en épocas remotas y que se extinguieron en otras regiones.

En 1897 otro escritor inglés, Franck Aubrey, publicó la novela The *Devil Tree of Eldorado*, donde describe la existencia de una ciudad perdida en medio de la selva amazónica, cerca del pico Roraima. Era una ciudad con torres relucientes de oro, "pre-

Zona de los Tepuis de Roraima.
Foto: Secretaría de Turismo de Roraima.

egipcia" según el autor, cuyos extraños habitantes tienen una existencia longeva. Allí, al igual que en la novela de Doyle, Aubrey emplaza animales y plantas desconocidas, con especial énfasis en un árbol caníbal, que devora a las víctimas de los horripilantes sacrificios humanos perpretados por los malvados nativos.

Constantemente recibo informes, datos y casos de investigadores e instituciones de todo el mundo con los que estoy en permanente contacto. Entre ellos, el Consejo Indigenista Misionero (CIMI), una entidad cuya sede se halla en Brasilia y cuyos miembros, religiosos o no, buscan tenazmente defender los derechos de los pueblos indígenas de Brasil.

Una de las noticias más repetidas en los informes de este grupo es la referida a la lucha por la delimitación de tierras de más de 10.000 indígenas de las etnias macuxi, wapixana, taurepang, ingarikó y pantamona. Hace más de 20 años que luchan para que el gobierno reconozca el derecho de propiedad centenaria de sus tierras en la Serra do Sol e Serra da Raposa (Sierras del Sol y de la Zorra, respectivamente). Los hacendados de otras regiones del país y *garimpeiros* buscan ávidamente, e incluso han logrado parcialmente, hacerse con tales tierras y sus riquezas naturales.

Cerca de 50.000 invadieron Roraima en su máximo apogeo, años 80, con la "fiebre del oro". El uso indiscriminado del mercurio para la separación del oro contaminó peligrosamente muchos de los ríos del estado, poniendo en riesgo no sólo su fauna y flora sino también la salud de los seres humanos.

En 1989 hubo una oleada de protestas internacionales para expulsarlos de las tierras habitadas por los indígenas. Pero, como casi siempre ocurre en estos casos, se dio carpetazo al asunto ya que en realidad, lo que interesaba era tener las ricas tierras fronterizas ocupadas y explotadas por los nacionales.

Hay que recordar que recientemente, a mediados de 1998, Roraima fue víctima de gigantescos incendios -quizás el más grande del siglo en toda la amazonia- que devastaron gran parte de sus extensas llanuras. Por suerte, su sector occidental, donde están las selvas, no fue demasiado afectado por el fuego.

Supuestamente el incendio fue provocado por los agricultores del estado que, como en toda la región, emplean las *queimadas* para calcinar la maleza y fertilizar con sus cenizas la tierra. No obstante, tal práctica es a corto plazo dañina para suelo y medio ambiente. El incendio fue incrementado por la acción de "el Niño" que reduce la frecuencia y cantidad de lluvias.

Hubo un detalle significativo del que los medios de prensa internacionales se hicieron eco. Para atajar el problema y ayudar a los indios yanomamis fueron convocados dos *pajés* o hechiceros indígenas de la tribu caiapó de Mato Grosso para celebrar una danza de la lluvia. Dicho y hecho: el ritual secreto resultó eficaz, pues al día siguiente se precipitaban sobre las llamas las primeras gotas de lluvia.

Lo poco que se sabe procede de un indígena caiapó, Pitisiaru Metupire: el ritual fue realizado secretamente por los dos sacerdotes solos en medio a la selva, cerca de la aldea Demini, en zona montañosa. Allí suplicaron a los espíritus de los antepasados para que los de la lluvia y del trueno les enviaran el "agua del cielo".

Para la gigantesca nube de humo, los yanonamis tienen un profecía. En una entrevista que el *pajé* de la aldea Demini, Davi Kopenawa Yanomami concedió en su idioma al antropólogo Bruce Albert [1], habló que "...Cuando los pajés mueren sus *hekurabë* [2] se enojan mucho. Ellos ven que los blancos hacen morir a los *pajés*, "sus padres". Los hekurabë se querrán vengar, querrán cortar el cielo en pedazos para que se desplome sobre la tierra; también harán caer el sol y, cuando caiga, todo se oscurecerá. Cuando las estrellas y la luna también se precipiten, el cielo se quedará oscuro. "Nosotros queremos contar todo eso para los blancos, pero ellos no nos escuchan", decía resignado Konpenawa.

Esto ocurrirá cuando muera el último *pajé* yanomami. Un aviso y preludio de la profecía final ya se cumplió con el gran incendio. Nos gustaría que los yanomamis puedan vivir en paz y que el mundo no oscurezca para siempre.

Roraima, en función de su aislamiento geográfico, sólo empezó a poblarse -relativamente- a partir de 1960, cuando se inauguró la carretera BR-174, que conecta Boa Vista con Manaus (Amazonas). Su territorio, que aproximadamente corresponde al de la mitad de España, sólo tiene unos 150.000 habitantes. Para que uno se haga una idea, es como si la península ibérica estuviera habitada solamente por 300.000 habitantes, es decir: ¡la mitad de la población de Zaragoza!

Los primeros que se atrevieron a penetrar en esta tierra incógnita fueron los hombres de Francisco Ferreira, un intrépido *bandeirante* luso que estuvo por allí en 1718. Entre las tareas que se le habían adjudicado, además de capturar indígenas para el trabajo esclavo en las haciendas y topografiar la región, estaba la de recolectar "drogas de la selva", es decir, plantas para componer una variada farmacopea.

En seguida llegaron los primeros religiosos, carmelitas, que, aunque no se hubiesen establecido definitivamente, dejaron algunos núcleos de población. En 1777 tropas españolas construyen un poblado en los márgenes del río Urariqüera. Sin embargo, su permanencia no fue larga: una expedición portuguesa comandada por

1. El 9 de marzo de 1990, en la sede del Centro Ecumênico de Documentação e Informaçao (CEDI) de Brasília -actual Instituto Socioambiental- en *Povos indígenas no Brasil: 1987/88/89/90.* São Paulo, 1991.

2. Espíritus descritos como humanoides en miniatura y que son manipulados por los *pajés* para curar, agredir, influir sobre fenómenos e entidades cosmológicas,etc.

el capitán e ingeniero Filipe Sturm los expulsó e inició la construcción de la fortaleza de San Joaquín, en la conjunción de los ríos Tacutu y Urariqüera.

La actual capital del estado, Boa Vista, surgió como municipio en 1890. En este momento los ingleses codiciaban aquellas tierras -ya se habían apoderado de parte del Surinam- y el asunto sólo se resolvió en 1904, cuando el rey de Italia Víctor Manuel III (moderador diplomático de la disputa), concedió la mayor parte de las tierras a Inglaterra.

Entre 1896 y 1897, varios montañeros ingleses lograron, por primera vez, escalar el pico Roraima en un intento de legitimizar la posesión de aquellas tierras. Y no es por coincidencia que la novela de Franck Aubrey haya sido escrita entonces, con un nítido propósito colonialista. Para aumentar la codicia y atracción por la inhóspita zona, el autor situaba en las inmediaciones del pico las míticas ciudades de El Dorado y Manoa.

De todas maneras, hubo quien atisbó alguna veracidad en la novela de Aubrey. El explorador franco-argelino Marcel F. Homet, profesor de la École d'Anthropologie de París, realizó entre 1949-50 una expedición para localizar restos de antiguas y avanzadas civilizaciones que se confundían con el mito de El Dorado. Sobre sus aventuras escribe un libro, *Die Sohne der Sonne,* Berlín, 1958, donde narra sus peripecias, afrontando los peligros de la selva amazónica.

Navegando en canoas por el río Uraricoera se topó con los indios Macu. El jefe de la tribu, interrogado sobre la existencia de El Dorado, le contesta a Homet: "...Si subes el río Uraricoera, después de once días, a la orilla derecha, hay una especie de aldea, donde las chozas hubieran sido de piedra, pero ahora están todas destruidas. Esas casas eran construidas en alineamiento separados por áreas regulares... tendrás que buscar una puerta de piedra, debajo de un gran arco que está bajo la tierra. Allí verás una gran aldea de piedras caídas por tierra. Esa aldea fue construída en alineamientos regulares... hay grandes lajas de granito..."

Aunque estas palabras suenen bonitas y dignas de un cuento de aventuras, seguramente jamás fueron pronunciadas por Quaquiera, jefe indígena Macu, como nos advierte el investigador paranaense Johnni Langer, en su revelador libro *As cidades imaginárias do Brasil,* Curitiba, 1997, puesto que nunca emplearon términos como "granito" o "simetría", desconocidas por aquellos pueblos.

En la isla fluvial de Maracá, Homet se encontró con una planta carnívora cuyas hojas poseían ventosas con las que chupaba la sangre de sus víctimas, algo semejante a lo que contó en su libro Aubrey. Además, según el explorador, allí vivían terribles indígenas antropófagos. Al final, Homet concluye que el legendario El Dorado era el mismo estado, donde viviera lo que llamó *Homo atlanticus,* una raza humana de ojos azules, pelos rubios, piel blanca, altos, etc., que erigió una gran civilización megalítica.

Homet responsabiliza a este ser de haber embadurnado y garabateado una enorme roca en forma de huevo conocida como Pedra Pintada. Uno de los primeros informes sobre la enigmática roca se lo debemos al antropólogo alemán Kock Grünberg en 1924. Con casi 60 metros de diámetro y cuarenta de ancho, el "huevo" de piedra está preñado de símbolos pintados de rojo que según Homet son universales. Se destaca la serpiente de siete metros con una cabeza en sendas extremidades y un miembro viril gigante. También existen pinturas de tortugas, figuras antropomorfas, aves e incluso ¡dinosaurios!

Como hemos de notar, estos animales no son exclusivos de las colecciones del profesor Cabrera Darquea, de Ica (Perú) o de las figuritas que supuestamente los representan en Acámbaro (México). La convivencia del hombre prehistórico con la fauna del Jurásico ha sido una obsesión de muchos estudiosos y exploradores que hasta hoy buscan, no sólo en América, sino también en África un ejemplar fósil vivo del animal más famoso del secundario.

La Pedra Pintada es, según Homet, un gran libro con casi todos los idiomas de la humanidad pretérita, como jeroglíficos "antiguo-egipcios", semitas, sumerios, celtas, preirlandeses, etc. Para que no quepan dudas, Homet identifica en las proximidades de la mole a varios menhires y dólmenes de tipo celta. En total son 600 m^2 de dibujos que el explorador considera "el más importante de los albumes de Piedra de todos los monumentos de granito del mundo". Exageración o no, la verdad es que este monumento continua constituyendo un gran enigma sin solventar.

Vista aérea del las charcas donde se ubicaba el lago Parima o Eldorado, según Roland Stevenson (Roraima).
Foto: Roland Stevenson.

Más recientemente, en la década de los 80, el gran explorador anglo-chileno, Roland Stevenson realizó varias expediciones y confirmó que allí se hallaba realmente el El Dorado, el más importante centro aurífero de las Américas[3]. Miles de garimpeiros explotaron hasta hace poco tiempo los filones de oro y extrajeron toneladas y toneladas del noble metal amarillo.

3. En las últimas décadas más de 150.000 *garimpeiros* o buscadores de oro invadieron esa región. Ellos sacaron más metal precioso que los españoles a los Incas del antiguo Perú.

Pedra Pintada, Rorâima.

Según el intrépido explorador e investigador, la Pedra Pintada estaba parcialmente sumergida hace 400 años. Los indígenas, en sus canoas, habrían trabajado sólo la parte superior que estaba fuera del agua. El lago -relativamente raso- ocupaba una vasta región de 400 km de extensión y 80.000 km^2. Más tarde este desapareció a causa de una serie de fenómenos geológicos dejando como vestigio grandes charcas en las llanuras de Roraima. Se trataba del mítico lago Parime[4], también conocido como El Dorado, que las crónicas de españoles mencionaban a partir de las informaciones de los indígenas.

Hoy todavía quedan vestigios de este gran lago en las marcas y capas de tierra de diferente color en las sierras adyacentes y las grandes charcas que se forman en las épocas de lluvias, en zonas más bajas.

Stevenson, dividiendo su tiempo entre manuscritos, documentos históricos y exploraciones en la selva -que le costaron terribles fiebres palúdicas y riesgos para su vida- descubrió que la expedición del conquistador español Gonzalo Pizarro de 1541 (que salió de Quito, Ecuador) habría llegado a tierras del actual noroeste brasileño con casi 4.000 porteadores indígenas andinos y más de un centenar de españoles, algunos de los cuales se mezclaron con los autóctonos.

Según la teoría del explorador, Pizarro recorrió un camino inca hasta hace muy poco desconocido y que conducía hasta Roraima. "Tal camino surgió por la necesidad de los incas en transportar ingentes cantidades de oro desde la amazonia brasileña hasta su imperio andino. Yo he podido descubrir a lo largo de este camino varios vestigios de *tambos*, los almacenes de cereales y refugios de viajeros hechos de piedra

4. El descubrimiento fue reconocido por el arqueólogo estadounidense Gregory Deyermenvian, del Explorers Club.

por los Incas. Estaban separados 20 km entre uno y otro", me reveló Stevenson cuando le entrevisté en Manaus, ciudad que emplea como base de aprovisionamiento para sus expediciones.

Este mismo camino también fue usado por las Vírgenes del Sol, mujeres del soberano inca Athaualpa, que huyeron de los españoles durante la conquista de Cuzco a partir de 1532. Sus hijos bastardos -sus padres eran españoles- originaron una casta de indios blancos que más tarde algunos exploradores encontraron en el norte. Quizá esto puede explicar la existencia, si no de todas, de por lo menos algunas de las tribus que encotnraron los expedicionarios.

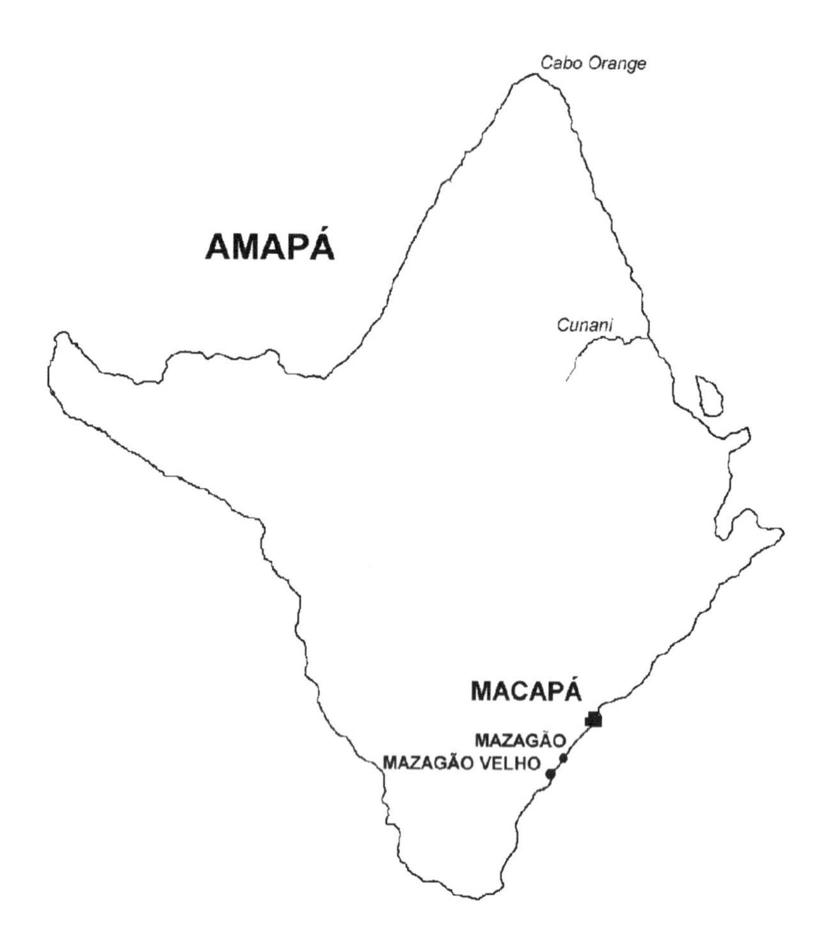
Cabo Orange
AMAPÁ
Cunani
MACAPÁ
MAZAGÃO
MAZAGÃO VELHO

V

AMAPÁ: TERRITORIO DESCONOCIDO Y EL DILUVIO AMAZÓNICO

EL ESTADO DE AMAPÁ es sin duda uno de los más desconocidos de Brasil. No recuerdo haber oído nombrar más que unas pocas veces este nombre en las noticias nacionales. Situado entre el estado de Pará y la Guayana Francesa, con costa atlántica, tiene 142.358 kms² y sólo unos 270.000 habitantes. Casi todo su territorio está ocupado por la selva amazónica. Una de sus sierras míticas es la de Tumucumaque, tierra de leyendas y extraños fenómenos, algunos de los cuales me fueron revelados por sus habitantes e investigadores con quienes contacté. Este infranqueable terreno está ocupado por tribus indígenas que poco a poco, y desgraciadamente, van tomando un peligroso contacto con la contaminante civilización.

Macapá, su capital, alberga el 60 % de toda la población del Estado. Por ella pasa la línea imaginaria del ecuador geográfico. En 1945 ocurrió el primer *boom* económico en: el hallazgo de los mayores yacimientos de manganeso de todo el país. Más tarde, en la Serra do Navío, aparecieron abundantes vetas de minerales, sobre todo de importantes cantidades de casiterita.

Por el célebre Tratado de Tordesillas (1494), el Amapá -que se llamaba "Guiana Brasileira"- debió pertenecer a España. Sin embargo, con la unificación de las dos coronas ibéricas, entre 1580 y 1640, su exploración y cartografía se llevó a cabo tanto por españoles como portugueses. Bajo la denominación de "Capitania Hereditária" [1] de la Costa do Cabo Norte, estuvo en poder del portugués Bento

1. Este era el término empleado por los portugueses para designar las primeras divisiones administrativas del territorio brasileño. Fueron creadas por el rey portugués D. João III en 1532. Las capitanías fueron entregadas a *donatários* que podían transferír hereditariamente tales posesiones a sus descendientes.

Manuel Parente a partir de 1637. Sin embargo, los ingleses, holandeses y franceses establecidos en las Guayanas realizaban incursiones frecuentes por la región.

Los portugueses, precavidos, construyeron una fortaleza, la de Santo Antonio de Macapá. Los ingleses fueron expulsados pero los franceses seguían dando guerra a los lusos. Sólo en 1713, con el Tratado de Utrecht, los franceses aceptaron retraerse, marcando frontera con el río Oiapoque. Pero los galos no respetaban el tratado y los portugueses se vieron obligados a construir una nueva fortaleza: São José do Macapá (1764), la más grande del Brasil colonial.

En su entorno nació la actual capital del estado, en la orilla izquierda del río Amazonas. Allí existe un estadio de futbol, el *Zerão* cuyo campo es cortado longitudinalmente, justo al medio, por la línea del ecuador. De esta forma, un equipo tiene como campo suyo el hemisferio norte y el otro el hemisferio sur. Algo como mínimo curioso.

A las orillas del río Mutuacá surgió en 1771 la villa de Mazagão. Sus pobladores eran familias de origen portugués que vivián en las costas del norte de África y que fueron expulsados por los musulmanes. Las 161 que llegaron allí junto con sus esclavos, comenzaron a celebrar una fiesta donde reproducían las batallas entre moros y cristianos.

El hecho se basa en la conocida leyenda de la aparición de un guerrero anóminodurante tales batallas: Santiago Matamoros. Desde la conquista de tierras africanas, especialmente de la región de Marruecos (Ceuta aún ostenta una gran fortaleza lusa), los cristianos portugueses intentaron convertir a su religión a los "infieles".

Hoy Mazagão se llama Mazagão Velho, pues surgió otra ciudad homónima a 36 km de distancia: Mazagão Novo. En la vieja villa aún hoy se celebra la fiesta de moros y cristianos que empieza el 16 de julio y termina el 27, donde existe un baile de máscaras que tiene por protagonistas a actores que representan a los moros. En aquellos confines amazónicos aún está vivo el recuerdo de luchas de tierras tan lejanas como el continente africano. Esto demuestra que el hombre mantiene viva en su memoria, casi de forma arquetípica, las victorias y derrotas que cambiaron el rumbo de las futuras generaciones.

"En los comienzos estaba la nada, ni siquiera la tierra. Un día Yanejara decidió hacer la tierra pero no tenía vegetación y tampoco había agua. Yanejara hizo una tierra muy pequeña seguida por otras más grandes. Finalmente hizo una tierra muy grande. Después Yanejara añadió vegetación y agua, pero el agua no tenía nada dentro, por lo tanto Yanejara decidió poner algunos peces para que los waiãpi pudieran comer. Yanejara notó que estaba bastante oscuro y entonces él hizo el sol y más tarde la luna. Yanejara también creó el fuego para hacer las noches más brillantes y para cocinar la comida. Antes, Yanejara había hecho al hombre, y también hizo animales como los monos, los comedores de hormigas y los ciervos; y muchas plantas incluídas las papayas, la caña de azúcar, la patata, la jara y la mandioca. Ahora la tierra estaba preparada para la gente".

Esta leyenda describe la creación del mundo desde la óptica de los indios waiãpi, una pequeña tribu de 400 habitantes ubicada entre la frontera de Amapá y Guayana Francesa que pertenece al grupo de los tupis-guaranís. Allí, junto al río

Jari (un tributario de la parte norte del gran Amazonas), los Waiãpi contemplan las laderas de la sierra de Tumukumake, los rápidos de aguas transparentes y una tupida y verdosa vegetación selvática.

El primer antropólogo que contactó con los waiãpi fue Allan Campbell, que denunció los asesinatos en masa junto con la transmisión de enfermedades llevadas por los colonos y misioneros europeos. Para compensar sus sufrimientos, los realizan más de cien tipos diferentes de fiestas donde, ocasionalmente, consumen grandes dosis de una especie de cerveza y donde las músicas y las danzas dan el tono de alegría. Uno de los instrumentos más curiosos es la flauta *cassiripina* con un sonido semejante al del clarinete.

Las dos festividades más importantes son las de consagración al pez *pacu açu* (*Myleus pacu*) y al *surubim* (*Pseudoplatystoma tigrinum*). Uno de los rituales más preciados es la "pieza teatral" donde aparece el *Jara*, el principal líder de la fiesta del *pacu açu*, casi siempre los mejores pescadores. El protagonista escenifica las aventuras de un pescador que trata de salvar su pesca del acoso de las pirañas.

Pequeñas iglesias y casas palafitadas en las orillas de los ríos de Amapá.

Las crías del *pacu açu* -representadas por los asistentes- se vuelcan al reto de defender a los adultos del ataque de los voraces peces.

La ingesta de la cerveza o *caxiri* (hecha de raíces de mandioca) simbolizanun veneno llamado *meku*, que vierten en las corrientes de los ríos en plena estación seca cuando sus aguas están más bajas. El veneno blancuzco (hecho a partir de una especie de liana) no mata inmediatamente los peces, sino que, como los indios que beben el *caxiri*, los deja ebrios.

Este festival tiene lugar en la misma época en que emplean grandes cantidades de *meku* para pescar. Y como en la danza, los peces afectados nadan atontados y suben a la superficie donde son presa fácil de los pescadores. Las pirañas, como en la representación teatral, no son afectadas por el veneno y se aprovechan de la borrachera de los demás peces.

Los waiãpi también untan sus flechas con el temible *curare,* el veneno que paraliza a sus víctimas. Etnobotánicos han conseguido descifrar parcialmente su fórmula, secreto que desde hacía siglos buscaban los hombres blancos: se trata de una mezcla de raíces de una enredadera (*Strychnos sp.*), una planta llamada *canca-*

napire (*Croton rhamnifolius*) "manzanas de Santa Marta", uvas secas, arañas, hierbas variadas, caucho, cabezas de hormigas venenosas y sangre de insectos.

El antropólogo Viktor Fuks, de la Universidad de Miami (Florida, EEUU), recoge una leyenda sobre la destrucción del mundo, seguida de la segunda creación, la leyenda del fuego y del diluvio: " Un día Yanejara se quedó aterrado al darse cuenta de que había demasiada gente, tanta gente como árboles y otras plantas salvajes. No había suficiente comida para todas las especies que él había creado. Yanejara dijo a los ancestros de los waiãpi, los taiminguera, que si ellos se comían todo no quedaría nada para las demás especies. Yanejara decidió quemar todo el mundo, pero avisó a los ancestros de los waiãpi para que algunos de ellos pudiesen protegerse en una alta casa de barro. El fuego lo consumió todo; hombres, animales, el bosque y lo que quedaba de los ríos secos. Cuando Yanejara vio que el mundo estaba limpio de nuevo, hizo que cayeran lluvias torrenciales con las que apagó el fuego y lavó las cenizas. ¡Ya no quedaba nada! Yanejara decidió crear una segunda raza humana, y de nuevo creó muchos peces y animales así como a los waiapi, a los cuáles enseñó a cultivar la mandioca y otras comidas".

Como ya hemos visto a lo largo y ancho del país encontramos los mitos de un dios civilizador, creador, destructor y del diluvio universal, para unos prueba de que existió una civilización antiquísima que difundió hechos verídicos y para otros la constatación de la existencia de arquetipos, esas imágenes profundamente arraigadas en el pensamiento colectivo de la humanidad que nos hacen mucho más cercanos y parecidos entre nosotros de lo que creemos.

Muy poco se sabe sobre la historia pretérita de los habitantes de Amapá. Las escasas informaciones que tenemos proceden del suizo Emil August Goeldi. En 1895 el científico formaba parte de una expedición financiada por el Museu del estado de Pará para realizar investigaciones científicas, inclusive arqueológicas en aquellas tierras que, por aquél entonces eran reclamadas por Francia para anexarlas a sus propios territorios en la Guayana.

Goeldi descubrió, en una zona montañosa (cerca de un afluente del río Cunani) dos "hipogeos", es decir, catacumbas donde se ocultaban urnas funerarias de tipo antropomorfo. Estas cuevas tenían la forma de una "**L**" excavadas en montañas. Las entradas estaban tapadas por grandes discos de granito, en promedio de 1,5 m de diámetro y 14 cm de grosor.

Pintadas en color rojo sobre un fondo blanco, tales urnas no estaban tapadas y los huesos en su interior estaban calcinados y mezclados con tierra, una señal de culto crematorio. Goeldi interpretó el frescor de las pinturas como señal de que eran obras más recientes, post-colombinas. Sin embargo, las buenas condiciones de preservación en los subterráneos podrían haber confundido al sabio suizo. Otros arqueólogos creen que la cerámica a que se llamó *Cunani* es procedente de Colombia, hipótesis reforzada por el hecho de que no se asemeja con ninguna otra categoría de cerámica del territorio brasileño.

En los años 50 de nuestro siglo otro arqueólogo extranjero, Peter Paul Hilbert, encontró otros cementerios cerca del río Cassiporé, en el norte de Amapá. Hilbert tenía certeza de que las urnas eran anteriores a la llegada de los europeos y creía que había una relación entre la cultura *Cunani* y los indios de la tribu Palikur. Pero la falta de recursos para nuevas exploraciones e investigaciones dejó el asunto totalmente paralizado, sin que se pudiera sacar nuevas conclusiones.

Las 19 vasijas *Cunani* que Goeldi pudo rescatar se encuentran hoy en día en las bodegas del museo que lleva su nombre en la ciudad de Belém (Pará). Recientemente se han descubierto nuevos "hipogeos" pese a que los nativos, en su mayoría, se nieguen en decir donde se ocultan pues temen despertar a los espíritus que allí se ocultan, según me comentó una arqueóloga que prefiere -quizá para respetar esos espíritus- mantener bajo sigilo la localización de tales tesoros .

Cerámicas cunani encontradas en los hipogeos de Amapá.

Tras Goeldi, entre 1922 y 1927, el etnólogo alemán Curt Unkel [2] (1883-1945) viajó por el Amapá y descubrió, en el cauce inferior del río Cunani algo sorprendente: un extenso alineamiento de rocas toscas, sin trabajar, erigidas intencionadamente. Eran más de 150 menhires apoyados sobre piedras y que Unkel relacionó con prácticas religiosas. El más alto tenía dos metros.

Más al sur, los arqueólogos estadounidenses Clifford Evans y Betty Meggers también localizaron alineamientos megalíticos semejantes en el río Fleixal. En la isla Fortaleza se encontró un "cromlech", es decir, un círculo megalítico compuesto por seis mehnires sobre un montículo natural.

El arqueólogo amateur Reinaldo Coutinho defiende la hipótesis de que existió en el Brasil prehistórico una civilización megalítica cuyas raíces podrían estar en la península ibérica. ¿Estamos hablando de pueblos preceltas en la amazonia? Tal vez pueda parecer absurdo, pero según lo demonstró Thor Heyerdall, el hombre no conoció barreras geográficas en el pasado; siempre procuró ir más allá de su horizonte cotidiano.

2. En 1906 cambió su apellido por el de Nimuendaju, según el "bautismo" indígena de los apopovucas (indios del grupo guaraní), que le hicieron miembro honorífico de su tribu. Significa "aquél que crió su hogar o camino".

PORTO VELHO
Madeira-Marmoré
GUAJARÁ-MIRIM
Serra dos Parecis
RONDÔNIA

VI

RONDÔNIA:
EL FERROCARRIL Y LA CARRETERA MALDITA

RONDÔNIA ES CASI tan grande como la mitad de España. Sus tierras, suavemente onduladas, no rebasan los 800 m de altura en la sierra de Pacaás Novos. Estas superficies están surcadas por valles donde corren ríos inmensos y anchos como el Guaporé, el Mamoré y el Madeira, repletos de misteriosos petroglifos, muchos aún por descubrir[1]. Todas estas bellezas, hoy en día, se hayan en peligro de destrucción como consecuencia de la acelerada degradación del medio ambiente[2].

Hasta el siglo XVII solamente algunos audaces y temerarios jesuitas habían instalado algunas misiones en el entonces llamado territorio do Guaporé. En el XVIII el hallazgo de oro en Cuiabá atrajo *bandeirantes* hacia el valle del río del mismo nombre. En 1776 los portugueses erigen una magnífica fortificación a sus orillas, el Fuerte Príncipe da Beira (hoy cerca de Guajará-Mirim).

Esta fortaleza es construida por los colonos portugueses en los límites de sus territorios con los de los españoles. Por debajo de su sólida estructura existe un intrincado sistema de túneles y pasadizos que conducen hasta el poblado de Costa Marques que se encuentra a ¡20 km de distancia! Esta fenómenal obra de ingeniería se halla totalmente aislada en medio de la selva. Por río se tarda al menos tres días para llegar allí desde Porto Velho; aunque también es posible ir por tierra, haciendo transbordo de autobús en autobús.

1. El ufólogo estadounidense James Hurtak cree que existen bases subterráneas de OVNIs en Rondônia.
2. El gobierno del estado ha dado el primer paso para incentivar el turismo ecológico y está buscando instituiciones, ONGs, fundaciones, etc para desarrollar un programa de educación ambiental en el Parque Estadual de Corumbiara, a 900 km de Porto Velho, en la frontera con Bolivia, en la zona municipal de Alto Alegre dos Parecis.

A finales del siglo pasado la explotación del caucho atrajo a muchos *nordestinos* (habitantes de la región noreste de Brasil) hacia el Alto Madeira. La mayor asesina de las selvas de Rondônia es la carretera BR-364 que ha ido partiendo en pedazos casi todo el estado. Los inmigrantes llegados de otros lugares han ido construyendo chabolas a sus lados. Esto empezó recientemente -a partir de los años 70- con la llegada de los inmigrantes del sur del país para colonizar aquellas tierras "perdidas de la mano de Dios". Más adelante comentaré algo más sobre esta "carretera de la muerte".

La capital, Porto Velho (Puerto Viejo) se extiende a orillas del afluente más largo del río Amazonas, el Madeira. En sólo 20 años se ha convertido en una ciudad con más de 350.000 habitantes que vinieron a explotar yacimientos de oro y casiterita (estaño). Por sus calles se veían muchos compradores pero, en los últimos años, el negocio ha mermado mucho.

En el Museo del ferrocarril Madeira-Mamoré se pueden ver algunas herrumbrosas piezas de un período importante de la historia del estado: una maldición sobre raíles. El ferrocarril, que prácticamente nunca funcionó[3], fue creado para abrir una ruta comercial de exportación del caucho hasta el Atlántico, los mercados europeos y el este de EEUU.

Para extender 366 km de raíles del Madeira-Mamoré -entre Porto Velho y Guajará-Mirim, cerca de la frontera con Bolivia- se tardaron casi 40 años. Se cobró, según datos estimados, la vida de 50.000 hombres, casi todos a causa de malaria y fiebre amarilla, pero las cifras más realistas serán una décima parte. Reza una leyenda que cada traviesa del ferrocarril representa el precio de la vida de un trabajador. Claro que la estadística es exagerada, pero fueron muchas las víctimas.

La historia de este ferrocarril -que empezó en la localidad de Santo Antonio da Madeira- resulta dantesca y trágica pues, una vez terminado, resultó prácticamente inútil, comunicando puntos de la selva con ninguna parte. Quien reveló por primera vez su verdadera historia fue el historiador y periodista Manoel Rodrigues Ferreira [4] en su bien documentado libro *A ferrovia do Diabo: historia da E.F. Madeira-Mamoré*, São Paulo, 1960, donde da a conocer acontecimientos que el gobierno prefirió ocultar.

Todo empezó en 1872 con una empresa del coronel estadounidense George Church. Dos años después se traspasó a dos empresas británicas que se atrevieron con el proyecto. Tuvieron que claudicar ante la muerte de numerosos empleados, la mayoría irlandeses, sin lograr extender un solo kilómetro de raíles en la selva. Amén de esto, muchos barcos naufragaron en las cascadas cuando transportaban materiales para su construcción. Las lluvias torrenciales del invierno amazónico derribaron barrancas y centenares de metros de raíles.

La línea se ganó la fama de maldita y la apodaron "Ferrocarril del Diablo" y "Mad María" [5] .Las constructoras inglesas Public Works y la Dorsay & Caldwell

---

3. Esporádicamente y en tramos muy cortos funcionó hasta 1960.
4. En 1957 Ferreira recibió de un periodista 200 negativos hechos por un fotógrafo estadounidense, Dana B. Merril, que documentó la construcción del ferrocarril.
5. "Mad María" es también el nombre de una famosa novela (editada en varios idiomas) del prestigioso escritor amazonense Márcio Souza a quién encantan los sucesos sobrenaturales, ufológicos e misterios históricos como me ha confesado en varias ocasiones.

quebraron en el intento. En 1878 la compañía estadounidense .P & T. Collins tardó casi un año para tender solamente 6 km de vía y también tuvo que tirar la toalla a causa de las epidemias. Para más desgracia perdió, en un naufragio, 80 hombres y 700 toneladas de material. Después 218 empleados italianos huyeron hacia la selva. Antes de la quiebra, los indios atacaron al director de la P.T. Collins, enfermo de malaria.

Centenares de trabajadores estadounidenses desertaron y muchos acabaron sus días mendigando en la ciudad de Belém (Pará). Algo que podría parecer insólito hoy día para ciudadanos de uno de los países más ricos del planeta.

En 1883 un grupo de ingenieros brasileños intentó reanudar la construcción de la vía de ferrocarril y nuevamente fue otro fracaso con la muerte de varios ingenieros y obreros. Otra comisión permaneció seis meses en la región y sufrió los mismos problemas. La maldición siguió en 1907 con la aparición de la com-

Foto de principios de siglo del ferrocarril Madeira-Mamoré.

pañía norteamericana Jekyll and Randolf, que antes había intervenido en la construcción del canal de Panamá.

Se formó una gran multinacional con ingenieros y obreros de España, Alemania, Italia, Holanda, Escocia, Bélgica, India, China, Grecia, Suecia y de las islas del Caribe. Entre 1907 y 1912, según Ferreira, trabajaron 21.817 obreros, con un promedio mensual de 4.363 trabajadores, de estos por lo menos la mitad enfermaba o moría mensualmente, siendo luego reemplazados por otros que llegaban de Brasil o procedentes del extranjero. Posiblemente hayan muerto más de 6.200 seres humanos en esos cinco años, una cifra verdaderamente espantosa, siempre por causas muy diversas: ataques de indios, insalubridad de la selva, fiebre amarilla, malaria, neumonía y sarampión.

Cuando se terminó de construir en 1912 el precio del caucho se desplomó en los mercados internacionales por la prosperidad de los *seringuais* ingleses que se cultivaron en Malasia (éstos se llevaron semillas de *seringueiras* para sus colonias en Asia durante las obras).

Además ya se había inaugurado un ferrocarril hacia el Pacífico y el Canal de Panamá estaba casi concluido. Con ello, la constructora multinacional y el gobierno brasileños decidieron limitar el uso de la ruta ferroviaria puesto que el escaso flujo de pasajeros y de carga entre Brasil y Bolivia no justificaba mantener una gran cantidad de viajes.

Bolivia fue, quizás, la más perjudicada. En 1903 había firmado un tratado por el cual acordaba ceder el territorio del Acre a cambio del ferrocarril Madeira-Mamoré y de esta manera obtener una salida al mar por Brasil, hacia Europa, para exportar sus productos, especialmente el caucho, vía océano Atlántico.

En 1931, prácticamente inoperante, se nacionalizó y en 1972 se destruyeron muchos tramos para la construcción de una carretera a lo largo de la misma ruta. No obstante, se han vuelto a tender 25 km de vía para permitir la circulación de trenes desde Porto Velho hasta el cercano balneario de Teotônio con fines turísticos. Sin embargo sólo funcionan 8 km que representan el 2% de su trayecto completo, de lo que se deduce que la maldición aún deja sus secuelas.

Hoy los alegres turistas que se montan en una vieja locomotora restaurada sonríen y se regocijan del agradable paseo a veces sin percatarse del sufrimiento que allí se vivió. El corto tramo transitable busca recuperar la memoria histórica de la región y, con ello, sensibilizar a los visitantes en relación a una época, no muy lejana, en que las condiciones de vida no eran, sinceramente, las más adecuadas del mundo.

Una señora mística y sensitiva que conocí en São Paulo me dijo que, al hacer el recorrido, vio centenares de espectros deformes a lo largo de los raíles, algunos jalonados por vagones, traviesas de ferrocarriles y locomotoras descarriladas. "El hombre no supo como actuar ante la naturaleza. El error fue haber encarado el reto como una lucha; la selva no es nuestra enemiga, solamente debemos aprender a convivir con ella", me dijo la sensitiva mientras observaba las fotos de la epopeya ferroviaria en una exposición que se celebró en el Museo da Imagem e do Som de São Paulo.

Uno de los relatos antropológicos más interesantes del célebre teniente-coronel Percy Harrison Fawcett -ver capítulo sobre el Mato Grosso- tiene lugar en Rondônia. En una expedición organizada en 1914, partiendo de territorio boliviano, llegó al umbral del territorio de Guaporé donde presenció los funerales rituales de un indio maxubi asesinado por sus vecinos, los indios maricoxis, en el sector oeste de la Serra dos Parecis.

He aquí como lo relata Fawcett en su libro póstumo *Exploration Fawcett*, escrito a partir de las notas de campo recogidas por su hijo Brian. "Habían extraido las entrañas del muerto, que fueron depositadas en una urna que debería ser enterrada. El cuerpo fue descuartizado y repartido para ser comido por 24 familias de la gran casa (*oca*) donde había vivido, ceremonia religiosa que no se debe confundir con el canibalismo. Para terminar, se expulsó de la casa el espíritu del difunto a merced de una ceremonia compleja que ahora describo".

"El jefe, su brazo derecho y el *pajé* (curandero, chamán) se sentaron en unos banquillos delante de la puerta principal de la casa, hombro por hombro y se pusieron a hacer ademanes como si estuvieran apretando alguna cosa para luego expulsarla de cada uno de los brazos y piernas, recogiendo este objeto imaginario cuando salía de los dedos y los tiraban sobre un telón hecho con el follaje de palmeras, de casi un metro cuadrado. Debajo del telón, se encontraba un medio-bote lleno de agua en la cual flotaba algunas plantas y, de vez en cuando, los tres examinaban minuciosamente el telón y el agua".

Fawcett cuenta que los tres indios entraron en trance y empezaron a vomitar copiosamente y cuando podían cantaban junto con las familias una lúgubre canción en la que repetían incansablemente las palabras "tawi-tacni". Las ceremonías duraron tres días. "El jefe me garantizó solemnemente que el espíritu del muerto seguía en la casa y que él lo había visto. Yo por el contrario no veía nada. Al tercer día, los ritos llegaron a su punto máximo. El telón fue llevado para dentro de la cabaña y situado en una parte iluminada por la luz de la puerta; las personas se echaron al suelo; los tres jefes se levantaron de los banquillos y, muy excitados, se aglomeraron en la entrada. Yo me arrodillé al lado de ellos para mirar el telón al que miraban fijamente".

Trabajadores extranjeros en el ferrocarril Madeira-Mamoré, a principios de siglo

"En el interior, hacia uno de los lados, existía un compartimiento donde el muerto había dormido y para el cual los jefes dirigían sus vistas. Durante un rato se hizo un profundo silencio y, en ese momento yo vi una sombra que salió del compartimiento y se desplazó flotando hacia la estaca central de la casa, donde desapareció. ¿Hipnotismo colectivo? De acuerdo, llamémoslo así; todo lo que sé fue lo que vi", contaba con un toque de misterio.

Quizás el sueño de muchos de nosotros de ver aquello que en su día escribió Fawcett se haya terminado en una triste pesadilla. El espectro no es de ningún espíritu, sino de una muerte anunciada que se ciñe sobre aquél estado amazónico. La construcción de la carretera BR-364 -que conecta Cuiabá, en Mato Grosso, a Porto Velho- provocó prácticamente el fin de muchas comunidades indígenas en Rondônia. Con 1.456 km de largo era poco más que un sendero en los años 70, cuando atrajo a muchos inmigrantes campesinos.

Cerca de la frontera con Mato Grosso, los indios nhambikwaras quedaron reducidos a unos pocos centenares. El gobierno trasladó, durante la construcción de la carretera, varias tribus a tierras más lejanas, con fauna y flora incompatibles con sus costumbres. Esta política de disgregación cultural produjo un desastre irreparable.

Otros indígenas, los uru-eu-wau-wau, sumaban unos mil miembros cuando se construyó la carretera. Su carácter nómada les exige amplios territorios para cazar y recolectar vegetales. Ahora viven en precarias condiciones a raíz de la invasión de madereros y agricultores que se instalaron en sus dominios.

La "carretera de la muerte" destruyó muchas hectáreas de selva, por el afán de los madereros de explotar el *mogno* y otras maderas nobles. Este es el triste panorama que el *progreso* ha dejado. Progreso que no trajo casi ningún beneficio para las gentes humildes, más bien la desgracia, especialmente en el caso de los indígenas.

El *sertanista* Orlando Vilas Boas con el presunto cráneo del coronel Fawcett.

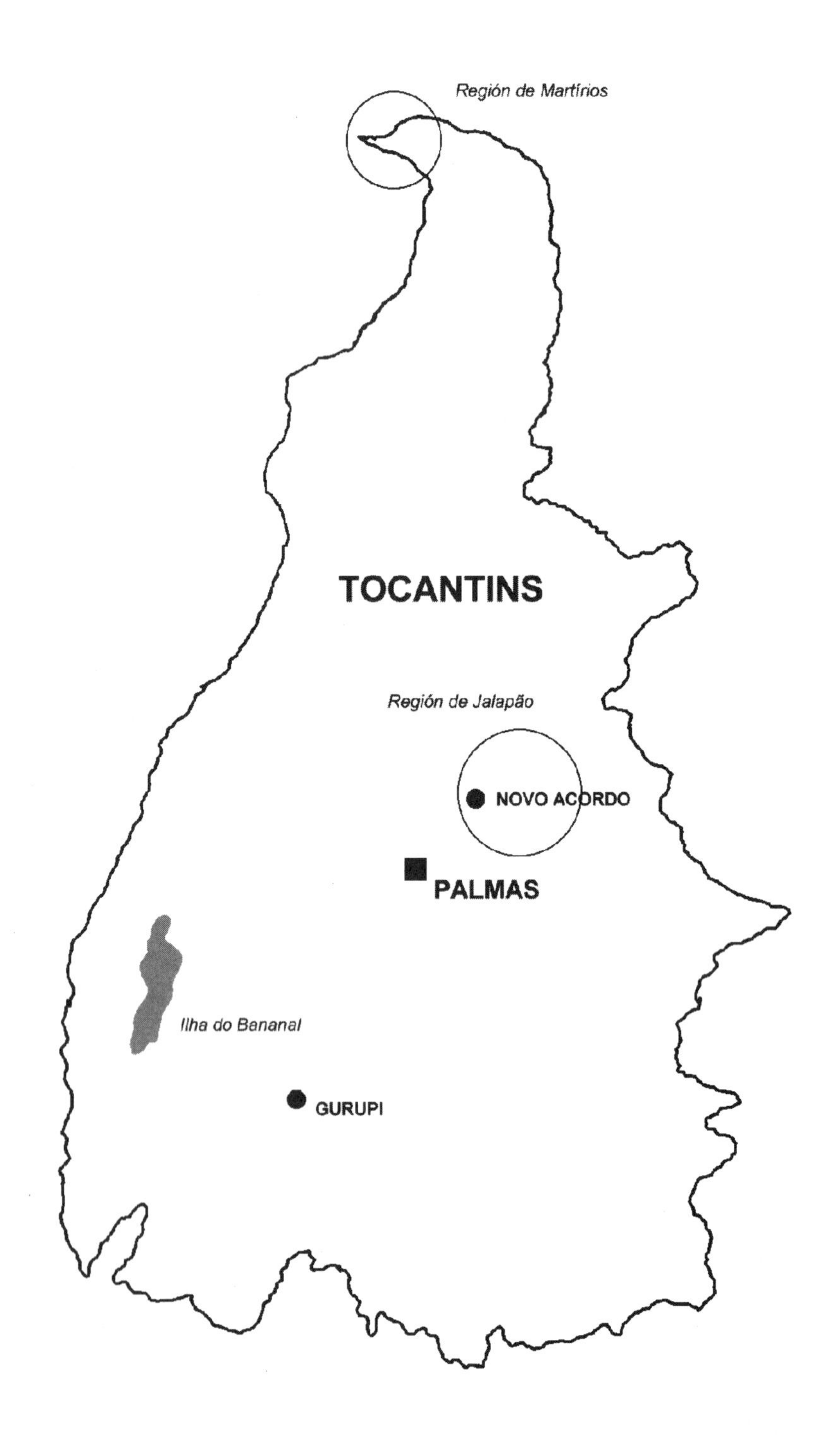
Región de Martírios
TOCANTINS
Región de Jalapão
NOVO ACORDO
PALMAS
Ilha do Bananal
GURUPI

VII

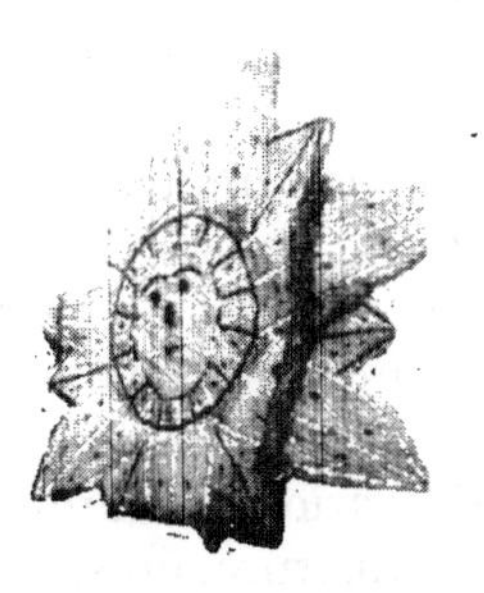

TOCANTINS:
EN BUSCA DEL TESORO DE LOS MARTIRIOS

TOCANTINS ES EL ESTADO brasileño históricamente más reciente. Fue creado en 1988, tiene 277.322 km^2. Formaba parte del sector norte del antiguo estado de Goiás y abarca la zona denominada *Bico do Papagaio* (Pico del Papagayo) donde confluyen los magníficos ríos Tocantins y Araguaia y lugar en que en los años 70 y 80 se registraron violentos conflictos por la posesión de tierras. El estado está cortado de norte a sur por la carretera Belém-Brasilia a cuya vera se encuentran sus principales ciudades, entre las que se encuentra la moderna capital del estado, Palmas, de fundación muy reciente. Esta fue siempre un área aislada del resto del país[1].

Palmas, respetando sus dimensiones (tiene 100.000 habitantes) es una especie de Brasilia en miniatura. La ciudad fue planeada con anchas y largas avenidas, centros comerciales, grandes espacios de diversión al aire libre, auditorios y centros culturales. Es la base para realizar las excursiones a los muchos puntos de interés, especialmente ecoturístico en el estado.

A 30 km se encuentra la cascada del Roncador, una de las más bellas de Tocantins, situada en la sierra del Carmo, donde se puede tener una magnífica vista de la región, incluso de Palmas. A menos de 8 km de la capital están las playas del río Tocantins que en junio se llenan de ávidos turistas locales. Aquellas maravillas aún no han sido descubiertas por los extranjeros.

Pero empecemos con misterios, revelaciones y sucesos insólitos. En ese estado existe uno de los jardines más soprendentes de Brasil y quizá del mundo:

1. Sólo fue alcanzada por los portugueses en 1625. Eran misioneros católicos comandados por el fraile Cristóvão de Lisboa que recorrió el río Tocantins y fundó una aldea. Durante el siglo XVIII el *bandeirante* Bartolomeu Bueno y luego su hijo anduvieron por estas tierras.

el Laberinto Místico do Cerrado o Labirinto da Pedra Canga, de doña Romana Pereira da Silva. Esta espiritista recibió mensajes telepáticos hacia 1990 de entidades que le pedían construir un jardín diferente de todos los que conocía. Eligió como lugar una finca a seis kilómetros del pueblo de Natividade, a 218 km de Palmas.

Allí, donde vive hoy en día, empezó a dibujar un laberinto en el suelo según órdenes espirituales. Luego se dedicó a construir, primero en piedra y luego con alambres, magníficas figuras, algunas de grandes dimensiones, que representan criaturas de forma humana, animales y objetos simbólicos que luego recubrió de vegetación.

Romana, con ayuda de varios médiums, también reprodujo figuras de músicos que tocan arpas y otros instrumentos, amén de otras estatuas indescifrables. Los visitantes de este jardín tienen prohibido tocarlas y deben hacer el recorrido en sentido de las manillas del reloj dentro del laberinto.

Doña Romana, una señora entrada en carnes, finalizó la primera etapa de su tarea en 1997. Confiesa que el objetivo del jardín espiritual es "concienciar a las personas para el paso a una nueva fase de la existencia de la humanidad tras una catástrofe que vendrá antes del tercer milenio". Ella asegura que está siendo guiada mentalmente por una nueva línea espiritual que sólo podrá revelar plenamente después del Apocalípsis.

Los espíritus que supuestamente orientan a Romana le ordenaron almacenar alimentos, ropas y semillas que guarda en grandes barriles. "Todo será empleado cuando ocurra la catástrofe", declara a la prensa de Tocantins.

En este estado se encuentran amplias regiones semidesérticas con enormes dunas -una de las regiones más bonitas y aisladas del país- con algunos oasis donde se mueven aguas cristalinas de algunos ríos y se aglutina una rica flora y fauna. La región, con más de 35.000 km^2 es conocida como Jalapão y está entre los ríos de las Balsas y Sono (Sueño) donde apenas existen carreteras asfaltadas. Allí se yerguen *chapadões* (montañas de cima plana) con magníficas cascadas, rodeados de extensas sabanas. A 60 km del pueblo de Novo Acordo (133 km de Palmas) está la Serra do Gorgulho repleta de formaciones rocosas que recuerdan a las famosas ciudades de piedra de otras regiones de Brasil.

En la zona desértica los pocos viajeros -que generalmente se extravían de las rutas de tierra- afirman tener extrañas visiones de bellas mujeres que suelen aparecer de la nada, luces de varios colores que se mueven entre las arenas y las sierras u otras que persiguen a los asustados conductores pero sin provocar jamás ningún accidente.

Degraciadamente un científico, Vasconcelos Sobrinho, anunció hace 20 años una profecía que ya se está cumpliendo: que Jalapão se iba a transformar en un gran desierto. Las arenas van invadiendo, poco a poco, las zonas de vegetación donde antes existía selva y sabana.

Hoy en día este lugar está considerado maldito por los camioneros que por allí se extravían. Uno murió en 1994 después de que su camión se quedara atascado en los grandes arenales del Jalapão. Cerca de 20 días después unos ganaderos lo encontraron descuartizado por los buitres con su mano fuertemente agarrada a una varilla con la que seguramente habría intentado espantar a los carroñeros: el hombre había muerto de hambre y de sed.

Otros conocen el Jalapão como uno de los mejores rincones de Brasil para realizar rallies *off-road*. Las situaciones que vi en un documental para televisión muestran escenas idénticas al París-Dakar pero en otras latitudes.

El rico patrimonio arqueológico del estado, especialmente cerámico y de arte rupestre, poco se ha explorado y estudiado. Algunos trabajos se han llevado a cabo paradójicamente a raíz de la construcción de la hidroeléctrica de Lageado que hará desaparecer varios yacimientos prehistóricos a lo largo del río Tocantins. Serán anegados cerca de 730 km^2 en las inmediaciones de la capital, Palmas.

Los arqueólogos hicieron un estudio de los objetos líticos, cerámicos y de arte rupestre antes de que las aguas invadieran aquellas tierras y pudieron rescatar importantes informaciones sobre el movimiento de varios pueblos en el pasado. La conclusión es que el Tocantins fue una zona de transición entre el centro de Brasil, el noreste y la amazonia, lugar de paso y de intercambio donde se entremezclan las más variadas culturas. En esta zona fenicia, el comercio debía ser intenso y quizás también las guerras para disputar las mejores zonas de caza y de frutas.

Laberinto Místico do Cerrado o Labirinto da Pedra Canga, de doña Romana Pereira da Silva.
Foto: Oficina de Turismo de Tocantins.

Antes de la llegada de los portugueses a Brasil se rumoreaba el mito entre los indígenas de la existencia de una laguna repleta de oro, plata y piedras preciosas, principalmente esmeraldas. Junto a tal laguna existía una ciudad extraordinaria en que sus habitantes vivían como reyes, con abundancias de todo tipo. Según nos cuenta el historiador Manoel Rodrigues Ferreira en un escrito inédito que nos envió a Madrid, los indios comentaban que de la laguna dorada nacían tres grandes ríos.

Los codiciosos *bandeirantes* empezaron a buscarlos y creyeron que podrían ser el Paraguay, São Francisco y el Paraupava. Incluso hoy los indios del alto Xingú hablan de la leyenda. La laguna recibió varios nombres a lo largo de la historia: Laguna Dorada, Vupabuçú, Paraupava, Lacus Eupana, Lago do Ouro o Alagoa Grande. Gracias a esta laguna los *bandeirantes* se lanzaron a ocupar territorios desconocidos y empezaron a dar forma al actual territorio brasileño.

La leyenda -que no era leyenda, sino realidad como más tarde se comprobó- había servido para dar dimensión material a la conquista del territorio brasileño. Se repitió nuevamente el mito de El Dorado o Laguna Guatavita (Colombia), de la Laguna de Manoa (entre Brasil y Colombia), Laguna Parime (Venezuela), Laguna Paititi (Perú), Laguna Xaraies (Paraguay) y otra laguna rica en Chile, todas ellas con sus respectivas ciudades encantadas.

Un aspecto prácticamente desconocido de la historia de Brasil es que la actual ciudad de São Paulo (la segunda megalópolis del planeta) o la antigua villa de Piratininga surgieron en función de la búsqueda de la Laguna Dorada.

En 1530 el rey de Portugal[2] , João III envió desde Lisboa a una expedición marítima compuesta por 400 hombres capitaneados por Martim Afonso de Sousa para lograr alcanzar por el río de la Plata y luego por el río Paraguay la célebre Laguna. Al llegar envía desde la costa del actual estado de São Paulo (Cananéia) un grupo de expedicionarios (*bandeira*) comandados por Pero Lobo al río Paraguay. El grupo fue totalmente diezmado por los indios carijós.

Sin rendirse se dirigió hacia la villa de São Vicente (también en São Paulo) donde existía un reducido grupo de portugueses. Estos le informan que hacia el interior, en la meseta de Piratininga, vivía un portugués desde hacia 30 años entre los indígenas y tenía decenas de hijos con sus varias esposas.

Subiendo la peligrosa sierra del Mar (hasta hoy cubierta por una tupida vegetación y donde aún deambulan jaguares, venados y tapires) logra alcanzar un río (hoy conocido como río Tietê, que corta la ciudad de São Paulo, el más contaminado del país) que aparentemente corre hacia la costa como los demás, pero que se dirige hacia el noroeste, es decir, rumbo a donde estaría la Laguna Dorada. Sin darle vueltas al asunto, Martim Afonso decidió fundar allí mismo la villa de Piratininga, cuyo objetivo era de servir de base para dar cobijo y enseñar a los futuros *bandeirantes* las tácticas de ocupación del interior de Brasil y descubrir la famosa Laguna.

Manoel Ferreira compara esta villa con la Escuela de Sagres, en Portugal, donde el infante Don Enrique orquestó una concienzuda política de exploraciones marítimas con sabios y navegantes de todo el mundo. Los intentos posteriores no lograron encontrarla pero, en compensación, los límites territoriales portugueses se ensancharon notablemente.

En julio de 1945 una importante expedición, quizá una de las últimas *bandeiras* del siglo XX (Bandeira Mackenzie), llegaba por el norte de lo que es hoy el estado de Tocantins al río das Mortes (de las Muertes), en un lugar que no apa-

2. Según cuenta Manoel Rodrigues Ferreira en su libro *História do Brasil documentada: do descobrimento à independência 1500-1822*. RG editores, Sao Paulo, 1996.

rece en los mapas llamado Araés, fundado 200 años antes por el importante *bandeirante* paulista Amaro Leite. El líder de la moderna *bandeira* era un avezado explorador e historiador: el ya mencionado Manoel Rodrigues Ferreira, que entonces llegaba a un territorio ocupado por los terribles indios xavantes. El punto donde se encontraba Manoel y sus hombres sudorosos y cansados por las largas jornadas de caminatas en las selvas y *sertões* era exactamente donde se encontraba el misterioso El Dorado brasileño, las tan demandadas y legendarias Minas de Oro de los Martirios.

Pero tales minas no eran un espejismo o una leyenda, tenían una base real. Durante los 14 años posteriores a la expedición, Manoel Ferreira incó sus codos en los documentos coloniales, libros y otros legajos perdidos en bibliotecas, archivos y residencias, todo ello con el afán de buscar la verdadera historia de los Martirios, la historia de la saga de los *bandeirantes* en tiempos coloniales.

En tales documentos aparecía el nombre del río Paraupava, donde se hallaban las minas de los Martirios. Sin embargo nadie sabía dónde estaba el buscado río. En una tarde de 1958, cuando se hallaba sólo en la biblioteca del Instituto Histórico y Geográfico de São Paulo, se topó con un documento revelador: las crónicas de la *bandeira* de André Fernandes (1613-1615), donde se aclaraba que el río Paraupava era en realidad el que hoy se conoce por Araguaia.

Mapa antiguo de Sudamérica donde aparece el mítico lago Eupana que Manoel Rodrigues Ferreira identificó como la región de los Martírios.

Entre 1590 y 1618 diez bandeiras se internaron por los *sertões* de Brasil para buscar la mítica laguna. Ferreira plantea que los *bandeirantes* confundieron la isla do Bananal, en pleno río Araguaia, con la mítica laguna, puesto que en la época de lluvias se quedaba totalmente anegada. Siguió apareciendo en los mapas portugueses durante mucho tiempo. Poca gente sabe, como bien recuerda Ferreira, que la búsqueda de la famosa ciudad perdida causante de la muerte del coronel Fawcett y de otros exploradores extranjeros, tuvo su origen en la historia de la laguna de Paraupava.

En 1971, Manoel Ferreira volvía a organizar otra *bandeira*, la Expedición Científica a los Martirios hacia el bajo río Araguaia, donde localizó miles de petroglifos, los mismos que vieron los *bandeirantes* hace centenares de años y que confundieron con las herramientas del martirio de Cristo en la cruz (clavos, cruz, martillo, corona de espinos, etc). A raíz de su esfuerzo, el gobierno creó el Parque Estatal de los Martirios, prácticamente desconocido por los brasileños.

Las ruinas de Araés siguen aún siendo los eternos e inamovibles testigos de una leyenda con posibilidades de tener una base verdadera. Las describe muy bien el escritor Francisco Marins en su excelente novela *O mistério dos morros dou-*

rados[3]: " Aquel nombre marcaba el lugar de un poblamiento construído en la selva, a 100 leguas de Cuiabá. Había una sola senda para llegar allí. El poblado creció. Oro había en abundancia. El camino llevaba a la riqueza y traía los víveres indispensables. Vinieron los aventureros de lejos, por los yacimientos".

"Pero, con el tiempo, el oro empezó a escasear. No lo encontraban ya con facilidad como en los primeros días. Por otro lado, la gran distancia hacía todo difícil. Los hombres de la Capitanía empezaron a desanimarse y a pensar: "tal vez el verdadero lugar del oro pudiera ser otro".

"El camino hacia la región fue abandonado".

"...Por donde se anduviese, sólo se veían ruinas de la antigua aldea. Pocos bohíos sobrevivieron en medio de la desolación. Caminamos hacia uno de ellos, cuyas paredes encorvadas también amenazaban venirse abajo".

"Bandeira Mackenzie": en busca de los Martirios. Manoel Rodrigues Ferreira aparece con una camisa a cuadros. ***Foto: archivo de Manoel Rodrigues Ferreira.***

En función de los trabajos de Manoel Rodrigues Ferreira y de una expedición organizada en 1987 a la región, las autoridades de la ciudad de Marabá (en el sur de Pará) decidieron crear el Parque Estadual dos Martírios y la "Fundação Serra das Andorinhas" que protege un riquísimo patrimonio ecológico y arqueológico -principalmente petroglifos- en la región sur del estado de Pará (municipio de São Geraldo do Araguaia), muy cerca de la frontera del estado de Tocantins y que abarca el río Araguaia.

En este santuario ecológico existen 26 especies de vertebrados que en el resto del país están en peligro de extinción, 80 especies de orquídeas y 11 tipos diferentes de ecosistemas, desde la jungla hasta el *cerrado* (sabana brasileña).

Entre 1971 y 1974 la Serra das Andorinhas fue el escenario de la confrontación entre guerrilleros contrarios a la dictadura militar de la época y militares brasileños, episodio conocido como "Guerrilla del Araguaya". La población local, que se alió a los guerrilleros procedentes de São Paulo, fue duramente castigada y hasta hoy se resisten a hablar sobre aquellos tristes acontecimientos que dejaron huellas en sus vidas y algunas víctimas.

3. Editorial Atica, São Paulo, 1995.

Las mujeres guerreras, las amazonas, habitaron en un pasado desconocido el alto río Araguaia. Los indios apinajés del alto río Tocantins conocían mujeres que vivían solas, en la selva. Nos cuenta Luís Amaral[4] que las esposas descontentas con sus maridos se reunieron y formaron la tribu de las cumpêndias. Dos jóvenes varones fieros y belicosos decidieron acercarse a la tribu de las mujeres rebeldes para ver lo que allí pasaba.

Por el camino encontraron algunas de estas amazonas en plena cacería y las acompañaran pacíficamente a su aldea. Allí fueron bien recibidos y hasta tal punto que los dos jóvenes desearon quedarse. Sin embargo, no tenían las cosas fáciles como esperaban: si querían casarse con alguna de las cunpendias, debían vencer en competición -una carrera- a la respectiva elegida. Después de cuatro meses de intentos, los dos retornaron derrotados y cabizbajos a su aldea.

No tengo más informaciones sobre ellas, por supuesto mucho más tranquilas que aquellas que quitaron de un flechazo el ojo al cronista Gaspar de Carvajal durante su expedición junto con Francisco de Orellana.

Más misterios. Los ya mencionados Apinajés y otras tribus del río Tocantins conocieron a una especie de hombres con alas de murciélagos y que podían volar. Habitaban la cima de una montaña en cuevas. Volando, agitaban en el aire una pesada hacha en forma de luna creciente, con la que degollaban a hombres y animales. Por eso quizá muchas zonas del estado permanezcan inhabitadas, temiendo el ataque de tales criaturas. Ojalá que espanten a todos los que quieran destruir las bellezas naturales del Tocantins.

Uno de los últimos *bandeirantes*, Manoel Rodrigues Ferreira (sombrero y rifle) y el sertanista Orlando Vilas Boas, cerca de la región de Araés, en búsqueda de los Martirios.

4. *As Américas antes dos Europeus.* São Paulo, 1946.

CENTRO-OESTE

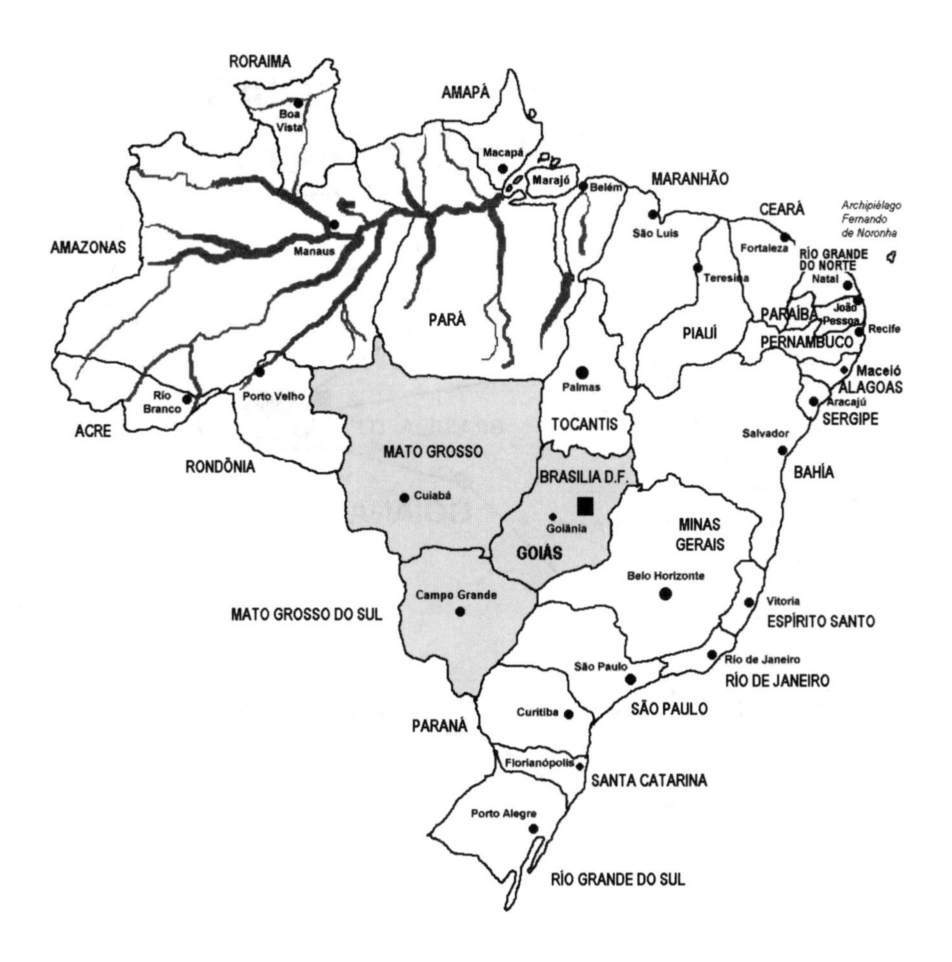

GOIÁS
PORANGATU
BRASILIA. D.F.
GOIANA
PARAÚNA
JATAI

VIII

GOIÁS:
LA GRAN MURALLA DE PARAÚNA

GOIÁS es prácticamente una extensión del avance de las *bandeiras* que salían de São Paulo a partir de finales del siglo XVI. En 1592 una organizada por el paulista Sebastião Marinho, alcanzó el nacimiento del río Tocantins y descubrió muchísimo oro. A partir de entonces, más de 20 penetraron en Goiás durante el siglo XVII. Quizá la incursión más épica y casi legendaria haya sido la de Bartolomeu Bueno da Silva, alias *O Velho* (El Viejo), al que los indígenas llamaban Anhanguera.

Esta palabra significa "entidad maligna", término que los católicos interpretaron como "Diablo". Cuenta la historia que Bartolomeu arrojó alcohol a las aguas de un río y luego le prendió fuego haciendo cundir el pánico entre los indios. Allí donde llegaba hacía siempre igual. Luego conquistaba respeto y admiración de los nativos.

Junto con su hijo llegó procedente de São Paulo a los *sertões* goianos habiendo regresado con algún oro y muchos indígenas. Éste, de mismo nombre, fue quién a partir de 1722 inició la ocupación efectiva. La famosa búsqueda de los Martirios (ver Tocantis) y su divulgación -tan importante como El Dorado para los españoles- está íntimamente asociada a este bandeirante.

Hasta 1988 el estado de Goiás abarcaba una gran extensión territorial. Fue desmembrado y su sector norte dio origen a Tocantins. Su extensión es de 340.166 km² y su capital, Goiânia es una de las más modernas y limpias de Brasil. Tiene más de un millón de habitantes. Sus amplias avenidas, su intensa vida nocturna y la amabilidad de sus gentes son un atractivo para hacer nuestra base de operaciones en el Estado. Allí viven mis amigos y grandes periodistas Luciana Brites y Willy Silva, investigadores de los misterios de esta región.

En casi todo Goiás predominan los paisajes de *cerrado*, es decir, la sabana brasileña, compuesta por vegetación arbustiva relativamente esparcida. Pero sobre estos, al igual que en la amazonia, se cierne la amenaza de la tala, quema y destrucción total para la sustitución con pastos destinados al ganado bovino, principalmente el zebú. Ésta es una raza importada de India que se adaptó perfectamente a las condiciones ambientales de casi todo Brasil.

El estado guarda uno de los mayores enigmas de la arqueología brasileña en la Ciudad Perdida de Paraúna, donde existe una extensa muralla pétrea que algunos creen fue erigida por los mismísimos atlantes y sus descendientes. Además, sus sierras albergan extraños fenómenos que erizan los cabellos de los pocos nativos que allí residen y también a sus escasos visitantes.

La muralla -al igual que una serpiente de piedra- se pierde de vista entre la maleza hacia la sierra de la Portaria, una gran meseta deshabitada y repleta de leyendas en el corazón de Brasil. Habíamos conseguido explorar casi 15 km del inexpugnable paredón que resistió a los milenios, pero otros investigadores aseveraban que se erguía a lo largo de más de 80 km. Si la medida es correcta, la muralla de Paraúna -es así como se llama la región que ya explorábamos desde hacia varios días- podría ser la más larga de toda América, una de las más grandes del mundo, sin contar la Gran Muralla China.

Formación piramidal en Paraúna.

¿Quiénes fueron sus constructores? ¿Cuándo colocaron las primeras piedras? ¿De dónde procedían? Estos y otros enigmas nos habían llevado a aquellos parajes de las sabanas centrales de Brasil y a organizar en agosto de 1997 una expedición, la "Paraúna- Antonio Tovar", en homenaje a su mayor conocedor, fallecido en 1991. Luces voladoras, extraños estampidos, mutilaciones de animales, criaturas de una sóla pata, monumentos megalíticos y ciudades perdidas, eran algunos de los desconcertantes elementos de este escenario exótico y a la vez desconocido de Sudamérica.

Las referencias bibliográficas son escasas. La más antigua que encontramos es del año 1969, cuando Paulo Leofredo Costa, director del Centro Nacional de

Pesquisas y Cultura (CNPC) de Brasília daba a conocer la existencia de una ciudad perdida, a unos 500 kms del Distrito Federal. Según un boletín de reducida circulación, ésta había sido habitada por una civilización megalítica hace miles de años.

Muralla de piedra de Paraúna.

"Sus investigaciones empiezan en 1960. Junto con Paulo Leofredo Costa estaba otro investigador, Reynaldo Silva Rocha. Son pioneros en la contextualización arqueológica de Paraúna y también llevaron a cabo pesquisas ufológicas." *(N. del A.)*

Según da Costa, allí existió una gran laguna hoy totalmente desaparecida. El investigador se basaba en un hecho concreto: un mapa de Arnold Florentin van Langeren, dibujado entre 1596 y 1645. En él aparecía un lago señalado como "Laguna del Dorado", justo en el centro de Brasil –Goiás-, añadiéndose el nombre de "Brasilia". Este término profético sólo seria empleado casi 300 años después para designar la capital del país sudamericano. Curiosamente -y para corroborar la leyenda de la tierra del oro, o "El Dorado"- se descubrieron grandes depósitos auríferos en el siglo XVIII y hasta hoy se cree que hay muchos otros por explotar.

El informe proporcionaba referencias sobre un enorme valle formado por la sierra de la Portaria, coronada por una gran pirámide. En la sierra, en el fondo de una sima, la expedición del CNPC localizó una cámara subterránea de más de 40 metros de altura que no pudieron explorar y donde podrían estar las tumbas de los primeros habitantes de la región. Aún en este diario de viaje se narraba como los exploradores vieron, en noche de luna llena, una luz muy intensa elevarse por detrás de la supuesta pirámide.

También pudieron observar, durante el día, la existencia de grandes aberturas en los acantilados de más de 500 metros que identificaron con entradas a un mundo subterráneo aún hoy habitado por seres desconocidos.

En los años 80 y 90, otro miembro del CNPC, Reynaldo Silva Rocha, desarrolló investigaciones privadas en la región y refrendó la posibilidad de existencia de civilizaciones avanzadas subterráneas

¿Hasta qué punto esta teoría podría tener fundamento? Eso era lo que estábamos dispuestos a verificar con nuestra expedición.

En Goiania, conocida como "la capital de las sabanas brasileñas", encontré a Antonio Carlos Vieira Marques, alias, Volpone, líder de la Asociación para la Exploración de Cuevas y Elevaciones (AECE).

El corpulento explorador ya había estado en Paraúna y me confirmaba algunos de los datos recabados por la expedición de Leofredo Costa y las de Alódio Tovar, un investigador autor del libro que circuló con pocos ejemplares bajo el título *A face oculta da natureza: o enígma de Paraúna* ,1986.

Volpone había descubierto recientemente otros lugares no menos enigmáticos, como lo que llamó "Corredor del Egipto", un incomprensible pasillo artificial que corta simétricamente las dos paredes del fondo de un cañón. Volpone, además, había sido testigo de extrañas apariciones luminosas en el valle de La Herradura o Felicidad y sobre la sierra a las que popularmente se las llama *mãe do ouro* (madre del oro). Estarían asociadas a tesoros enterrados hace siglos.

Mario Sánchez, uno de los colaboradores de Alódio Tovar, mencionaba en el prefacio del libro de su amigo que en mayo de 1985, viajando por el Mato Grosso, se encontró con el explorador inglés Timothy Paterson. Éste es sobrino-nieto del célebre coronel Percy Fawcett, desaparecido en aquella región en 1925 en extrañas circunstancias mientras buscaba una ciudad atlante perdida (ver capítulo dedicado a Mato Grosso).

En la Sierra do Roncador ambos investigadores encontraron formaciones rocosas semejantes a las de Paraúna. La existencia de grandes cuevas y túneles les hizo pensar en una posible conexión subterránea entre ambas regiones, apartadas entre sí por casi 300 km.

¿Sería Paraúna la ciudad que Fawcett buscaba? Los nativos del Mato Grosso le hablaron de una ciudad con una gran pirámide. Allí había una luz muy intensa sobre las construciones de piedra. La forma piramidal sobre la sierra de Paraúna y los fenómenos luminosos que allí ocurren podrían ser los mismos mencionados por los herméticos indígenas que debieron incluso haber despistado a Fawcett de su objetivo. También confundieron a los españoles que iban en busca de "El Dorado" en el reino de Nueva Granada.

En pocos días habíamos obtenido las vituallas y un imprescindible todoterreno Toyota de la Fundación Estadual del Medio Ambiente de Goiás para desplazarnos por la región. A nosotros se sumaba el conductor Zeferino dos Santos, el mecánico Sandoval Aparecido Barbosa y el periodista, ufólogo y parapsicólogo Willy Silva que con sus conocimientos de la sabana nos ayudarían a abrir camino entre la maleza a golpes de machete.

También se unieron a la expedición Roberta Fonseca y Tania de Jesús, estudiantes de biología y psicología respectivamente, que buscaban nuevas informaciones sobre la fauna, la flora y las condiciones sociales de algunas decenas de campesinos que habitan la amplia región.

-"Si ellos no quieren, nosotros no llegaremos a Paraúna", me dijo Volpone.

-"Ellos", ¿quiénes? le pregunté.

-"Los habitantes del mundo subterráneo. Leofredo da Costa y Alódio Tovar creían en su existencia. Yo también."

Volpone y algunos ufólogos suponen que algunos de los OVNIs que aparecen en Paraúna podrían venir, no del espacio, sino de un mundo subterráneo. Campesinos que entrevistamos durante la expedición nos dijeron que las luces -generalmente no muy grandes- salen y se introducen en la sierra da Portaría.

De Goiania hasta el pueblo de Paraúna son 160 km y después se entra en una carretera de tierra para acceder al Valle de la Herradura, donde se concentran los misterios. Antes de entrar algo nos llamó la atención: tres reses adultas muertas a lo largo de la carretera en un espacio de menos de 500 metros. Bajé del coche y me acerqué a los animales para fotografiarles, tapándome la nariz con un pañuelo por el fuerte hedor que los cuerpos desprendían.

A primera vista, tenían el cuerpo intacto salvo los ojos, que podrían haber sido arrancados por los buitres. Sin embargo, el detalle más interesante es que se les habían extirpado los órganos sexuales y el área alrededor del ano. Una de las reses poseía además orificios perfectos en los cuartos traseros. Preguntamos a unos vaqueros que por allí pasaban sobre el motivo de las muertes. Encogieron los hombros y contestaron que no sabían. Lo que sí nos confirmaron es que todas habían sucedido en el mismo día.

-"Quizá haya sido el arranca-lenguas", me contestó ágil uno de ellos con cierta reticencia.

-"¿Qué es eso?", volví a preguntar.

-"Yo nunca lo he visto, pero dicen que es un bicho o monstruo peludo que arranca tan solo la lengua del ganado o los órganos sexuales."

No sería la primera vez que durante el viaje alguien aludiría a dicho "arranca-lenguas". El mismo Sandoval afirmó que su padre vio a varios animales muertos, sin lengua, en los años 40. Un campesino dijo que los últimos casos habían ocurrido hacía diez años. En la biblioteca pública de Goiania encontré una referencia a tal criatura en una obra del folclorista Zoroastro Artiga.

Entre 1929 y 1935 el pánico cundió entre los ganaderos de Goiás a raíz de las apariciones de una criatura semejante a un mono de gran porte a quien se le atribuía la muerte del ganado vacuno. Otros hablaban de una suerte de hombre bajo y cubierto de pelos oscuros, muy diferente a un gorila africano. Muchos *garimpeiros* (buscadores de oro) y *caucheros* habrían sido atacados por la criatura.

A un hombre le fue arrancada la cabeza y pinchada en una estaca, sin señales de haber sido cortada por algún instrumento, sino directamente desgarrada del cuerpo. El miedo y las pérdidas fueron tantas que los ganaderos llegaron a pedir ayuda al Ministerio de Agricultura para capturar o matar la criatura.

Hacia 1950, en Paraguay aparecieron reses (una centena en una sóla ocasión) muertas y con la lengua arrancada. Así sucedió en la región de Ybitimi durante varios años. Conforme afirman Heuvelmans y Ivan Sanderson (ambos investigadores de Yetis) es difícil explicar estos acontecimientos, dado que para arrancar la lengua del ganado haría falta una mano de forma humana y una fuerza enorme.

Otra supuesta criatura desconocida de Paraúna es el *pé de garrafa* o "pie de botella". Según cuenta la tradición -también constatada en otros estados- se trata de un ser semihumano con una sóla pierna, que deja una huella semejante al fondo de una botella. Su voz es un lamento espeluznante. Un campesino nos contó que días atrás había oído los lamentos desgarradores de uno. "Hacía mucho tiempo que no le oía", nos comentó.

Expedición "Alódio Tovar-Paraúna.

José Joaquim Dias, otro campesino, nos dibujó en la tierra la forma de sus huellas, "muy esparcidas entre sí, parece que camina pegando saltos", puntualizó. Zoroastro Artiga citaba a un tal Winson (*Le Folclore du Pays Basque*) que daba a conocer la existencia en las Vascongadas del Basajaun ("el señor salvaje"), una criatura de un sólo ojo y cuya única pierna también deja una huella circular, es decir, el hermano europeo del pé de garrafa!

-"El estado de Goiás siempre estuvo relacionado a antiguas tradiciones de ciudades perdidas, reinos encantados y monumentos ciclópeos. Mucho se habla sobre descubrimientos sensacionales en la región limítrofe al Mato Grosso, más concretamente en la Sierra del Roncador, donde se supone que el coronel Fawcett buscaba una ciudad perdida", me dijo Luis Galdino, uno de los más prestigiosos estudiosos de civilizaciones perdidas en Brasil y autor de varios libros.

-"El valle de Paraúna fue un importante santuario prehistórico, una fortaleza natural cuya única abertura, orientada hacia el norte, fue tapada por una imponente muralla de piedras irregulares con un espesor de metro y medio. En algunos tramos se encuentran muros enterrados hasta unos tres metros", añadió.

Nuestra expedición pudo localizarla entre matorrales de *cerrado* (sabana brasileña), en algunos tramos con casi 5 metros de altura y explorarla a lo largo de casi cuatro kilómetros. Sus bloques -algunos con más de 3 metros de longitud- son de material distinto al que se encuentra en la zona. Según Galdino es la "piedra yerro" o lamprófidos (ferrita y magnetita), de color oscuro y de gran densidad. Algunas de estas piedras son como imanes, así lo verificamos con nuestras brújulas.

Después de sortear varias serpientes de cascabel -abundantes en la región, algunas con más de dos metros de longitud-, encontramos restos de la muralla cercana al lugar conocido por "Puente de Piedra", una cueva por donde pasa un río subterráneo y a la que se le atribuyen varias historias fantásticas.

"Según el investigador Renato Castelo Branco, en un artículo publicado en el periódico "O Estado de São Paulo" (26/07/1970), existen dos tramos de la muralla: una que sale del río Ponte de Pedra y marcha rumbo a la Serra da Portaria y otra que empieza en el río Desengano, hacia la Serra Quebradão y que '...con dos sierras y con dos ríos, componen un gran cuadrilátero...'" *(N. del A.)*

-"En 1971, unos exploradores alemanes vieron, anonadados, como una especie de gran serpiente emergía del río. Su cabeza era redonda y poseía ojos enormes", me dijo Volpone.

Para Galdino la muralla "no tiene parangón con ninguna construcción del periódo colonial. Además no se puede confundir con afloramientos de minerales". Pero este no es el único monumento de una civilización megalítica en Paraúna.

La muralla debería, originalmente, rebasar los cinco metros de altura. Sin embargo, a tenor de las expoliaciones llevadas a cabo por los nativos, el paredón se ha visto bastante disminuido en extensión y altura. Muchas de las piedras -algunas extremadamente pesadas- fueron empleadas para componer los cimientos de sus casas o bien para empedrar los corrales de cerdos.

En uno de los brazos del valle en forma de herradura se encuentra un altar de piedra descubierto por el investigador a finales de los años 60. La roca superior -rectangular- tiene 1,5 m de altura, excluida la base. "Se asemeja a un yunque, tiene señales de talla humana y está orientada de este hacia oeste. En su cima está trabajada una pila, con canalización para fuga de líquidos. Cerca del "yunque" está otra base más pequeña, sin la parte superior. Al igual que en los sitios prehistóricos europeos, los antiguos habitantes de Paraúna depositaban ofrendas a los espíritus de los muertos", dice el investigador.

Galdino también ha descubierto tres menhires. En uno de ellos se halla grabado un semicírculo coronado por una cruz, un signo que suele encontrarse en los petroglifos de la amazonia. Los demás también llevan grabados círculos concéntricos que podrían estar relacionados a cultos solares, como los que se encuentran en las Islas Canarias o en Galicia.

"Descubrí algunas piedras verdes, quizá jadeíta, en forma de huso, en riachuelos que pasan cerca de los menhires. Son muy semejantes a los que se han encontrado en la amazonia y en el estado de Bahía. Aún son un misterio para la ciencia su labranza y su finalidad", me dijo en una entrevista en Sao Paulo.

Por desgracia, nuestra expedición no pudo encontrar tales monumentos en Paraúna. Es posible que ya no existan, a raíz de la creencia de que tales monolitos puedan albergar tesoros en su interior o en el subsuelo. Como he podido verificar en otras partes de Brasil, son los huaqueros quienes se encargan de dinamitar los megalitos o petroglifos. Nos resta el consuelo de que Galdino pudo documentar fotográficamente sus hallazgos.

El todoterreno levantaba una nube de tierra fina y colorada que nos espesaba la saliva de la boca. Atrás dejábamos algunas montañas rojizas y nos internábamos por la sabana. A 30 km de la villa de Paraúna distinguimos en el horizonte cercano elevaciones rocosas con formas irregulares. Estábamos llegando a la Sierra de las Galés, un complejo de formaciones geológicas erosionadas por la intemperie que ha estimulado la imaginación de los exploradores.

Luis Galdino cree que esta "ciudad encantada" era el centro de culto de los pueblos megalíticos de Paraúna. Para los escasos nativos de la región, un lugar donde se oyen ruidos extraños por la noche, gritos de criaturas desconocidas o cantos de gallos que jamás son vistos.

Alódio Tovar comparaba las rocas con formaciones de Marcahuasi, Perú, estudiadas por Daniel Ruzo, que achacaba a la "civilización Masma". El fallecido estudioso creía ver allí figuras mitológicas esculpidas en piedra arenisca, a veces con alturas de hasta 20 m, que parecían tortugas, halcones, nobles indígenas, etc.

Cerca de las formaciones, Galdino encontró muchos discos de piedra de varias dimensiones con numerosos grabados. ¿Qué función podrían tener? ¿Semejante a los usados como moneda entre los nativos de algunas islas de Polinesia? Nadie se ha arriesgado a dar una hipótesis.

Algunas de estas piezas -y otras de cerámica- estaban en posesión de José Pereira Souza, ex-alcalde de Paraúna. Durante nuestra estancia en la villa intentamos localizar al coleccionista infructuosamente: había fallecido hacía varios años y su viuda regaló la colección a un amigo del marido cuyo paradero desconoce.

Otro de los enígmas es la Sierra de La Portaria, uno de los brazos del valle de la Herradura. Majestuosa e imponente, sus cimas llanas alcanzan más de 500 metros a partir del suelo. Cuando la vimos al atardecer estaba teñida de un rojo muy vivo, como la sangre. Se la podría comparar a la célebre *Ayers Rock*, el gran monolito australiano que también cambia de color según la posición del sol. Con los prismáticos aún podimos percibir la existencia de la entrada de una cueva -según Tovar, de 47 metros de altura- en un alto y abrupto acantilado.

-"La sierra de la Portaria está prácticamente inexplorada. Hace algunos años logré llegar a su cima con un grupo de amigos y costó bastante. Tuvimos que bajar practicando "rafting" por un paredón de más de 100 metros de altura", me dijo Volpone señalando el macizo montañoso. "Allí arriba encontramos una calzada semidestruída. Debe ser muy antigua", añadió.

Alódio Tovar contaba en su libro que en la sierra existen "portales" tapados por rocas y tierra a excepción de uno que se hallaba abierto, el mismo que yo había visto con los prismáticos. Forma parte de un entramado subterráneo dentro de las montañas que confluyen en una gran cámara.

"Cuentan algunos antiguos habitantes que, en 1933, un grupo de ingleses llegó hasta la región con el objetivo de realizar investigaciones arqueológicas y geológicas. Ellos lograron penetrar en el entramado de túneles y accedieron a una inmensa recámara capaz de albergar miles de personas" -narra Tovar- lamentándose de no haber descubierto tal pasadizo. También se ha comentado que muchos túneles parecen trabajados por la mano del hombre.

Otra señal incontestable de la presencia humana es el "Pasillo del Egipto", descubierto hace pocos años por Volpone en las faldas de la sierra. Cuando fuimos a localizarlo me había adelantado al grupo y siguiendo el cauce de un riachuelo lo logré encontrar en el fondo de un desfiladero. Se trataba de dos pasillos de cinco metros de altura y ocho de extensión, formando cada uno un ángulo recto con el riachuelo. El aspecto más notable es la simetría de la construcción, donde las paredes están formadas por ladrillos de material blando, posiblemente ralizados tallando bloques de piedra arenisca.

Al cabo de un rato dentro de uno de ellos sentí cómo mis botas se hundían en el suelo. Intenté desplazarme, pero en vano: el suelo era barro movedizo y mi cuerpo ya se hundía por la mitad. A gritos llamé a los compañeros de expedición que pronto llegaron y echaron una cuerda.

-"Menos mal que estábamos cerca", me dijo Volpone recogiendo ya la cuerda y echándose a reir de mis pantalones embarrados, "te perdimos de vista y no te conté que el pasillo del Egipto tiene, hacia cada lado del desfiladero, un pozo de barro movedizo de 12 metros, es decir, su altura original hace miles de años".

Realmente aquél no fue mi día de suerte, pues ya me había roto los pantalones al caerme sobre unas zarzas mientras perseguía a un corpulento oso hormiguero para fotografiarlo...

Mas, ¿qué podría ser el "Pasillo del Egipto"?, ¿dónde llevaba y cuál fue su función? A falta de excavaciones en el lugar tampoco había muchos elementos para analizar sobre el pueblo que lo construyó allí, en un sitio escabroso, aislado de otros monumentos megalíticos.

Por la noche llegamos a la choza de Raúl Gomes Cardoso, a escasos metros de las faldas de la sierra. Este campesino mulato, su esposa y su hijo nos hablaron sobre extraños fenómenos luminosos procedentes de la sierra, que suelen ocurrir con más frecuencia entre los meses de junio y agosto.

"Ciudad de Piedra de Paraúna y todoterreno de la expedición.

-"Son luces encantadas"- nos comentaba Raúl cuyo rostro se hacía más enigmático a la luz del farol. "Ellas salen de la sierra, y vuelan sobre ella, a veces bajan e iluminan todo a su alrededor o se meten en la cueva del acantilado. Son rojas, verdes, blancas o amarillas".

Raúl tenía una explicación muy peculiar para el origen de las luces, según había oído hablar de sus antepasados que también las vieron.

-"Creo que son minerales cambiando de lugar. Si la luz es blanca, es un diamante que creció mucho y después se cambia de sitio. Si amarilla, es oro. A veces estas luces explotan y esparcen oro o diamantes. Ya he oído muchas explosiones en la sierra", dijo el campesino. Este fenómeno es muy semejante al que ocurre en la sierra del Roncador, en Mato Grosso.

Algunos días después, otro campesino, Silvio Ferreira Batista, nos contó que había visto un objeto blanco desconocido volando muy despacio y silencioso. Un rato después escuchó una explosión. "El cielo estaba limpio. No era un avión, por lo menos conocido", matizó.

Partimos de la casa de Raúl y paramos en el camino para observar el cielo estrellado, recortado por la Sierra de la Portaria. A su lado opuesto, y más allá de la otra sierra que compone uno de los brazos de la "herradura" del valle vimos, muy cercanos al horizonte, dos objetos luminosos que se desplazaban relativamente rápido y guardando la misma distancia a lo largo de la trayectoria rectilínea.

Aún con los prismáticos de diez aumentos era imposible discernir alguna forma, a excepción de que uno poseía una luz roja y otra blanca -que parpadeaba muy esporádicamente- y el otro sólo una de color rojo, también parpadeante. Al cabo de cinco minutos surgió otro objeto en la misma trayectoria, también con dos luces (roja y blanca) a semejanza de las estroboscópicas. Todos los objetos habían aparecido hacia la media noche y de un punto cercano a la constelación de la Cruz del Sur, es decir, de sur rumbo al norte. El tercer OVNI tenía también la peculiaridad de emitir ocasionalmente fuertes destellos luminosos.

El cuarto objeto surgió pocos minutos después y sus luces parecían dar pequeños saltos a lo largo de la trayectoria rectilínea. Decidimos establecer el campamento en la meseta central del valle donde se nos ofrecía mejor visión del cielo. Ya metidos en los sacos de dormir, mirábamos hacia un punto invisible cercano a la Cruz del Sur y vimos cómo se nos aparecía un quinto objeto, a la 1:30 de la madrugada, emitiendo también fuertes destellos luminosos.

-"Estos no son aviones", nos dijo el periodista Willy Silva, del periódico "Diario da Manhã" de Goiania, "es imposible que pasen tantos aviones, en la misma ruta, a estas horas de la noche. Además, las luces no son semejantes a las de señalización de las aeronaves".

El autor junto a la muralla de Paraúna.

Dormimos tan sólo tres horas. A las las seis de la mañana, cuándo todavía amanecía y levantamos el campamento, oímos un fuerte estruendo procedente de la sierra. Aparentemente no era el ruido de armas de cazadores y tampoco existen canteras o explotación de minas en la región. Aún con el ruido haciendo eco en nuestras mentes, seguimos rumbo a la pista de vuelo cerca del pueblo de Paraúna. Allí nos esperaba Hélio Lima Jr., piloto de un ultraligero. Debería sobrevolar junto con él la sierra para fotografiarla y observar posibles entradas o cuevas en su cima llana.

-"Yo trabajo desde hace nueve años en la región. Te puedo afirmar que no hay ningún vuelo por la madrugada y mucho menos de cinco aviones en una hora y media", me dijo el piloto en relación a los avistamientos.

Volpone ya me había advertido sobre el peligro de volar sobre la sierra, a causa de las fuertes ráfagas capaces de volcar un frágil ultraligero. Nos pusimos los cascos y

Helio se presignó antes de despegar: "vamos a intentar contornear las montañas no muy bajo, si no se nos lleva el viento...", dijo el piloto. El vuelo duró tres cuartos de hora y en dos ocasiones las ráfagas casi hicieron dar una "vuelta de campana" a la aeronave en la que íbamos.

Lo que más me impresionó desde arriba fue una gran formación -quizá 50 o más metros de diámetro y unos 30 de altura- en piramidal con la cima cortada. Según Alódio Tovar, la "Pirámide" podría ser parcialmente artificial, es decir, una formación geológica aprovechada por los habitantes del valle-fortaleza para la realización de cultos. Otro dato que corrobora la hipótesis es que la muralla empieza en la base y establece un alineamento con el sol en determinadas épocas del año.

"La presencia de la supuesta pirámide que, por su porte y forma se asemeja a las tumbas de Vilca-Vain e Vari-Raxa, situadas en las regiones del antiguo imperio Chimú (Perú), nos lleva a creer que Paraúna pudo ser una colonia preincaica de minería aurífera. La expasión de las culturas del lago Titicaca y de Cuzco hasta Chile y el noroeste argentino, al igual que Ecuador, según crónicas recogidas en el período colonial, se dio en función de la búsqueda de oro...no es imposible que los pueblos andinos hayan podido llegar al corazón de Brasil con esta misma finalidad... una de las áreas más ricas en oro de sudamérica", narraba Tovar en su ya mencionada obra.

Vista aérea de Paraúna con la misteriosa pirámide en que comienza la muralla..

Parque Indígena
do Xingú
Sierra del Roncador
MATO GROSSO
Chapada dos
Guimarães
CUIABÁ

X

MATO GROSSO:
LOS MISTERIOS DEL RONCADOR Y DE LAS CHAPADAS

EL ENORME ESTADO DE MATTO GROSO (901.420 km²) fue desmembrado en 1977 para formar dos: Norte y Sur. (El de Mato Grosso do Sul, sigue siendo un misterioso rincón por antonomasia. Tierra de sabanas, selvas, pantanos -una parte del *Pantanal*- e indios que aún preservan sus antiguos rituales, como los del Parque de Xingú. Mato Grosso tiene alrededor una extensión casi el doble de España y tercera en Brasil. Aquí están las *chapadas,* sierras como la de Roncador o las zonas bajas y pantanosas.

Su capital, Cuiabá, con mas de medio millón de habitantes, es punto de referencia y escala obligatoria de los aventureros y viajeros que buscan nuevos horizontes de conocimiento. De ahí se puede partir hacia Bolivia o llegar por ferrocarril a la ciudad de São Paulo. Nos causa impresión al saber que hasta mediados del siglo pasado los viajeros consumían seis meses entre Río de Janeiro y Cuiabá: un recorrido lleno de dificultades, donde mulas y embarcaciones eran los únicos medios de transporte.

Aquí existe una mezquita construida con ayuda del rey Feisal, de Jordania y el mayor templo de culto cristiano de América Latina, del grupo *Assembléia de Deus.* En la capital aún se puede ver el mojón que señala el centro geodésico de Sudamérica, erigido por el general Cândido Rondon (un famoso *sertanista*) en 1909 mediante cálculos astronómicos. El museo municipal homónimo del general alberga gran cantidad de objetos indígenas del Mato Grosso.

Según el Tratado de Tordesillas (1494), el actual territorio de Mato Grosso debería pertenecer a España. Sin embargo, el primero en mancharse las botas por aquellos lares fue un portugués: Aleixo García, en 1525. A principios del siglo XVII jesuitas españoles fundaron varias aldeas o misiones entre los ríos Paraná y Paraguay.

El descubrimiento de oro en la región atrajo a muchos *bandeirantes* de São Paulo que pelearon contra los indígenas. Las minas de Cuiabá dieron origen a la actual ciudad. Las nuevas fronteras, ganadas a pulso, fueron ratificadas por los tratados firmados entre España y Portugal en 1750 y 1777. El oro poco a poco fue escaseando y el Mato Grosso quedó sumido en absoluta miseria, afrontando epidemias, luchas intestinas y la guerra del Paraguay hasta finales del siglo XX, cuando vinieron los inmigrantes para extraer el caucho de las seringueiras.

En 1892, en Corumbá (actual Mato Grosso do Sul), civiles y militares se manifestaron contra la flamante república del mariscal Floriano Peixoto y quisieron separarse del resto del país, pero sin éxito.

El nombre Mato Grosso suena, para los buenos conocedores de misterios, como uno de los espacios geográficos más intrigantes de todo el planeta. En 1925 el investigador George Lynch afirmaba en la prestigiosa revista francesa *Science et Vie* que en esta región estaba el origen de todas las civilizaciones de occidente. Allí desapareció un hombre -ahora casi un mito- llamado Percy Harrison Fawcett que algunos creen inspiró a Steven Spilberg la creación del personaje Indiana Jones (esta es la versión más divulgada por la prensa, sin embargo inspiró, en realidad, a Rob MacGregor, el autor de sus novelas). Fawcett era teniente coronel de Su Majestad, la reina de Inglaterra que, junto con su hijo Jack y un amigo de este: Raleigh Rimell, desaparecieron en las selvas de ese estado en 1925 para nunca más regresar. Su historia ha alimentado páginas y más páginas de libros y revistas del mundo entero.

Los tres extranjeros deambulaban en busca de una ciudad perdida que el coronel relacionaba con los atlantes. Ya había buscado -aparentemente sin éxito- una ciudad perdida en el estado de Bahía (ver capítulo) y empecinado y testarudo, cambió el rumbo de sus pesquisas y exploraciones hacia el Mato Grosso, cerca de la Serra do Roncador, en el sector noreste del estado.

Sobre la Serra do Roncador se tejen innumeras historias y leyendas. Algunos místicos creen que allí se ubica la entrada a un mundo subterráneo donde están guardados los Archivos Akásicos, es decir, el conocimientos espiritual de la humanidad. Estos pasadizos conducirían a un lugar mítico llamado Matalir-Araracanga. Lo cierto es que la montaña tiene ese nombre porque suele "roncar" desde sus entrañas. Los científicos no han podido explicar el fenómeno puesto que la zona no despliega actividades sísmicas. *(N. del A.)*

Fawcett era gran amigo del escritor H. Rider Haggard (autor de novelas como *Las Minas del rey Salomón* y *Ella*), quien regaló al explorador una estatuilla de basalto negro que representaba supuestamente a un sacerdote con tocado de estilo egipcio sujetando entre las manos una tabla con algunas incripciones. Además Haggard afirmó que tal objeto, de unos 25 cm de altura, procedía de Brasil. Más tarde Fawcett pudo averiguar que de los 24 símbolos de la estatua, 14 se hallaban en piezas de cerámica prehistórica procedentes de los más variados lugares de Brasil.

La enigmática estatuilla acompañó al explorador en su último y fatídico viaje a Mato Grosso y desapareció con él . Brian contó que en 1952 había oído hablar que en Cuiabá se puso en venta una figura de piedra semejante a la que tenía su padre. ¿Sería la misma estatua de Fawcett? O, como dijo el gran periodista Antonio Callado en un artículo publicado en la desaparecida revista *Realidade* la estatuilla estaría "en el fondo de algun río de la cuenca del Xingú, hasta hoy emitiendo pulsaciones psicométricas, su forma patética de pedir que la restituyan a algún altar de Atlántida".

El avezado explorador sabía que en Brasil yacían aún escondidas ciudades precolombinas en medio de las tupidas selvas. Durante sus viajes por el continente había oído hablar de indios rubios con ojos azules. Después del intento aparentemente frustrado de encontrar una ciudad perdida en Bahía (1920/1921), decidió buscarla en lo que llamó punto *Z* entre los ríos São Francisco (en Bahía) y Xingú (en Mato Grosso).

Teniente coronel Percy Fawcett.

En enero de 1925 Fawcett llegó a Brasil con su hijo Jack y el amigo de éste, Raleigh Rimell. Los dos muchachos tenían unos 25 años y el teniente coronel 57. En marzo, salieron de Cuiabá caminando, rumbo a Bacairi, un campamento del Serviço de Proteção ao Indio (hoy Fundação Nacional do Indio -FUNAI-).

Según una carta de Jack, los expedicionarios se habían equivocado de camino tres veces y Raleigh tenía un pie malherido a causa de las infecciones provocadas por picaduras de voraces garrapatas. Pernoctaron en la hacienda de un tal Hermenegildo Galvão y cinco días después alcanzaron el campamento Bacairi que estaba vacío. En poco tiempo surgieron algunos indios meinaco que fueron fotografiados por los expedicionarios para la North American Newspaper, una gran corporación que agregaba varios periódicos y que financió, a cambio de noticias exclusivas, la expedición del coronel británico.

El 29 de mayo de 1925 llega a la familia la última carta de Fawcett, escrita en el Campo do Cavalo Morto, un nombre que algunos consideraron ficticio para despistar a los que también quisieran buscar la ciudad perdida. A partir de ahí se internarían en la tupidísima selva para nunca más aparecer.

Según Brian Fawcett, su padre habría encontrado la "ciudad Z" pero, sus habitantes no le permitieron volver a la civilización. El hijo se basaba en la última carta que envió, en la que mencionaba que un nativo le describió una ciudad perdida en la selva. Allí existían varios edificios de piedra y en lo alto de uno se hallaba un gran cristal que reflejaba la luz del sol a modo de espejo hacia el interior.

En 1927 un francés, Roger Courteville que viajaba por el estado de Minas Gerais informó a las autoridades que había visto un hombre enfermo, medio enloquecido que dijo llamarse Fawcett. Pero la falta de más detalles y muchas incoherencias desacreditaron la historia del francés.

En 1928 los norteamericanos organizaron una expedición multitudinaria, al estilo de Hollywood, capitaneada por George M. Dyott. El rotundo fracaso de la expedición quedó reflejado en el lacónico comunicado de Dyott de que Fawcett había muerto sin dar más explicaciones. En 1930 el periodista estadounidense Albert de Winton se aventuró por el Mato Grosso para buscar al teniente coronel y no regresó, lo mismo que el suizo Stefan Rattin, quien había afirmado que le había visto y que había hablado con el mismísimo coronel.

En 1937 una misionera también buscó sin éxito al explorador británico. También en 1943 el grupo periodístico brasileño *Diários Associados* envió al periodista Edgar Morel para seguir el rastro del huidizo explorador. En esta ocasión Morel encontró a un niño indígena de tez blanca que supuso ser un hijo o nieto del británico. Al final todo se aclaró y el niño era un indio albino.

El *sertanista* Orlando Vilas Boas, en abril de 1951, participó en una expedición cuyo objetivo era aclarar de una vez por todas el auténtico final del coronel británico. Cuiuli, uno de los ancianos de la tribu le reveló, como amigo, que Cavucuira había asesinado a los tres extranjeros.

Según este relato Fawcett habría sido muy poco amigable con él al exigirle, sin éxito, que le proporcionara porteadores y canoas para seguir el viaje. Éste, enojado, armó una emboscada en la que golpeó al teniente coronel con una piedra en la cabeza.Después mató a Jack y otro indio, cuyo nombre no reveló, se encargó de eliminar a Rimell. Los dos jóvenes murieron ahogados en una laguna, sólo el jefe fue enterrado por sus asesinos.

Llevó a Vilas Boas hasta la laguna, entre el río Kuluene -cerca de la sierra del Roncador- y su afluente el Tanguro. Con todo lujo de detalles el viejo indio contó como fueron asesinados los "hombres blancos" y dónde se hallaban sus cuerpos. En la laguna de aguas verdosas, Vilas Boas ordenó a sus hombres excavar hasta que encontraron un cráneo y otras osamentas humanas.

Según cuenta Antonio Callado los huesos fueron llevados a Londres y Brian Fawcett verificó que la altura del muerto era inferior a la de su padre. Además, el Royal Anthropological Institute opinó lo mismo con estudios más minuciosos. Tampoco pertenecían a los dos jóvenes y hasta hoy no se sabe de quién son aquellos restos mortales.

Y ¿qué ocurrió realmente? Los místicos han encontrado algunas respuestas. Para los miembros de la Sociedade Teúrgica do Roncador, el coronel vivió durante mucho tiempo en el interior de la tierra, en una ciudad debajo de la Serra do Roncador, donde viven seres con capacidades telepáticas y se guardan los famosos archivos Akashicos, es decir, los mismos que contienen la sabiduría espiritual de los grandes maestros de la Tierra.

***Chapada* dos Guimarães.**
Foto: secretaría de turismo de Matto Groso.

El fundador de la Sociedade Brasileira de Eubiose (una escisión de la Sociedad Teosófica brasileña), Henrique José de Souza, también creía en la existencia de mundos subterráneos en la Serra do Roncador y en otras regiones de Brasil, como en el sur de Minas Gerais (ver capítulo).

En 1948 la médium inglesa Geraldine Cummins contactó con el espíritu de Fawcett y escribió en trance lo que éste le había comunicado: murió en 1935 tras ser capturado por los indígenas y padecer una larga enfermedad. El espíritu le dijo que los habitantes de la ciudad perdida usaban un tipo de electricidad diferente de la que usamos y con esta energía podían levantar pesos. Eso contribuyó para la construcción de una pirámide en la selva amazónica.

Muchas fueron las expediciones que intentaron localizar al explorador como la de Villas-Boas. En junio de 1996 el empresario brasileño James Lynch salió de Cuiabá rumbo a la región del Xingú para encontrar vestigios de la expedición Fawcett. Lógicamente, pasados tantos años, Lynch sólo pudo encontrar las ruidosa serra do Roncador. Los indígenas secuestraron a todo el grupo durante varios días y sólo fueron liberados tras pagar un cuantioso rescate. De todas formas el viaje no fue infructuoso, pues pudo identificar el Campo do cavalo Morto, una localización real y no una farsa urdida por Fawcett para despistar a otros aventureros como se creía anteriormente.

Quienes se atrevan a realizar este recorrido deben atender a los riesgos de la empresa: indios a veces pocos amigables, autorizaciones de la Fundação Nacional do Indio para entar en el parque del Xingú, uso de vehículos 4x4, condiciones físicas, etc. *(N. del A.)*

Cualquiera que haya sido su destino, la respuesta no cambiará el incentivo que su fascinante historia pudo dar a muchos aventureros e investigadores, entre los que me incluyo. Las lecturas de sus aventuras, durante mi infancia, me sumieron en otra perspectiva de la realidad y gracias a esto me lancé a buscar esta y otras ciudades perdidas (ver Bahía).

Bajo la influencia del paralelo 15 Sur, línea geográfica que atraviesa la ciudad de Porto Seguro (Bahía) y el Lago Titicaca en Bolivia y Perú, la *Chapada dos Guimarães* -a sólo 60 km de Cuiabá- es uno de los muchos paraísos ecológicos y esotéricos brasileños y donde, según los visionarios, nacerá la "civilización del Tercer Milenio" y "uno de los siete santuarios del mundo". Allí, en la montaña conocida como Mirante (Mirador) está el centro geodésico de América del Sur (el más central del continente), que está marcado con una pequeña pirámide estratégicamente emplazada en su orilla. Desde aquí se pueden apreciar todas las serranías y parte del *Pantanal* de Mato Grosso (más de 80.000 km^2).

La *Chapada* está considerada como zona de intensa actividad OVNI y en el *morro* (cerro) de São Jerônimo (800 m de altura) estaría una base o pista de aterrizaje elegida por los visitantes de otros mundos. Son muchos los testigos que desde la cima plana de la montaña han podido ver extrañas luces en el cielo, con movimientos y velocidades que no corresponden a las de los vehículos voladores que conocemos. Tales luces son semejantes a las que he podido ver en las *chapadas* de Paraúna, en el estado de Goiás, según las descripciones de sus testigos.

Es posible que esta región, al igual que gran parte de los territorios brasileños, sean la más antigua del planeta: allí se encontraron fósiles marinos -en pleno corazón de América- de lo que deducimos que fuera el fondo del mar en tiempos muy remotos, hace 300 millones de años. Hoy en día allí brotan las aguas que van a formar los caudalosos ríos de la región del Pantanal matogrossense.

Cerca del Mirante, en la misma carretera, está el punto magnético donde los vehículos, parados en una cuesta abajo -y sin el freno de mano- en vez de bajar, ¡suben! Los escépticos aseguran que se trata de un efecto óptico y los místicos lo explican como una energía concentrada en aquella zona elegida por los dioses de la naturaleza para su reposo y disfrute.

En este ambiente titánico de grandes mesetas cortadas por ríos y en las que se yerguen abruptamente columnas de arenisca labradas por el viento y por la lluvia acechan los espíritus del pasado. Tribus indígenas cuyos nombres se encargaron de borrar la intemperie y la historia. Las formaciones naturales de Salgadeira recuerdan ciudadelas, fortalezas, castillos, estatuas, torres, atalayas, griales gigantescos y otros objetos que la humanidad perdió y que aquí están, olvidados.

Las cascadas y lagunas de la *Chapada dos Guimarães* son el gozo de los viajeros que recalan. Como ejemplo, la cascada *Véu da Noiva* (Velo de la Novia) donde se aprecian maravillosas puestas de sol. La vegetación no es abundante como en la región amazónica, pero las sierras están recubiertas por arbustos y matorrales que recuerdan las sabanas de África, aunque más verdosas.

Los espeleólogos se excitan con los peligros de la Cueva de las Almas. Allí todo cuidado es poco, pues el río subterráneo, por donde los expedicionarios deben caminar, convierte su cauce poco a poco en arena movediza. Además, en algunos tramos de la cueva donde se dice que moran las almas de los nativos fallecidos en sus inmediaciones, el suelo está recubierto de un barro muy escurridizo.

Los *garimpeiros* también amenazan este paraíso terrenal. La *Chapada* divide el *Pantanal* y los ríos de la cuenca de la Plata de la cuenca del Amazonas. En esta tierra que fue de discordia -el oro enloqueció a portugueses, españoles e indígenas que aquí lucharon- hoy se pide *Paz*, con mayúsculas, pues se trata de una de las mayores concentraciones de esotéricos de todo el Brasil.

El *boom* de la Nueva Era atrajo, a finales de los 70, los *hippies* y las primeras comunidades alternativas que buscaban el oro espiritual para iluminar sus vidas. Ese oro alquímico se encuentra en las piedras, ríos, cascadas, animales y plantas de la *Chapada* dos Guimarães.

Teniente coronel Percy Fawcett.

Pantanal
CORUMBA
MATO GROSSO DO SUL
CAMPO GRANDE
BONITO
DOURADAS

XI

MATO GROSSO DO SUL: LOS SECRETOS DE PANTANAL Y DE BONITO

LA PALABRA Mato Grosso ("maleza densa o tupida") parece obligatoriamente relacionada con el misterio, las selvas más intrincadas e inexpugnables de Sudamérica. Sin embargo, más que selvas, el sur del antiguo Mato Grosso -que fue dividido en dos partes en 1979- está ocupado por una de las más grandes llanuras anegadas del mundo, denominada Pantanal. Ríos inmensos como el Paraguay escarban con placidez su suelo con un desnivel de tan sólo un centímetro por kilómetro y por eso sus aguas parecen estancadas. Permanecen anegadas en su gran mayoría durante cinco o seis meses al año, en la época de las lluvias más intensas y persistentes.

El locutor y viajero Miguel Blanco, dice que la región parece un gran pantano pero "no con agua estancada, sucia, impura, sinó limpia y transparente". Cuando sobrevoló la región comentó que "desde el aire brillaba como un espejo...y en medio de la inmensidad azul surgieron islas exuberantes de vegetación. Ese es el lugar del mundo donde Dios tendría su morada si viviera en este Planeta".

Durante uno de sus veteranos programas radiofónicos -"Espacio en Blanco"-, Miguel me decía que está enamorado del lugar donde pudo pescar pirañas, contemplar las *araras* (guacamayos) azules y cazar a lazo cocodrilos vivos pero, sin hacerles ningún daño.

Sus 230.000 kilómetros cuadrados -140.000 en territorio brasileño y el restante en Paraguay, Bolivia y Argentina- viven 1.500 especies de animales, incluídas 600 de peces. Los mejores "safaris" de sudamérica se realizan aquí. El revuelo de miles de especies de pájaros, especialmente de guacamayos de todos los colores, ofrece un espectáculo sin igual a los turistas. Después de algunas sabanas africanas (como las de Kenia o Zimbabwe), es la zona más adecuada y rica del planeta para realizar safaris fotográficos.

Como todo lo demás en Brasil, (todo se hace "a lo grande"), aquí se matan más de un millón de cocodrilos o *jacarés* todos los años, cifras escalofriantes que pueden llevar, dentro algunos años, a la desaparición de la especie en la zona. La matanza ya está provocando un gran desequilibrio ecológico: tal como en las películas de terror y ciencia ficción, las pirañas -pescado con el que, por cierto, se hace una exquisita sopa- están ocupando su espacio, multiplicándose vertiginosamente.

Jaguares (*onças*) con más de 150 kgs, *capivaras* (el mayor roedor del mundo, con más de 1 metro de longitud), *antas* (el tapir brasileño) y venados son los animales que se pueden observar entre la zona anegada y seca. A veces surge inesperadamente entre los zarzales un gran oso hormiguero, trabajando con su hocico y boca desdentada para alimentarse. Los lobos son más altos que los europeos y de pelaje rojo (*lobo-guará*) y, con mucha suerte, se pueden ver las famosas *sucurís*, las serpientes más grandes del mundo. Estas son de tal tamaño que pueden matar un toro adulto y tragárselo casi entero.

Las más grandes capturadas tenían hasta 18 metros pero hubo exploradores que afirmaron a pies juntillas haberlas visto con casi ¡40 metros!

De enero a abril es la época de las lluvias aquí y las llanuras se anegan dejando algunas islas de vegetación en el paisaje. La estación seca tiene su auge en septiembre y entonces se pueden ver muchas aves acúaticas, jaguares, tapires y otros animales de gran tamaño.

Sólo existen dos carreteras en la región -la Transpantaneria, al norte y la Campo Grande- y casi todo el transporte se realiza en avionetas que aterrizan en pistas a veces improvisadas o en embarcaciones. Existe un ferrocarril que sale de São Paulo, para en Campo Grande, luego en Bauro en el estado de São Paulo y en la capital paulista. El trayecto dura 26 horas pero vale la pena pues se pueden ver, por el camino, miles de termiteros, granjas, ganado zebú, campos de caña de azúcar y, principalmente los vaqueros, a veces, con atuendos muy llamativos. La tierra casi permanentemente anegada -es pobre para el cultivo-, fue poblada por el ganado, la principal actividad económica de la región.

Entre octubre y marzo las lluvias son intensas y el nivel de sus ríos alcanza la altura máxima. Agosto es el apogeo de la temporada de pesca, cuando están más bajos y acuden pescadores de todo el mundo para capturar grandes *dourados*, *jaús* y *pacus pintados* a quienes les hace competencia las pirañas que, como ya hemos dicho, son cada vez más abundantes.

Corumbá es la mejor base para moverse por la zona del Pantanal del Mato Grosso do Sul. Muy cerca de la frontera de Bolivia y a 400 km al oeste de Campo Grande, es una ciudad de clima muy caliente, donde se entroncan los transportes terrestres (carreteras y ferrocarril) con los acúaticos. A media hora de la ciudad está el fuerte Coimbra, construído en 1775 para proteger la frontera de las invasiones paraguayas. De allí, a tres horas en lancha, se llega a la gruta o *Buraco do Inferno* (Hoyo del Infierno) con colosales estalagmitas y estalactitas.

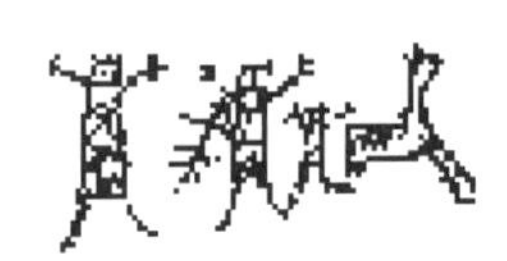

Antiguamente era recorrido por una nación de indígenas nómadas, los guaicurus, siempre montados en caballos extraviados o robados a los portugueses. Eran excelentes jinetes, conocidos por su aspecto amedrantador y por su fiereza. Vestían pieles de jaguar y atacaban a los indios terenas, a quines casi siempre capturaban, haciéndoles esclavos. No obstante eran muy bien tratados y los negros foragidos preferían servir antes a los indios que a los blancos.

En su libro *Reinos desaparecidos, povos condenados*[1], el recientemente fallecido arqueólogo Aurélio M. G. de Abreu mencionaba que en 1808 un oficial portugués envió un informe a sus superiores, estimando que el rebaño equino de los guaicurus podría ser de 8.000 animales y que conocían sus enfermedades mejor que las humanas.

Su beligerancia era entonces legendaria. Incursiones guerreras los llevaron varias veces a las cercanías de Cuiabá causando miles de muertes. Estos "sioux" de Sudamérica eran diestros en el uso de la lanza con la que infligían grandes bajas entre los *bandeirantes*, colonos y otras naciones indígenas. Durante un ataque al fuerte Coimbra, en 1778, los guaicurus mataron a 56 soldados. En 1791 se llegó a un acuerdo de paz y en 1801 los españoles, que atacaron la fortaleza, fueron recibidos a flechazos y tiros por los indios que luchaban hombro con hombro con los lusos.

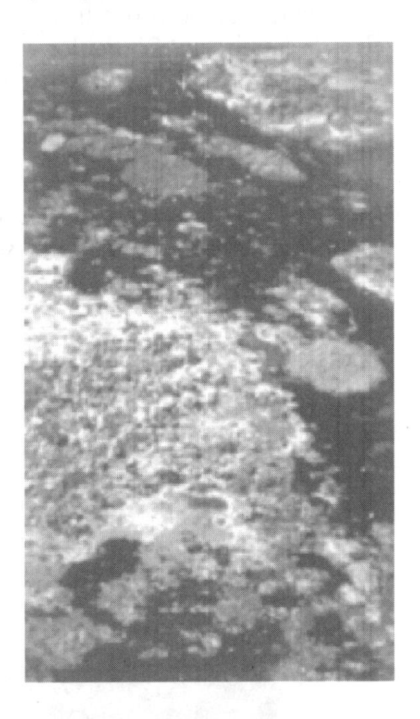

Foto aérea del pantanal en Mato Grosso do Sul.
Foto: Directoria de Turismo de Mato Grosso do Sul.

Los jefes y altas jerarquías llevaban el rostro, cuello y pecho tatuados. Las mujeres, al contrario de otras tribus, nunca andaban desnudas y portaban piezas de algodón de varios colores. Ellas, al igual que los hombres, eran excelentes amazonas y solían amamantar a sus hijos mientras cabalgaban.

Y ¿qué caballos empleaban los indígenas? Algunos historiadores los identifican con los de raza andaluza, un cruce de caballo árabe y bereber. Descendían directamente de los caballos traídos en 1535 por los españoles coincidiendo con la conquista del Perú.

Entre 1897 y 1898 el gobierno envió varias tropas para atacar las aldeas que robaban ganado de los colonos que invadieron sus tierras. En este acto de carnicería fueron empleados cañones contra los indios que apenas tenían armas de fuego. Su destino final fue trágico como nos narra Aurélio Abreu: "...colocados en reservas, especialmente en la isla fluvial de Nabileque, los guaicurus practicamente desaparecieron, mezclándose con blancos y negros y adoptando hábitos de vida de los "civilizados". Uno de los últimos linajes supervivientes está constituido por los indios cadiweos, también concidos como los guaicurus de a pie..."

[1] Ed. Hemus, São Paulo.

Campo Grande es la moderna capital del estado, con más de 650 mil habitantes. Fundada en 1875, la ciudad creció rápidamente gracias a agricultura y ganadería. Allí está la sede de la revista ufológica más importante de Brasil y de Latinoamérica, la UFO, dirigida por un empecinado experto, Adhemar Gevaerd. Los brasileños se sorprenden cuando conocen que el grueso de la información sobre "platillos volantes" se centraliza y difunde a partir de un punto geográfico tan lejano de Río de Janeiro o São Paulo.

En la capital está el Museo Dom Bosco, donde se pueden apreciar objetos indígenas, una colección de rarísimos insectos y muchas aves y mamíferos disecados, la mayoría de la región. A más de 200 km de la ciudad está el pueblecito de Coxim que presenta un sorprendente fenómeno provocado por la Naturaleza, la *Piracema.* Se trata de una masiva migración de peces de varias especies que suben los ríos, es decir, a contracorriente, para poner sus huevas en el nacimiento. En esta zona vivían los indios kaiapós, que durante mucho tiempo no se dejaron dominar, tendiendo emboscadas a los *bandeirantes.*

Pantanal, refugio de millones de aves.
Foto: Lidio Parente, Embratur.

A 248 km de Campo Grande está uno de las zonas más frecuentadas por los OVNIs en el estado. Los vecinos del municipio de Bonito, en plena sierra da Bodoquena, están acostumbrados a ver luces que no son estrellas, ni aviones, helicópteros, satélites o cometas en el cielo. Casi siempre hacen zig-zags a altísimas velocidades y desaparecen.

Hace 600 millones de años este territorio era el fondo de un mar primitivo convulsionado por volcanes y terremotos. Con el tiempo el lodo y las algas muertas se transformaron en aquella sierra a 1.000 kilómetros del oceáno. Los sedimentos, frágiles, se disolvieron poco a poco con el agua y se formaron extensas cavernas. Todo el subsuelo está agujereado, formando uno de los mayores complejos subterráneos del mundo. Los místicos creen que de estos inframundos proceden los OVNIs que frecuentemente se observan en la región.

Las aguas de los ríos y lagos subterráneos presentan una transparencia sin parangón. Una de las cuevas más fantásticas es la Gruta Azul cuya entrada tiene 100 metros de ancho y 50 de altura. Este portal hacia el mundo subterráneo ofrece un espectáculo poco habitual para los excursionistas. Un rarísimo efecto de luz altera los parámetros visuales actuando como una gran lente de aumento. Las magníficas estalactitas, estagmitas y otras formaciones calcáreas que parecen estar cercanas al observador, en realidad pueden estar muy lejos.

En el fondo está el Lago Azul, con 110 metros de ancho por 68 de profundidad y parece emitir una extraña fosforescencia de tono cobalto. Su transparencia es inusitada y permite ver con toda claridad el fondo lleno de piedras a 30 metros de profundidad.

Toda la región está preñada de "cachoeiras" (*cascadas*) y senderos ecológicos. A veces se asoman animales salvajes y lo mejor es estar preparado con una cámara para fotografiarlos.

Dourados es una ciudad que se encuentra a 224 km de Campo Grande y su nombre está relacionado con las riquezas auríferas de la región. En sus proximidades se encuentra la Serra de Maracajú, considerada encantada por sus habitantes. Se puede llegar a estos páramos en tren que sale de Campo Grande. Allí aún deambulan los espíritus de los miles y miles de muertos durante la guerra del Paraguay que ocurrió en 1864. La mayoría de los muertos eran indios guaraníes paraguayos que fueron alistados forzosamente por el dictador Francisco Solano López que invadió el territorio de Mato Grosso.

Entre los pocos habitantes de la sierra, se cuentan historias de indígenas que enterraron sus tesoros, almas de caciques y *pajés* que asustan a los viajeros solitarios. También se habla de luces encantadas que son "oro que cambia de lugar", de una montaña a otra.

En la sierra de Maracajú también existen formaciones rocosas que recuerdan a personajes fantasmagóricos y que inculcan profundo respeto a locales y forasteros. Es posible que la memoria arquetípica del hombre relacione tales formaciones con las estructuras de antiguas civilizaciones, de ciudades de piedra erigidas por mujeres y hombres dotados de poderes mentales superiores. Hoy nos sumergimos en esa memoria, quizás intentando recomponer con los retazos la forma y estructura original del pensamiento que trajo la felicidad en épocas remotas.

NORDESTE

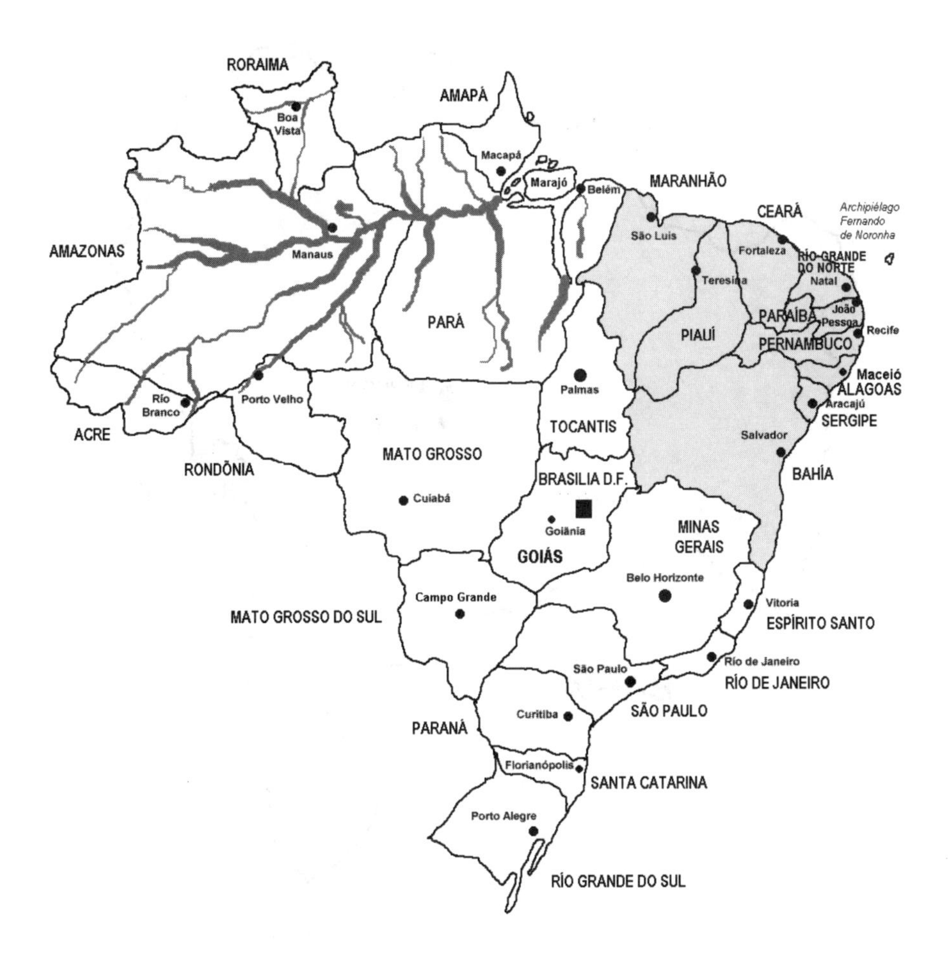
RORAIMA
Boa Vista
AMAPÁ
Macapá
Marajó
Belém
MARANHÃO
CEARÁ
Archipiélago Fernando de Noronha
AMAZONAS
Manaus
São Luis
Fortaleza
RÍO GRANDE DO NORTE
Natal
Teresina
João Pessoa
PARAÍBA
Recife
PARÁ
PIAUÍ
PERNAMBUCO
Maceió
ALAGOAS
Aracajú
SERGIPE
Palmas
Río Branco
Porto Velho
ACRE
TOCANTIS
Salvador
MATO GROSSO
RONDÔNIA
BAHÍA
BRASILIA D.F.
Cuiabá
Goiânia
MINAS GERAIS
GOIÁS
Belo Horizonte
Campo Grande
Vitoria
ESPÍRITO SANTO
MATO GROSSO DO SUL
São Paulo
Río de Janeiro
RÍO DE JANEIRO
SÃO PAULO
Curitiba
PARANÁ
Florianópolis
SANTA CATARINA
Porto Alegre
RÍO GRANDE DO SUL

LENÇOIS
IGATÚ
SALVADOR
Chapada Diamantina
BAHÍA

XI

BAHÍA:

LA CIUDAD PERDIDA DEL MANUSCRITO 512

ALGUNOS CREEN QUE BAHÍA (566.978 km^2), especialmente la costa, es un pedazo de África en Brasil. Otros dicen que es más que eso, es la tierra del gran río São Francisco, de inmensas *Chapadas* (mesetas), de riquezas minerales y también de sequías en zonas puntuales. Tierra de magia, donde el candomblé y otros ritos afro-brasileños impregnan la mente de sus habitantes en el día a día. Bahía es un estado con una identidad marcadamente propia.

Salvador, su capital, está preñada de esa magia, encanto y pasado. Sus iglesias coloniales, el famoso barrio del *Pelourinho* ("Picota" donde colgaban y azotaban a los esclavos), su música étnica (grupos "afros" como Oludum y Timbalada mueven el cuerpo de todas las razas). Sus gentes, amabilísimas, nos hacen pensar que estamos en la urbe más idílica de la tierra.

Pero como el paraíso terrenal no existe, Salvador también tiene los típicos problemas urbanos, como atascos de tráfico, marginalidad en algunas zonas y pobreza en sus grandes *favelas* ("chabolas"). Nada que impida a sus habitantes y a los turistas de disfrutar de todo lo bueno. Y por supuesto de sus misterios...

Existen muchos *terreiros* ("templos") de candomblé en la ciudad, algunos destinados a recibir a los turistas. Otros, más auténticos, están situados en lugares recónditos y siguen reproduciendo los ritos que los esclavos africanos trajeron hace casi 500 años del continente africano. Allí la mano de obra esclava y de raza negra estuvo más presente que en otras regiones.

Salvador, la primera capital colonial de Brasil, es una buena base para lanzarse a nuevas aventuras por el inmenso territorio bahiano. Como en los demás capítulos daré una muestra de lo que pueden albergar estas tierras "encantadas" y donde el pasado indígena se mezcla con las tradiciones africanas y portuguesas.

Caminaba sobre una extensa calzada de cantos rodados. Estaba jalonada por ruinas de numerosas casas de piedra, algunas construidas con bloques ciclópeos. Estaban bien cortados, tenían hasta dos metros de longitud y debían pesar más de tres toneladas. A mi izquierda vi enormes amontonamientos de lajas y a mi derecha, a pocos pasos, se abría un cañón que se perdía en lontananza. Había dejado atrás un complejo de calles y ruinas de edificaciones esparcidas sobre una gran área montañosa.

Me sentía emocionado y cansado después de largas horas de caminata cuesta arriba, pero el resultado bien valía la pena: había llegado a la famosa "Ciudad Perdida", la "Machu Picchu" brasileña. La misma que el célebre coronel británico Harrisson Percy Fawcett buscó con tanto tesón y ahinco entre 1921 y 1925, fecha de su trágica desaparición en las selvas de Mato Grosso.

Seguí bajando por la ladera de la montaña hasta toparme con un edificio de más de 30 metros de longitud en el que se abrían varias ventanas. Para más señas,

Ruinas de la ciudad perdida de Igatú, cerca de Andarai.

estaba en la ciudad abandonada de Igatú, municipio de Andaraí, en plena *Chapada* (Meseta) Diamantina, en el gran estado de Bahía.

"Esa es la ciudad que aparece en el manuscrito número 512 que se conserva en la Biblioteca Nacional de Río de Janeiro, el mismo que despertó el interés de muchos estudiosos", me afirmó tajantemente el explorador alemán Heinz Budweg en la ciudad de Sao Paulo.

De ser cierto, Budweg habra conseguido descifrar uno de los mayores enigmas arqueológicos de este siglo, el de la existencia de una ciudad precolombina en territorio sudamericano oriental, donde se supone que sólo habitaron indígenas "salvajes" que jamás habrían erigido ciudades de piedra. Se barajaron muchas hipótesis sobre el origen de los constructores de la "Ciudad Perdida", hasta entonces sólo conocida por leyendas y crónicas. Pudieron ser incas, preincas, egipcias y hasta obra de los supervivientes del continente perdido de Atlántida, como creía ciegamente el coronel Fawcett.

Yo había seguido las indicaciones de Budweg para llegar a Igatú, saliendo de Salvador, capital del estado de Bahía, recorriendo más de 450 km hasta la villa que ni siquiera aparece en los mapas. Está situada en lo alto de una aislada y escarpada sierra, cercana al pueblo de Andaraí, "olvidada de la manos de Dios". La maltrecha carretera de ascensión mostraba un escenario titánico: centenares de formaciones rocosas trabajadas por la erosión que muestran formas de criaturas monstruosas. La llovizna y la bruma subrayaban aún más el aspecto oculto y misterioso de la región.

Aunque es bien conocida la historia del coronel Fawcett y la búsqueda de la ciudad perdida en Mato Grosso, menos conocida es la ruta que emprendió en solitario por Bahía. En su expedición el británico se acercó mucho a Igatú pues llegó hasta la villa de Lençóis, un importante enclave de buscadores de riquezas,

Muralla megalítica de Igatú. Algunas piedras pesan más de dos toneladas.

donde había un consulado francés para tramitar la compra del oro y diamantes. Todavía, en aquella época, se hablaba de indígenas "hostiles" y no catequizados en las selvas del estado.

En Lençóis recorrí el antiguo mercado donde Fawcet llegó en 1921 con sus dos mulas y compró provisiones para seguir su viaje en solitario. Algunos investigadores creen que el testarudo anglosajón logró llegar a la ciudad perdida y a unas importantes minas de plata, pero prefirió callarse y buscar otras ruinas en Mato Grosso.

¿Qué misterios entrañan las pesquisas de Fawcett en Bahía? Según su diario, tuvo acceso en Río de Janeiro a las páginas de un manuscrito escrito en 1753 (conocido por el número 512) reproducido el siglo pasado por una revista del Instituto Histórico y Geográfico Brasileño (IHGB). En la antigua capital conoció al ex-cónsul británico, el coronel O'Sullian Beare, que le reveló haber llegado en 1913 con la ayuda de un guía mestizo a una antigua ciudad en aquel estado. Allí vio una columna negra en medio de una plaza, coronada por una estatua, tal como se describe en el documento.

Fawcett emprendió su marcha entre la región de río de Contas y Pardos donde escuchó relatos de campesinos que, perdidos, encontraron una ciudad de piedra con estatuas y gran enmañaramiento de calles. Los indios aimorés y botocudos le hablaron sobre la existencia de "aldeas de fuego", una ciudad con tejados de oro, semejante a las descripciones de El Dorado y de las Siete Ciudades de Cíbola.

El explorador británico creía que Brasil era el continente más antiguo del mundo, tanto geológicamente como por los vestigios de especies prehistóricas. Primero fue habitado por "trogloditas" y más tarde por supervivientes del cataclismo de Atlántida a los que denominó "toltecas", fundadores de grandes ciudades en el actual territorio brasileño.

Mientras caminaba y acampaba en la bellísima e impresionante *Chapada Diamantina* -cuyas montañas y gigantescos cañones son semejantes a las de los desiertos de Arizona y Colorado en EEUU- pensé que aún existen muchos enigmas sobre la ciudad perdida. Uno es el significado de las incripciones que aparecen en el documento 512.

Mercado de Lençois, donde se aprovisionó el coronel Fawcett para seguir buscando la ciudad perdida.

En los años 30 Bernardo da Silva Ramos, aficionado a la arqueología y la paleografía -que ya había descifrado una inscripción supuestamente fenicia de la Pedra da Gávea, un cerro de Río de Janeiro-, descubrió que los signos que aparecen reproducidos en el manuscrito hacían referencia a un antiguo gobernante griego, Pisistrates y a un consejo de montañeses en el santuario de Demeter y Apolo (Grecia). Los últimos símbolos los interpretó como planetas del sistemas solar. ¿Una civilización astronómica en las mesetas de Bahía?, quizá. La arqueóloga del Museu Nacional do Río de Janeiro, Maria da Conceiçao Beltrão encontró en el interior, en los años 80, muchas pinturas rupestres con simbología astronómica y efectos de luz durante equinocios y solsticios.

A partir de mediados del siglo pasado la *Chapada Diamantina*, al igual que Alasca o Australia, recibió un gran contingente de buscadores de riquezas minerales, principalmente oro y diamantes. La villa de Igatú -que llegó a tener 10.000 habitantes- fue uno de los campamentos de estos aventureros que, al mermar los recursos naturales, abandonaron aquellas tierras recónditas.

Por eso caminaba por calles desérticas, a excepción de la entrada de la villa donde aún se resisten a abandonarla tres centenares de paupérrimos habitantes: los descendientes de aquellos aventureros y de esclavos africanos. Allí se habrían erigido en otros tiempos palacios, templos, misteriosas inscripciones, estatuas y columnas de piedra negra sobre la denominada "sierra resplandesciente" que fascinó a la legendaria expedición de 1753. Estaba formada por *bandeirantes*, los intrépidos exploradores mestizos y portugueses que forman parte del período colonial brasileño.

"La ciudad fue construida por los vikingos hacia el año 1000 de nuestra era. Dejaron un sistema complejo de alcantarillado que, según los libros de historia, jamás habría existido en Brasil hasta finales del siglo pasado. También encontré varias inscripciones rúnicas en la entrada de una mina. Toda la meseta está plagada de senderos: los *peabirús,* usados por vikingos e incas para comunicarse con la "América andina", me reveló Heinz Budweg. Este estudioso apoya y amplia las hipótesis del francés Jacques de Mahieu, de los años 60, y del investigador brasileño Amadeu do Amaral, hacia 1900.

El lingüista y explorador Luis Caldas Tibiriçá, presenta otra hipótesis: "Los indios brasileños jamás hicieron casas de piedra. Algunos edificios se asemejan a los de la Edad Media de Etiopía. Las inscripciones que se encontraron podrían ser del idioma *gueez* de los etíopes. Éstos describen en sus antiguas crónicas tierras lejanas a las que llegaron en sus embarcaciones", aseguró a *Año Cero* en Sao Paulo el explorador, ahora septuagenario. Su edad todavía no le impide seguir moviéndose a lo largo y ancho de la geografía nacional.

"Tibiriçá, experto conocedor de los *sertões* y selvas brasileñas, trabajó durante muchos años como *sertanista,* contactando con indígenas. Junto con Budweig hizo varios viajes a Igatú con el objeto de grabar un documental para una emisora de televisión alemana. También es responsable de reinterpretar su historia respetando las opiniones de Budweig y añadiéndo sus propias teorías." *(N. del A.)*

Éste añade que los buscadores de riquezas aprovecharon las antiguas construcciones para hacer sus viviendas, usando los cimientos de las anteriores o modificando algunas paredes, hecho que se observa en la diferencia que hay entre las dos arquitecturas: una ciclópea y otra de estilo colonial, de menor tamaño.

La historia de la Ciudad Perdida de Bahía parece empezar a mediados del siglo XVIII con el mencionado documento 512 que lleva por título: "Relación histórica de una oculta y gran población antiquísima sin habitantes que se descubrió en el año de 1753". El desconocido destinatario de la carta había anotado en la misma que "esta noticia llegó a Río de Janeiro a principios de 1754".

El manuscrito, carcomido parcialmente -y por eso eclipsado el nombre de su autor- empieza hablando de una expedición de *bandeirantes* que incursionaban por el interior de Brasil. El grupo, que había partido de São Paulo, viajaba hacía diez años por páramos desconocidos de Minas Gerais en busca de las legendarias minas de plata de Muribeca o Robério Dias que Felipe II de España intentó, sin éxito, localizar.

Llegaron a una cordillera cuyas montañas eran tan elevadas que "parecen llegar a la región etérea y que sirven de trono al viento y a las mismas estrellas". Sazonado con toques poéticos y de misterio, el relato describe las montañas como de un cristal en cuya superficie se reflejaba intensamente los rayos del Sol a punto de deslumbrar a los expedicionarios.

Un rarísimo y providencial venado blanco surgido de la nada fue el guía que los condujo por una calzada de piedra hasta las ruinas de la Ciudad Perdida. Los rudos aventureros pasaron entre dos Sierras, por un valle de selva tupida y repleto de riachuelos. Durante la caminata oían el canto de un gallo, creyendo por esto estar cerca de una zona poblada. Al igual que otros "gallos encantados" que existen por América, el fenómeno fue interpretado como de origen sobrenatural puesto que no existían poblaciones en la región.

Llegaron de madrugada a la ciudad perdida, amedrentados y con armas listas para abrir fuego frente a un eventual enemigo agazapado. La entrada estaba formada por "tres arcos de gran altura" coronados por inscripciones. En seguida, el cronista describe una calle con casas de dos plantas cuyos tejados son de cerámica unos, y de lajas pétreas, otros." Recorrimos con mucha precaución algunas casas y en ninguna encontramos vestigios de utensilios domésticos, ni muebles... tienen escasa luz y son abovedadas, resonaban los ecos de los que hablaban y las mismas voces aterrorizaban".

Al final de dicha calle principal aquellos curtidos exploradores, entonces temerosos, se toparon con una plaza en cuyo centro se erigía una columna de piedra negra coronada por la estatua de "un hombre ordinario, con la mano en la ijada izquierda y el brazo derecho extendido, señalando con el dedo indicador al Polo Norte. En cada rincón de la plaza hay una *Aguja*, imitando a las que usaban los Romanos..."¿Qué *Agujas* eran aquellas? ¿Marcadores geográficos? o quizá ¿astronómicos?

Más adelante el relato habla de miles de murciélagos que habitan un "palacio" donde se halla un friso sobre un pórtico con la imagen de una persona joven y sin barba vistiendo solamente una especie de faja que le atravesaba el pecho hasta las caderas. La cabeza ostentaba una corona de laureles y algunas inscripciones incomprensibles bajo sus pies que el cronista procuró copiar.

La "Relación histórica de una oculta y gran ciudad..." hablaba de otro gran edificio que se interpretó como un templo en cuyas paredes se observaban "figuras y retratos empotrados en la piedra con cruces de varias formas, cuervos y otras menudezas..."

Después de este "Templo" los *bandeirantes* encontraron un terreno apocalíptico, plagado de grietas, donde yacía sepultada parte de la ciudad y donde no nacía ninguna vegetación. A la distancia de un "tiro de cañón", los aventureros encontraron un gran edificio con una longitud de "250 pasos de fachada" al que se entraba por un gran portal y se subía por una escalera de piedra de varios colores. Terminaba en un gran salón rodeado de quince habitaciones, cada una con una fuente, amén de un patio con columnas circulares.

Uno de los exploradores, João Antonio, encontró entre las ruinas de una casa una moneda de oro con la imagen de un joven arrodillado en una de las caras y por la otra un arco, una corona y una flecha. Investigando mis archivos me topé con una foto publicada por el ya mencionado Jacques de Mahieu en su libro *Los templarios en América* donde muestra una moneda con características semejantes, pero de plata. Mahieu creía que los templarios fueron "socios" de los vikingos en la exploración de minas de plata en Bolivia y Brasil hacia el siglo XIV.

Cerca de la plaza corría un río ancho por cuyos márgenes aquellos hombres caminaron durante tres días hasta llegar a una enorme cascada. La fuerza de sus

***Chapada diamantina:* escenario ciclópeo que alberga varias ciudades perdidas.**

aguas se comparó con la del delta del río Nilo. Caían con gran estruendo y formaban un río tan ancho que "parecía un Océano". Entre las rocas que sobresalían, el grupo encontró una mole pétrea repleta de inscripciones labradas que "insinúan un gran misterio". Allí cerca localizaron piedras con vetas de plata.

Algunos días después de explorar en Iguatú, visitando la *Chapada Diamantina*, encontré una gigantesca cascada, la *Cachoeira da Fumaça*, cuya altura supera los 300 m y que podría ser la del enigmático documento.

Los últimos párrafos del manuscrito informan que había sido redactado en los *sertões* (zonas agrestes y despobladas) de Bahía, entre los ríos Paraoaçú (Paraguaçú) y Una. ¿Quién era el autor de aquella misteriosa carta? Algunos historiadores plantearon la posibilidad de ser una farsa bien urdida. No obstante, el importante historiador Pedro Calmón, en su libro *O Segredo das Minas de Prata* (Río de Janeiro, 1950) logró identificar al cronista: el capitán João da Silva Guimaraes, fallecido entre 1764 y 1766.

El manuscrito fue encontrado por un joven erudito, Manoel Ferreira Lagos (1816-1871), primer secretario perpetuo del Instituto Histórico y Geográfico Brasileño (IHGB). Estaba en las estanterías de la Biblioteca Pública de la Corte de Río de Janeiro y se reprodujo en 1839, en el primer número de la mencionada Revista del Instituto. Más tarde fue traducido al inglés y anexado a la obra *The highlands of the Brazil*, del famoso explorador británico Richard F. Burton.

Entre 1841 y 1846 el canónigo Benigno José de Carvalho e Cunha (1789-1848), socio corresponsal, se lanzó a la aventura de encontrar la ciudad perdida en Bahía, creyendo localizarla en el sur de la inexplorada sierra de Sincorá. Era un personaje curioso: portugués de Trás-dos-Montes, estudioso de lenguas orientales y ex-estudiante de matemáticas en la Universidad de Coimbra. Llegó a Brasil en 1834 y dedicó cuatro años de su vida a la búsqueda de las ruinas con patrocinio del IHGB y del presidente de la entonces provincia.

A partir de las informaciones de un viajero -que no se atrevió a penetrar por la tupida selva que cubría entonces las ruinas-, se infló de coraje y organizó su expedición. Los datos del viajero coincidían con los de los *bandeirantes*: Cerca había una gran cascada formada por el río Sincorá, en cuyas orillas se encontraban ricas minas de oro y plata. Los campesinos le contaron que la ciudad perdida fue destruída por un terremoto y que en ella había un dragón que devoraba intrusos.

Todo indica que el canónigo estuvo muy próximo a la ciudad, si es que no logró localizarla. En una de las cartas que envió al Instituto menciona a un hacendado y a su esclavo negro que habían estado en la ciudad perdida, cercana a un *quilombo*, es decir, una población de ex-esclavos fugados de sus amos. No obstante el hacendado no permitió que su éste acompañara al buen cura, ya aquejado por el paludismo, que hizo mella también entre los veintidós hombres que formaban parte de su expedición. Incluso las mulas no escaparon a las terribles fiebres. La falta de recursos financieros interrumpieron la empresa del religioso.

Aún a pesar del aparente fracaso de la larga búsqueda de Benigno, otro investigador del tema, Estelita Jr. aludió en la primera mitad de este siglo a los rumores que consideraban que el sacerdote había descubierto la ciudad. Sus superiores le prohibieron divulgar el descubrimiento ante la existencia de las minas de plata y de otras riquezas minerales en sus inmediaciones.

Más tarde, en 1880, Teodoro Sampaio, erudito y explorador de las tierras bahianas, alcanzó los paredones de la sierra donde encontró innumerables pinturas rupestres y formaciones geológicas que recordaban una ciudad de piedra. "No hay dudas"-anotó entonces- "el autor de la "Relación histórica..." de 1753 tuvo bajo sus vistas estos páramos... donde se escuchan estruendos y estampidos misteriosos, el cantar del gallo en los sitios oscuros donde jamás alguien penetró y pervive la tradición de las célebres Minas de Plata de Robério Dias..." (en *O Rio de Sao Francisco e a chapada Diamantina*, Bahía, 1938).

La búsqueda de la ciudad perdida aún sigue siendo, en pleno siglo XX, tema de muchas discusiones. El recientemente fallecido arqueólogo brasileño Aurelio de Abreu creía que en las mesetas y desiertos de Bahía aún se esconden muchas otras ciudades perdidas que esperan ser descubiertas y excavadas, algunas posiblemente obra de los incas. Otros investigadores han encontrado vestigios de tales ciudades, como los investigadores y escritores Renato Bandeira y Gabrielle D'Annunzio Baraldi. Pero eso es tema para otro libro.

¿Existen monumentos megalíticos en el sector oriental de Sudamérica? Esa es una duda que aún persiste entre los arqueólogos. Pero en 1996 fue descubierto un dólmen en la región que podría cambiar la interpretación de la prehistoria sudamericana.

Según su descubridor, el "cazador" de ciudades perdidas: Renato Bandeira, el dolmen de Paramirim se trata de un monolito de 8 metros de longitud, 2,10 de altura, 3,5 de ancho y pesa 120 toneladas, apoyado sobre tres pequeños pilares de piedra.

Está situado sobre una meseta exenta de vegetación a 914 metros de altura: la sierra de Sobradinho, piedra granítica. Organizó una expedición con científicos para investigar el monumento, que al parecer es artificial, aunque todavía se esté verificando la posibilidad de que la caprichosa naturaleza pueda haber "fabricado" el supuesto monumento.

"Otros dólmenes semejantes se han encontrado en Bretaña, en el oeste de Francia. Además el de Paramirim tiene orientación astronómica, de norte a sur. Existe otro semejante también en Brasil, en el estado de Santa Catarina. No puedo afirmar que los pueblos megalíticos de Europa estuvieran en sudamérica, pero quizá los antiguos habitantes de esta región elaboraron técnicas de desplazamiento y de levantar estas moles graníticas", me dijo.

Al autor junto a los muros de construcciones de piedra en Igatú.

Los cazadores de la región, que conocen la piedra, creen que tiene poderes y emanaciones sobrenaturales, especialmente curativas. Éstos son una creencia, o una posibilidad, que aún existe hoy día en Galicia y que ha sido investigado a fondo por Tomás (Tomé) Martínez, autor del libro *El secreto de Compostela.* Ed. Bellbook, Ourense, 1999.

Junto con este estudioso participé de la expedición *Noite de Pedra*, en la región gallega, para filmar un video documental (Tomás logró descubrir varios petroglifos no publicados ni registrados por los arqueólogos). En Muxia conocimos a la *pedra dos cuadris*, una formación que presenta una oquedad en su base. Reza la tradición que aquel que la atraviese podrá conseguir paliar o curar sus males físicos.

Una vez más nos encontramos con tradiciones universales que relacionan las piedras con extraños poderes. Criaturas vivas se han transformado -según los mitos- en estatuas, piedras que se mueven como si fueran dotadas de vida y las que emanan fluídos de todo tipo o incluso aquellas que levitan. Son esencia de lo eterno es, sin duda, el elemento que auna en torno a sí el mayor número de misterios de la humanidad.

SÃO LUIS
Ilha do
Cajú
Parque Nacional dos
Lençois Maranhenses
MARANHÃO
PARNARAMA

XII

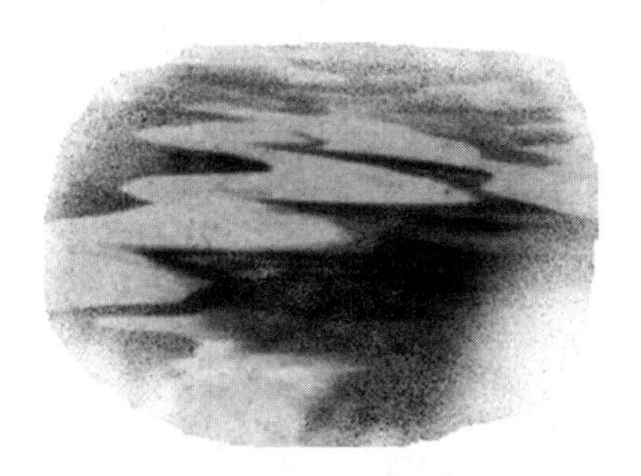

MARANHÃO:
LAS DUNAS GIGANTES Y
LA FUENTE DE LA JUVENTUD

MARANHÃO ES UN ESTADO repleto de sorpresas para el viajero que busca nuevos horizontes en regiones aún poco "saqueadas" por el turismo. En este territorio de 329.556 kms^2 existen todos los contrastes que las zonas tórridas permiten: existen islas como la de los Mares del Sur o el Caribe. Allí resisten al tiempo historias de piratas, naufragios y tesoros enterrados. La música de varios grupos de *reagge* locales, que sazonan el ritmo jamaicano con peculiaridades brasileñas, acercan aún más este estado a sus hermanos caribeños. El tono de piel -herencia africana- también nos revela el origen común de ambos pueblos.

Bajo estos ritmos hipnóticos saltan a la vista detalles insospechados de un lugar que empieza a explorarse por su variopinta costa. Allí se concentran inmensos pantanos, manglares, selvas y dunas como las del desierto del Sahara y una gran cantidad de fenómenos anómalos que serían la envidia de Charles Fort, autor de *El libro de los condenados.*

Esta región, prácticamente inhabitada, es escenario de fenómenos insólitos desde hace varios siglos y son frecuentes las apariciones de hombres con cabezas enormes, luces voladoras como las del "jeep fantasmal", huellas de una extraña criatura que podría tratarse de una especie de abominable-hombre-de-los-pantanos, un pequeño "Triángulo de las Bermudas" en las proximidades de la isla del Cajú y hasta se habla de antiguas posesiones fenicias en aquellas tierras.

Empecé el viaje por São Luis, la encantadora capital colonial de Maranhão -recientemente declarada Patrimonio de la Humanidad por la Unesco-, con su cálido ambiente tropical. Fue fundada en una isla por los franceses, que la levantaron sobre la aldea de los indios tupinambás Upaon-Açu en 1612 y recibió su nombre en homenaje al rey galo Luis IX que soñaba con crear la Francia Equinoccial.

El dominio francés duró muy poco: tres años, luego fueron expulsados por los portugueses. De los franceses sólo queda hoy una estatua en la capital, la de su fundador Daniel de La Touche, o monsieur La Ravardiere. En 1641 la ocuparon los holandeses y tres años despúes recuperaban nuevamente los portugueses su dominio. Según el historiador Cláudio Tsuyoshi Suenaga[1], creció con prosperidad y se construyeron túneles subterráneos para canalizar aguas residuales.

Por estos túneles los religiosos escapaban durante los ataques enemigos. Muchos estaban conectados a las iglesias y monasterios de São Luis y formaban un gran círculo subterráneo donde, según una leyenda, vivía y vive una serpiente gigantesca. Se vaticina que, el día que la bestia se muerda su propia cola, la ciudad se hundirá irremediablemente.

En su biblioteca municipal encontré algunos documentos coloniales que hablan de una batalla librada en el Fuerte de Santa María Guaxenduba -construido parcialmente por los españoles- entre portugueses y franceses en el siglo XVII. Cuando los lusos ya se sentían sin fuerzas, a punto de entregar las armas, se les apareció una mujer en el cielo, envuelta por un aura resplandeciente. Acto seguido la pólvora de los franceses se transformó en arena y los guijarros en manos lusitanas en proyectiles. A causa de la victoria portuguesa, la santa fue bautizada como Nuestra Señora de la Victoria, hasta hoy patrona de la ciudad.

En su frente se encuentra la isla y villa de Alcántara, famosa por albergar ricas haciendas y multitud de esclavos africanos durante el período colonial. Allí ocurrieron diversos casos de avistamientos OVNI entre finales de los 70 y principios de los 80. En la misma isla está el "cabo Cañaveral" brasileño, la base de lanzamiento de cohetes de Alcántara, cuya posición privilegiada cerca del ecuador la hace codiciada por varios países para lanzar sus satélites con menos dispendio de carburante.

Mi amigo marañense Carlos Alberto Martins y yo subimos a una avioneta en el aeropuerto. Ibamos a cometer una locura: volar hasta el pueblo de Barreirinhas, a unos 370 km de distancia, y de allí, cruzar en un jeep más de 120 km de dunas de textura sahariana, colindantes al Parque Nacional dos Lençois Maranhenses. Llegaríamos así a la ciudad de Tutóia donde tomaríamos un barco hasta la legendaria isla del Cajú.

Volando en la avioneta descubrí por qué no hicimos el recorrido hasta Barreirinhas por tierra: la carretera sin asfaltar estaba cortada por pantanos y cráteres, un sobrecogedor paisaje marciano. Al acercarnos al Parque Nacional vimos las gigantescas dunas amarillentas, a veces manchadas por otros tonos más oscuros y salpicadas por lagunas de un intenso color azul turquesa.

El pueblo parecía anclado en el tiempo. Casas de adobe, calles tranquilas llenas de arena donde pasean camionetas, caballos, burros y bueyes, y dunas que invaden plazas y hasta el patio de algunas casas. Fue allí donde encontramos a

1. En su escrito inédito *Teratologia ou criptozoologia*, São Paulo, 1998.

Carlos Alberto Araújo, al que llaman Carlitos, un señor de unos 50 años que conoce bien las dunas que cubren un territorio tan grande como la comunidad de Madrid y el área metropolitana de Barcelona juntas.

- "Por la noche no es difícil que se vea el jeep fantasma o el *caburé*. Aparece en medio de las dunas, donde nadie suele conducir o viajar, porque resulta casi imposible. Una de las veces que pude verlo se acercó con sus dos faros muy azules y deslumbrantes que iluminaron todo a su alrededor como si fuera de día. Cuando ya estaba muy cerca de mí pensé que iba a ser atropellado, pero las luces se apagaron y aquello desapareció", nos contó.

Algo más insólito fue lo que el mismo testigo vio hace algunos años también en la región de las dunas.

-"Yo cazaba los venados que se esconden entre algunos matorrales en la periferia de las dunas cuando ví una especie de luz suspendida en el aire. Parecía la

Vista aérea de las dunas del Parque Nacional de Lençois Maranhenses.

punta encendida de un cigarro, de color rojo-anaranjado a unos 100 m de mí. Grité para ver si me contestaban, pues podía ser algún cazador como yo agazapado en la oscuridad. Todo se mantuvo en silencio, pero después la luz empezó a aumentar de diámetro y llegó al tamaño de un balón de futbol. En seguida empezó por alargarse horizontalmente y después en la vertical a partir del centro. Formó una cruz en el aire. Asustado me arrodillé y empezé a rezar, pues creía que era una señal de Dios. Entonces ya había cambiado de color, se había puesto de un azul muy intenso. La cruz fue encogiéndose a partir del centro hacia las puntas hasta que al cabo de pocos segundos quedaron cuatro bolas suspendidas, o sea, los extremos de la cruz, y se juntaron en un mismo punto formando otra bola. Eso duró poco, pues al rato se apagó. Volví a casa aquella noche sin cazar nada. Al día siguiente me desperté con mucho dolor de cabeza...", recuerda aún asustado Carlitos.

Un cuñado del entrevistado vio en un campo de *carnaúbas* (especie de palmera) cercano a las dunas una luz que clareó todas las palmeras. El hombre sacó su revólver y se dispuso a disparar, pero en el acto la luz se apagó. Continuó contando Carlitos que en la localidad de Morro Alto aparecieron algunas luces que indirectamente hirieron algunas personas que, despavoridas, corrían y tropezaban.

Un grupo de pescadores a orillas del río Mangueiras me habló de una bola de luz a la que llaman *batatão.* Suele aparecer durante el invierno cerca del río y parece a una "calabaza llena de agujeros por donde se cuela la luz". En su libro *O matuto cearense e o caboclo do Pará.* Belém, 1930, el folclorista José Carvalho menciona fenómenos semejantes a los vistos por Carlitos, al igual que otros objetos que dan la impresión que van a chocar con las víctimas.

Carvalho -mucho antes de que los OVNIs se pusieran de moda- narraba en su rara obra que existían "objetos semejantes a lanchas y embarcaciones fantasmas iluminadas, que navegaban por los ríos cercanos a Belém, en el estado de Pará" y que se acercaban a los barcos por la noche haciendo cundir el pánico. Los pilotos desviaban sus naves pero de repente el "barco fantasma" desaparecía.

Aunque similares a las dunas del Sahara, las del Parque Nacional de Lençóis pueden tener más de 30 m de altura y poseen una humedad 300 veces mayor que las africanas. En verano se forman lagunas entre las arenas que dan cobijo a una fauna muy especializada -peces, aves y venados- que atrae a los últimos pueblos nómadas de Brasil que allí montan sus cabañas de paja. Al iniciar nuestro viaje en todoterreno entre Barreirinhas y Tutóia, en la costa, vimos varios bohíos abandonados, semi-enterrados por la fuerza de las dunas.

Los pocos místicos que se han aventurado por aquellos parajes dicen que la región está imbuída de una gran energía. De todas formas creo que fue esa "energía" la que nos salvó a Carlos y a mí, por lo menos, en dos ocasiones. El conductor de nuestra camioneta, sintiéndose la reencarnación de Airton Senna, casi volcó el vehículo al acelerar peligrosamente sobre la arena, aunque procuraba bordear las dunas más altas y rodar en suelo más compacto.

Al cabo de cinco horas llegamos a Tutóia, en la desembocadura del río Parnaíba, para subirnos en un viejo remolcador que nos llevaría a la Isla do Cajú. Aquel pueblo aparentemente normal posee una historia curiosa. En los años 20, el filósofo y arqueólogo amateur austríaco Ludwig Schwennhagen recorrió parte del territorio norte y noreste de Brasil y escribió un libro llamado *Antigua historia de Brasil, desde 1100 a.C. hasta 1500 d.C.* Teresina, 1928.

El explorador dedujo que el nombre "Tutóia" deriva de "Tur-Tóia" o "Troya", la famosa ciudad de Asia Menor descrita en *La Ilíada* de Homero. El nombre "Tur" vendría de una ciudad fenicia homónima. Schwennhagen creía que los fenicios arribaron a Brasil hacia el 1100 a.C., entrando por el delta del río Parnaíba y se instalaron en su actual emplazamiento.

Para sostener la tesis, el austríaco decía que los primeros colonizadores portugueses habían encontrado antiguas murallas cerca de la aldea de los indios tremembés, donde se construyó la ciudad. Otro importante historiador ,Varnhagen, opinaba que aquellas piedras o restos de murallas se construyeron bajo las órdenes de Antonio Cardoso de Barros, primer gobernador y colonizador de la región.

Sin embargo, la corta permanencia de Cardoso y de sus hombres en el delta derriba la teoría de la fortificación en tiempos coloniales. Además los restos de murallas presentaban piedras pegadas con mucho esmero, con características muy distintas de las fortificaciones portuguesas de la época.

Según Schwennhagen, los fenicios habían exportado al Mediterráneo -incluso a España- minerales, sustancias químicas y maderas de ley. A lo largo del río Parnaíba, que discurre por el estado de Piauí, se encontraron canales artificiales precolombinos muy semejantes a los del río Nilo en la época de los faraones. La isla donde está São Luis fue el segundo puerto más importante de los fenicios en el antiguo Brasil.

Un importante cronista de la época de la ocupación francesa (siglo XVI) en Maranhão, fray Claude d'Abbeville, escribió una crónica donde describía los avanzados conocimentos astronómicos de los indios tupinambás de aquél estado, al contrario de los demás pueblos indígenas de Brasil. Ludwig Schwennhagen atri-

Vista aérea de las dunas del Parque Nacional de Lençois Maranhenses.

buyó estos conocimientos a influencias de sabios de la antigua Caldea (situada en Mesopotamia) que viajaban a bordo de embarcaciones fenicias.

Los restos más palpables de los antiguos fenicios en Maranhão podrían estar en los pantanos situados al sudoeste de São Luis, a lo largo del río Pinaré, y en las orillas del lago Maracu donde a finales del siglo pasado se encontraron restos petrificados de construcciones palafíticas y pequeños muelles.

En las orillas de los ríos Gurupi e Ireiti, siempre según Ludwig, se han encontrado vestigios de explotaciones auríferas precolombinas, con base en la aldea de Carutapera (el prefijo "Car" viene del idioma de los indios tupis y significa hombre blanco). Desde el siglo pasado nadie ha vuelto a excavar y a estudiar la región ampliamente.

Salimos de Tutóia acompañados por Mario Sánchez Timirao, un gallego treintañero, que se dedicó durante varios años a explorar los lugares más recónditos del mundo y encontró el paraíso terrenal en la Isla do Cajú (anacardo) en pleno delta del río Parnaíba. Este es uno de los cuatro que existen en todo el mundo en mar abierto (Nilo, Mekong y Mississipi) y se compone de más de 80 islas en un área de 2.700 km^2.

Durante más de dos horas navegamos por canales formados por islas de frondosa y tupida vegetación tropical y manglares. Garzas y pájaros semejantes a los ibis de Egipto volaban sobre nuestras cabezas. La isla de Cajú pertenece a una familia de origen inglés, los Clarck y está habitada sólo por unas 50 personas, la mayoría ganaderos. Tratada como una reserva natural, se aprovecharon las ruinas de una antigua misión jesuíta para montar una hospedería ecológica, regentada por Mario Sánchez.

Al igual que sus antepasados que allí estuvieron buscando la "Fuente de la Juventud" -según leyendas turbias que todavía hoy existen en la región, encontró allí un lugar tranquilo y lleno de misterios.

Ya en la hospedería, mientras sonaba en su radio-cassete una música del *Último de la Fila*, nos dijo:

-"Aquí hay muchos barcos hundidos, antiguos galeones portugueses, españoles, franceses e ingleses. Parece que esto fue un antiguo Triángulo de las Bermudas que se tragaba todo. Todavía hoy se habla de tesoros y de fantasmas que surgen en las playas vistiendo ropas de antaño".

Se sabe, a ciencia cierta, que el navegante portugués Nicolao de Resende perdió una importante carga de oro hace más de 400 años en las costas de la isla. Algunos lugareños me contaron que por la noche ven en la isla una bola amarilla que se mueve por el cielo. Dicen que es una "alma en pena" que intenta señalar donde está hundido el oro. Algo semejante ya había oído en las selvas de Huimanguillo, en México y en el sur de Brasil, a más de 3000 km de distancia.

Un ganadero me dijo que en la isla había un cementerio indígena, donde se han visto espectros fantasmales por la noche. Los antiguos habitantes de la isla eran los indios tremenbés, catequizados por los jesuitas a partir de 1660 y expulsados por el ministro portugués, Marqués de Pombal, hacia 1758. Antes, en 1728, los lusos habían enviado tropas a la isla. Borraron del mapa a los indios en brutales masacres de las que no escaparon niños ni mujeres.

-"Existe una leyenda que reza que los *pajés* o chamanes de los tremenbés, ante el exterminio de su pueblo lanzaron una maldición contra Tutóia, la principal villa colonial de los portugueses, según la cual la ciudad sería enterrada lentamente por las dunas", nos contaba Mario; y parece que la maldición se está cumpliendo, pues las arenas realmente se tragan paulatinamente sus calles.

Me subí en una canoa rumbo a la aldea de Carnaubeiras, a unas tres horas de viaje en la costa de Maranhão, donde debía encontrar a José Alves, un anciano que es la memoria viva de aquel sitio y que me podría hablar sobre extraños casos ocurridos. Uno de los ocupantes de la canoa era José Lima, cuya aparencia de pescador ocultaba su condición de miembro de la Fraternidad Blanca.

-"El pueblo posee una estatua de San José dentro de una iglesia del siglo XVIII. Hace algunos años cayó un rayo, justo sobre el altar donde había otras imágenes de santos. Pero la única que quedó intacta fue la de San José. Curiosamente sus atuendos son de color violeta, al igual que los colores que representan al conde de Saint Germain...", me comentó José Lima.

Parajos contra las dunas del Parque Nacional de Lençois Maranhenses.

Cuando llegué al aislado pueblo, José Alves -77 años- me dedicó tres largas horas para contarme extraños fenómenos ocurridos en la isla do Cajú y en el delta del Parnaíba.

- "No son leyendas", me advirtió. "Puedes preguntar a otras personas sobre lo que te voy a contar y te lo confirmarán. Hasta hace algunos años se nos aparecía el *cabeça de cuia* (en castellano "cabeza de calabaza"). Asustaba a los pescadores en sus canoas. Surgía de debajo del agua y zarandeaba las embarcaciones. Tenía la cabeza grande, como una calabaza y grandes ojos de fuego. Raramente se le veía el cuerpo, pero era pequeño. Muchos lo han visto, yo mismo lo vi en el río cuando tenía unos 16 años. Al crepúsculo estaba remando en mi canoa, cargado de cocos. Mi remó tocó algo duro: entonces ví aquella cabeza desproporcionada en el agua totalmente calva, con sus grandes ojos. Intentó voltear la canoa pero no pudo. Me puse a remar como un loco".

Llegué a ver varias estatuas o tallas de madera del "cabeza de calabaza" en las casas de los pescadores. Me quedé anonadado ante la semejanza de la criatura con...¡ET! Su historia está registrada en libros de folclore del siglo pasado y no parece que sea por influencia de las actuales películas de OVNIs y extraterrestres...

José me confirmó la existencia de luces no muy grandes que persiguen a los ganaderos de la isla do Cajú que describió como "antorchas de fuego azul que lo iluminan todo a su alrededor" y que se relacionan con tesoros escondidos.

El anciano también me habló sobre una desconcertante entidad invisible a la que llaman *pé de garrafa* ("pie de botella") a raíz de las huellas que deja en el suelo, que tienen esa aparencia.

-"Nadie consigue verle. Sin embargo sus gritos, siempre nocturnos, son espeluznantes, por eso le llaman 'el gritador'. Lo único que se ve de él son las pisadas distintas de cualquier animal. Hasta hoy no ha atacado a nadie", me dijó.

Según la descripción, las huellas se parecen a las del famoso *mapinguary*, que podría ser una especie de perezoso prehistórico oculto en las selvas de la amazonia. En el folclor vasco existe un hombre salvaje (el Alabari) cuyo pie izquierdo deja una huella redonda.

Isla de Cajú.

El 16 de septiembre de 1995 hacia las 19:30 horas, las selvas del Maranhão temblaban con el impacto de un objeto cósmico. En un radio de 100 km, miles de personas vieron una bola de fuego desplomándose rápidamente desde el cielo. El objeto desconocido había abierto un cráter de 8 m de diámetro por diez de profundidad en tierra arenisca y se hallaba enterrado entre escombros.

Un mes y medio después, yo mismo organizaba una expedición para llegar al cráter junto con Amauri Ribeiro, profesor de ingeniería de la Universidad Federal de Piauí y el geólogo Reinaldo Coutinho. Casualmente el objeto había caido en las tierras de Amaurí, en la hacienda Bacaba, una región selvática cercana a la villa de Parnarama, donde en los años 80 se habían producido una serie de muertes de cazadores en circunstancias extrañas.

Todos los testigos coinciden en que los hombres murieron por los rayos disparados por las luces asesinas que popularmente son llamadas de "chupa-chupa" a causa de que se suponía que succionaban la sangre de sus víctimas.

Parecía extraño que un meteorito *escogiese* justo la zona de Parnarama para chocar. Las primeras sospechas apuntaban que podría tratarse de uno de aquellos OVNIs asesinos que aún seguían causando estragos aunque ahora sin producir víctimas mortales.

En efecto, varios peones del profesor me aseguraron que en fechas recientes al impacto aún se avistaban lo que ellos también llaman *apareio* (aparato) que, en muchas ocasiones, se asemeja en forma y tamaño a una "nevera voladora". Y aún más: el presunto meteorito había caído casi perpendicularmente al suelo y no oblicuamente como suele ocurrir.

Durante la expedición que realicé (en diciembre de 1995) pude entrar en el cráter que estaba siendo excavado bajo las órdenes del profesor Ribero y Wilton Carvalho, el más conocido de los "cazadores de meteoritos" de Brasil. En el fondo, que había sido excavado algunos metros de profundidad, encontré la tierra más levantada en el centro, confirmando la caída de un objeto.

"Hasta noviembre de 1995 habíamos excavado hasta unos 20 m de profundidad con medios muy rudimientarios sin encontrar el objeto. Según Wilton, que empleó un dectetor de metales, el objeto debía estar a gran profundidad a causa de la velocidad del impacto. Por otro lado, hallamos un entramado de túneles subterráneos, probablemente de origen natural", me comentó recientemente Amauri Ribeiro en mi segunda visita a la región de Parnarama.

Pueblos de la región de las dunas de Maranhão.

São Luis, capital de Maranhão.

Las excavaciones, desde entonces, estaban interrumpidas a causa de las intensas lluvias que amenazaban con derrumbes y dificultades de transporte por la zona. Fueron reanudadas a mediados de 1996.

"Tuvimos muchas dificultades y Wilton y yo desembolsamos casi 20.000 dólares para desplazar una grúa y otros equipos dentro de la selva. A 28 m de profundidad encontramos la base dura del suelo de arenisca. Desgraciadamente, en octubre de 1996 hubo un derrumbe que casi mató a uno de los peones que se salvó al saltar para dentro de un nuevo túnel que se había encontrado. El dinero se acabó y no tenemos como reanudar el trabajo. Estamos intentando ver si alguna universidad extranjera se interesa por el rescate del objeto", me explicó Amauri

Pero ¿sería realmente un meteorito lo que cayó en Parnarama? El propio profesor me confesó sus sospechas, diciéndome que podría ser un "chupa-chupa" que se hubiera estrellado en su hacienda.

En Salvador, capital de estado de Bahía, entrevisté a Carvalho, quién me confirmó que el objeto caído en Parnarama poseía características distintas de las de un meteorito. "Descendió con un ángulo casi perpendicular al suelo al contrario de otros objetos, que caen casi oblicuamente. Los árboles lo atestiguan, pues alrededor no hubo ninguna destrucción, sólo en el mismo área del cráter que hemos cubierto con un tejado de hojas de palmera para protegerlo de las lluvias".

Otro dato exclusivo de la hipótesis meteórica es que había un cazador sobre un árbol que vio el objeto caer a unos 120 m de donde estaba. Según su relato y el de otras personas, en un radio de pocos kilómetros vieron una bola de fuego y sintieron un fuerte estruendo. "Lo raro es que hayan visto "fuego". Estos cuerpos emiten luminosidad al entrar en la atmósfera, cuando el roce produce una ionización a su alrededor, pero cuando llegan más cerca de la superficie la luz se apaga y el objeto pierde velocidad. El que cayó allí debía ir más rápido de lo normal y seguía incandescente", me dijo el "cazador" encogiendo los hombros en actitud pensativa.

Wilton Carvalho solicitó un estudio del cráter por parte del centro de *Pruebas de Recursos Naturais*, una institución gubernamental. Fueron realizadas geofísicas de gravimetría y magnetometría, pero no se detectó ningún objeto puesto que tendría que ser muy grande para que los instrumentos lo captasen. Faltaron otras pruebas importantes, como el de resistencia del suelo o especialmente el uso de un rádar especial para localizar el objeto en el subsuelo.

"Creo que lo que cayó allí debe pesar entre 200 o 300 kg. Puede estar a 50, 70, 100 o más metros de profundidad, según la velocidad de caída y la masa. Quizá nunca lo encontremos, pero tenemos esperanza de volver a excavar con apoyo de alguna institución", concluyó.

ARCHIPIÉLAGO DE FERNANDO DE NORONHA

XIII

PERNAMBUCO: HOLANDESES, ATLANTES Y LA ISLA ENCANTADA

PERNAMBUCO SUENA a lugar lejano. De cara al Atlántico, mirando a África y Europa, señala también los misterios de una isla en sus aguas territoriales, Fernando de Noronha, que algunos interpretan como los picos más altos de la Atlántida, escapados al cataclismo, a la inmersión. Ejemplos parecidos tenemos en las islas Canarias, Cabo Verde, Madeira y Azores, todas ellas consideradas vestigios del desaparecido continente.

Ligeramente más grande que Portugal, Pernambuco surgió como mezcla de las culturas lusitana, holandesa, africana e indígena. Recife, la capital de estado, fue entre 1630 y 1654 la sede del Brasil holandés. El conde Juan Mauricio de Nassau, gobernante y funcionario de la Compañía de las Indias Occidentales, una de las primeras multinacionales de la historia, era un erudito que decidió construir una urbe con todas las cualidades de las mejores que existían en Europa.

Empezó por hacer puentes, diques y canales en una isla de 100 hectáreas. Hoy `39 viaductos y muchos canales hacen de Recife la "Venecia brasileña". El excéntrico Nassau ordenó inclusive la construcción de grandes palacios, jardín botánico, zoológico y hasta un observatorio astronómico y meteorológico (el primero de América), todo un lujo para su época.

En la Mauristsstad, es decir, la "Ciudad Mauricia", se fundó la primera sinagoga de las Américas. Cuando los portugueses expulsaron a los flamencos, se llevó a término un acuerdo: los vencidos no destruirían sus bienes muebles e inmuebles a cambio de que se llevaran sus riquezas personales. Luego pusieron rumbo a norteamérica, donde con esas riquezas compraron a los indios la isla de Mana Hata para fundar otra ciudad... la que hoy es Nueva York, ¡en la isla de Manhattan!

La playa más famosa de la ciudad de Recife -que hoy tiene más de 3 millones de habitantes- es la de Boa Viagem, un lugar donde la gente acomodada se tumba en sus arenas, algo semejante a Copacabana, en Río de Janeiro. Su centro histórico y su parte moderna revelan que Recife es una ciudad con suficiente elegancia y bullicio para todos los gustos.

También son famosos sus barrios palafíticos, los *mocambos*, donde se aglomeran centenares de miles de personas que no tienen de qué vivir. Son las zonas de manglares, o *mangues*, que inspiraron un género musical singular en los años 90, el "mangue-beat", campo para los que buscan nuevas fórmulas.

Al sur de la ciudad está el Porto de Galinhas, en Ipojuca, una de las mejores playas del estado y punto obligado de los turistas nacionales y extranjeros. Pero prácticamente pegada a Recife está Olinda, la *joia* colonial del noreste brasileño, declarada Patrimonio de la Humanidad por la Unesco. Fundada entre 1535 y 1537 cuenta con la segunda iglesia más antigua del país. Sus caseríos coloniales están pintados de varios colores y se levantan sobre las muchas colinas de la ciudad, entre calles estrechas, tortuosas y empedradas.

El conde holandés Mauricio de Nassau, gobernador de las posesiones holandesas en Pernambuco en el siglo XVII.

En Olinda se celebra un famoso carnaval que, a diferencia del de Río de Janeiro, los participantes bailan y se divierten en las calles al ritmo de grupos musicales que tocan sobre un camión (llamados Tríos Elétricos) que se desplaza lentamente. Lo mismo ocurre en Recife con la misma euforia. El carnaval de Olinda tiene la peculiaridad de incluir los *bonecões* en las festividades, que llegan a alcanzar hasta siete metros de altura. A 120 km se encuentra la pintoresca ciudad de Caruaru, que la Unesco reconoce como el mayor centro de artesanos del continente. Su feria callejera de manufacturas artesanas se exhibe en más de 5.000 kioskos donde se venden los objetos cerámicos. A 50 km está Nova Jerusalém, sede del mayor teatro al aire libre del mundo. Allí se celebra la Semana Santa con la puesta en escena de la pasión de Cristo, un espectaculo monumental con más de 500 actores.

Cerca de Recife existía una enigmática roca redonda, la Pedra da Moça, mencionada por el escritor Alfredo Brandão en un artículo publicado en la *Gazeta*

de Alagoas[1] del 24 de diciembre de 1934 donde decía que "...es una roca de constitucción granítica, de 6 a 8 m de altura y de forma redondeada. En el lado que mira hacia el ingenio (de caña de azucar), se ve perfectamente grabada la imagen de una mujer con cabellera negra, frente ancha y una corona, en un amplio manto que baja hasta la base de la piedra, percibiéndose moldeadas con primor, las protuberancias de los senos y una parte del brazo y del hombro. La totalidad del grabado presenta en sus líneas el tipo característico de elegancia y belleza griegas... era una figura de una diosa de los atlantes".

A la lista de criaturas desconocidas, extrañas o raras que publica este libro añadimos un nombre más: el titi (*sagüi*) albino, primo del famoso Copito de Nieve, gorila albino del Zoo de Barcelona. Rarísimos, fueron encontrado seis ejemplares -todos machos- en un tramo aislado de la Mata Atlântica dentro de la "Usina" de azúcar de São João, en el municipio de Limoeiro, a 87 km de Recife.

El fenómeno genético del albinismo entre estos pequeñitos primates está siendo estudiado por científicos de la Universidad Federal Rural de Pernambuco.

Isla de Fernando de Noronha (costas de Pernambuco): Peñón Pico, donde ocurren extraños fenómenos lumínicos.
Foto: Joao Tavares, Empetur.

Que se sepa, sólo existe un ejemplar albino de *titi* en el Centro de Primatología de Río de Janeiro y otro hallado en Bahía en 1960 pero murió.

A 545 km de Recife y a 300 del Río Grande del Norte, está situado el archipiélago de Fernando de Noronha. Se trata de un conjunto de 21 islas, islotes y rocas que ocupan un área de 26 km^2. La principal isla (con 17 km^2), bautizada con el mismo nombre del archipiélago, es la única habitada. En 1991 había allí 1.660 personas, la mayoría militares y sus familiares. Desde 1988 pertenece, legalmente, al territorio de Pernambuco.

1. Mencionado por Johnni Langer en su artículo "A Esfinge Atlante do Paraná", en la revista *História: Questões & Debates*, Curitiba, v.13, julio/diciembre de 1996.

Las islas son, en realidad, la cumbre de una gran montaña submarina de origen volcánico cuya base se encuentra a 4.000 m de profundidad y posee un diámetro de 60 km. La elevación mayor sobre el agua es el *Morro do Pico* con 321 m. En este *morro* (cerro) ocurre un fenómeno del que hablaremos más adelante. Se llegó a conjeturar que las islas serían restos del continente perdido de la Atlántida, situada tan sólo a 4 grados bajo la línea del Ecuador planetario.

Documentos históricos prueban que el archipiélago fue una de las primeras tierras localizadas en el llamado Nuevo Mundo por navegantes europeos. En la carta náutica del navegante español Juan de la Cosa de 1500 y del portugués Alberto Cantino, de 1502 aparece el conjunto isleño.

Pero oficialmente su descubrimiento sólo aparece rubricado en 1503 por el famoso geógrafo Américo Vespucio, mientras se llevaba a cabo la segunda expedición exploradora de las costas brasileñas. Ésta fue financiada por el hidalgo lusitano Fernando de Loronha, un cristiano nuevo a quién se le adjudicó la explotación del "pau-brasil", la madera de color rojo que abundaba en territorio brasileño.

La expedición de seis naos era comandada por Gonçalo Coelho, cosmógrafo y navegante de primer orden. Debía ser, salvadas las distancias en el tiempo, algo semejante a una misión de reconocimiento a otros planetas habitados. Coelho, hombre de confianza del monarca luso Don Manuel, debería, además de cartografiar las costas brasileñas, estudiar costumbres indígenas, transportar colonos (nuevos cristianos) y enseguida tomar rumbo a la India, al otro lado del globo.

Al mecenas de la expedición, Fernando de Loronha, en gratitud por su inversión, se le ofrecieron las islas que acto seguido se transformaron en las primeras Capitanias Hereditárias de los portugueses en sudamérica. Lo anedóctico es que éste nunca puso un pie en el archipiélago y que además no tuvo ningún interés en colonizarlo. Por eso, aquellas tierras de pocos kilómetros cuadrados fueron ocupadas temporalmente -sin mucho empeño, valga decir- por franceses (1556, 1558, 1612 y 1736), holandeses (de 1639 hasta 1654) y por ingleses (en 1534).

De una vez por todas, los portugueses lograron expulsar a los franceses en 1737, enviando embarcaciones desde la capitanía de Pernambuco. Quizá para compensar el olvido de décadas anteriores decidieron de golpe y porrazo construir ¡diez fortalezas en la isla principal! El más importante fue el Fuerte dos Remédios en cuyo entorno se formó la villa de Nossa Senhora dos Remédios. Desde entonces pasó a ser una especie de Alcatraz o Isla del Diablo, albergando una penitenciaría para presos comunes.

A partir de 1938, el dictador brasileño Getúlio Vargas instala un presidio político. En 1940 la escasa vegetación de la isla fue talada por los condenados para construir embarcaciones que les permitieran fugarse. En 1988 se transformó en un Parque Nacional Marino para proteger la fauna, flora y recursos naturales.

Hoy en día el turismo está controlado para evitar el deterioro del medio ambiente. Hay que solicitar permisos especiales de visita y tasas que oscilan entre 25 dólares para dos días de visita y 1.200 para 30. Sólo existe un hotel, el Esmeraldo do Atlántico, aunque el viajero tiene el recurso de las "hospedarias domiciliares" que suman hoy unas 70 casas de familiares.

El fenómeno-leyenda más popular entre los habitantes de la isla es una luz denominada *Alamoa* que emerge sobre el ya mencionado *morro do Pico* por las noches o, a veces, en las playas. Reza la leyenda que en las vísperas de tormenta se aparece a los presidiarios-pescadores que campan por las solitarias islas la silueta de una mujer "linda, desnuda y rubia", que baila en la playa iluminada por los relámpagos.

La creencia en "damas blancas" todavía pervive en España, especialmente en Cataluña y Baleares, como lo recuerda Jesús Callejo[2]: "suele aparecerse en lo alto de las montañas en las noches de viento huracanado, envuelta en una túnica blanca, con una luz en la mano y cabellera alborotada por las ráfagas de aire". Los payeses catalanes, al contrario de los brasileños, eran más púdicos y la visten.

Vale mencionar lo que dice el escritor Mário Melo en su libro *Arquipélago de Fernando de Noronha*, Recife, 1916: "Una de las leyendas se refiere al Pico. En el alto del peñón aparece una luz peregrina -alma errabunda de una bella francesa, algunas veces encarnada en ser humano. La vieron los presidiarios a los que ofreció un tesoro. Cierto día uno pescaba solito al oscurecer. Sintió que estiraban del anzuelo. Levantó la caña. Era el rostro de la francesa en cuerpo de sirena. Echó a correr y la visión le dijo "miserable" por no haber querido desenterrar el tesoro. Y la luz habrá de vivir en el Pico, como fuego fatuo, hasta que un día alguien se haga con el oro que el espíritu guarda".

Ahondando un poco más en el asunto, por su curiosidad, menciono también a otro escritor, Olavo Dantas. En su libro *Sob o céu dos trópicos*, Río de Janeiro, 1938, refiere que la isla en remotos tiempos era un "lindo reino encantado" donde vivia un bella princesa. Al igual que la Atlántida y otras tierras legendarias, tal reino empezó a desaparecer: "sus palacios fueron convertidos en masas negras de basalto. Los salones suntuosos, como los de Cleopatra, fueron transformados en rocas. Pero el alma en pena de la reina rubia aún vive en la isla. Su soberbia mansión se fue metamorfoseando en el Pico. Y hoy su sombra deambula por los cerros y playas de la isla".

Más adelante Olavo Dantas menciona algo que me dejó perplejo. "Los viernes la piedra del Pico se hiende y en el llamado *portal* aparece una luz. El alma vaga por las inmediaciones. Siempre atrae mariposas y viandantes. Se acercan y ven una mujer rubia, desnuda como Eva antes del pecado. Su niveo cuerpo está mal tapado por la cabellera rubia que se extiende casi hasta el suelo". Montañas que se abren y de su interior salen OVNIs, ya lo había registrado el escritor e investigador histórico Altino Berthier Brasil en sus andanzas por São Gabriel da Cachoeira (AM) durante una conversación con un viejo *pajé*.

Y sigue Olavo Dantas con su interesante relato comparativo diciendo que el "enamorado viandante entra en el *portal* del Pico creyendo haber llegado al palacio de Venusberg, para disfrutar de las delicias de aquel cuerpo facinante... La ninfa de los cerros se transforma en una calavera baudelairiana. Sus lindos ojos, que tenían el brillo de las estrellas, son dos agujeros horripilantes. La piedra luego se cierra nuevamente sobre el loco apasionado: desaparece para siempre. La angustia de sus últimos gritos resuena durante muchos días por los flancos del Pico, escapándose por las profundas hendiduras del cerro y mezclándose al aullido de los perros y el ulular de los vientos del sudeste", y póngase a temblar con razón, amigo lector.

2. En *Los dueños de los sueños: ogros, cocos y otros seres ocultos*, Martínez Roca, Barcelona, 1998.

Chapada do Apodi
MOSSORÓ
APODI
ESTREMOZ
NATAL
PARNAMIRIM
RÍO GRANDE DO NORTE

XIV

RÍO GRANDE DO NORTE: EGIPCIOS Y SERPIENTES GIGANTES

EN LA ESQUINA NOROESTE de Brasil encontramos el estado de Río Grande do Norte, muy pequeño (53.167 km^2), cuya capital, Natal, es un paraíso playero repleto de altísimas dunas. Hacia su interior se hallan las típicas *Chapadas* de todo del noreste del país y un clima semiárido. Este fue el primer territorio brasileño donde arribaron europeos, como es el caso de la expedición del español Alonso de Ojeda, guiada por el piloto florentino Américo Vespucio. Esto ocurrió en 1499, es decir, un año antes del descubrimiento oficial de Brasil por la flota portuguesa de Pedro Alvares Cabral.

Los portugueses sólo pudieron hacerse con Río Grande do Norte (RN) a partir de 1597, ya que que los franceses habían ocupado la región y se habían granjeado la amistad de los indígenas.

En 1598 se inició la construcción del fuerte de los Santos Reis Magos en forma de estrella que hoy en día es la mayor atracción histórica en Natal. Su forma es totalmente diferente de las demás fortificaciones portuguesas. Los místicos cuentan que en sus medidas y formas están insertas fórmulas cabalísticas, las mismas que concentraron energías suficientes para que los soldados lusos pudieran expulsar a los enemigos galos.

En 1940, al sur de Natal, en Parnamirim, las fuerzas aliadas en la Segunda Guerra Mundial construyeron una importante base aérea que servía para hacer escalas a los aviones que luchaban contra los nazis en el norte de África. Allí se concentraron militares de varias partes del mundo. Apasionados, algunos se afincaron para siempre en aquellas bellas tierras guardando secretos sobre las intrigas de la guerra que jamás sabremos.

Cuando visité la ciudad de Mossoró, segunda del estado y gran centro de explotación de petróleo, conocí al profesor Vingt-Un Rosado. Tan curioso nombre se lo ganó por su familia, que solía nombrar a sus hijos según el orden numérico en francés de los que iban naciendo. Éste es un señor octogenario, cuya amabilidad con los intelectuales y periodistas es algo inusual, me abrió las puertas de su magnífica biblioteca de temas brasileños y me enseñó algunos de sus tesoros.

Ving-Un Rosado deberá entrar en el libro Guiness de los records por un motivo puramente literario: a lo largo de su vida publicó la mayor colección de libros del mundo, la *Coleção Mossoroense,* con más de ¡mil títulos! Casi todos conciernen a estudios sobre el noreste del país, el problema de las sequías, antropología, arqueología, historia, genealogía, etc. Su esposa, América Rosado, una activa escritora e intelectual, es hoy día el gran sustento de la Fundación que lleva el nombre del marido.

Este mecenas *potiguar,* gentilicio de la región, también fundó la Escuela Superior de Agricultura de Mossoró que alberga uno de los más importantes museos paleontológicos del noreste brasileño. La mayoría de los fósiles procedentes de la región de Apodí -cerca de Mossoró- especialmente de vertebrados e invertebrados marinos del cretáceo. Esta región estuvo ocupada en el pasado por el mar y por las especies que aquí vivieron, como estrellas del mar, moluscos, crustaceos y un sinfín de otras criaturas.

En las inmediaciones de la ciudad de Apodi se encuentran las hermosas formaciones rocosas (calizas) de Lajedo de Soledade. Hace 140 millones de años, cuando las fuerzas telúricas separaron América de África, se formó una depresión donde hoy se encuentra ubicado Río Grande do Norte.

Más tarde, hace 90 millones de años, la zona fue conquistada y cubierta por el mar. Poco a poco la tierra fue ganando terreno a las aguas. Se formaron cuevas y bellas esculturas naturales, especialmente el entramado laberíntico de rocas que componen el Lajedo da Soledade. Allí deambularon más recientemente *gliptodontes* (armadillos gigantes), perezosos gigantes o *megaterios, mastodontes* (elefantes prehistóricos), llamas gigantes y los famosos tigres de dientes de sable, sólo por citar algunos nombres de la numerosa y peculiar fauna cuaternaria.

La Universidad Federal de Río Grande do Norte identificó muchos fósiles en la región. Desde 1910 Soledade ha sido blanco de la visita de geólogos extranjeros atraídos por sus riquezas. Pero sólo en 1956 el profesor Ving-Un Rosado anunció al mundo científico la existencia de fósiles de mamíferos gigantes al igual que catalogó por primera vez las abundantes pinturas rupestres que se esparcen por las formaciones rocosas[1].

Lajedo da Soledade dispone de un area protegida de 10 hectáreas con 53 paneles repartidos en las hondonadas calcáreas denominadas Araras, Urubu y Olhos d'Agua.

Aviso al lector: tenga mucho cuidado al viajar por los parajes yermos del estado. Dicen los lugareños, mientras fuman con sus pipas de barro o *fumo de corda* (cigarrillo hecho con un tabaco muy negro y fuerte que se vende en los mercados callejeros en forma de gruesa soga) , que aún deambula por los *sertões* de Cuitezeiras un tapir (*anta,* en Brasil) fantasmal. Un viejo campesino me contó que

1. El físico e investigador ítalo-peruano Enrico Mattievich nos habla en su bien documentado libro *Viagem ao inferno mitológico* (Ed. O Byetiva, Río de Janeiro, 1992) sobre la existencia de inscripciones rupestres en *Curraes Velhos* -distrito de Patú-, con símbolos semejantes a los de la escritura semítica.

hacía mucho que no lo veía, pero que nunca se sabe cuando puede reaparecer por eso comenta: "dicen que es la reencarnación de un espíritu maligno. Lo único que se puede hacer para acabar con el hechizo es deshollar al animal aún vivo".

A finales del siglo XVII los jesuitas reunieron a los indígenas tupis en una aldea a la que nombraron São Miguel de Guagiru, a orillas de una bonita laguna, Estremoz, cerca de la costa este del estado. Más tarde la aldea fue abandonada, olvidada y expoliada, reduciéndose, como nos cuenta el buen folclorista Luis da Câmara Cascudo a un "poblado de leyendas y encantamientos".

Fortaleza de los Santos Reis Magos en forma de estrella y que hoy en día es la mayor atracción histórica en Natal (Río Grande do Norte).
Foto: Secretaria de Turismo de Río Grande do Norte.

En el tiempo de los monjes-soldado vivían en la laguna dos enormes serpientes. Una, un macho muy feroz, devoraba a aquellos se metían en el agua y los que por allí navegaban debían rezar a San Miguel para evitar el infortunio. Los niños eran las víctimas del terrible ofidio. La otra, una hembra mansa, se limitaba a silbar tristemente por las tardes mientras su compañero descuartizaba y devoraba a los inocentes humanos.

Como es de buena índole cristiana, se dio una explicación para tales criaturas: eran dos niños paganos que los indios arrojaron a la laguna por consejo de los *pajés* para que los curas no los bautizaran. Así los pequeños se transformaron en... ¡serpientes! Reza la leyenda que un día un jesuita misionero llegó a las aldea de San Miguel y procuró convocar a las dos. La hembra se acercó, escuchó un sermón del religioso y volvió obediente a las aguas de la laguna.

Sin embargo, el macho iracundo fue excomulgado y se lanzó ferozmente a la selva, derribando todo árbol que encontraba por el camino. En un lugar denominado "Jardim" es donde la criatura murió y hasta hoy no crece la hierba. Los pescadores de la laguna de Estremoz aún afirman ver, aunque muy raramente, el dorso enorme de la culebra mansa que sigue viviendo. Es una leyenda que recuerda la del monstruo del lago Ness (Escocia) en aquellos rincones potiguaras o, incluso, el aterrizaje de OVNIs que suelen dejar una huella de hierba quemada que jamás vuelve a brotar.

Al margen de tales criaturas, el estado recibió otros visitantes, más distinguidos y laboriosos: los egipcios. Es lo que afirma el intrigante investigador austriaco Ludwig Schwennhagen, defensor de la teoría de que los fenicios llegaron al antiguo territorio brasileño hacia 1100 a.C. El pueblo navegante trajo en sus embarcaciones a ingenieros y técnicos egipcios para erigir grandes presas y organizar las salinas.

Según Ludwig, su cuartel general estaba en el cabo de São Roque. Creía también que explotaban la grutas de salitre -abundante en la región- para emplearlo en el proceso de momificación de sus muertos, tanto hombres como animales. Casi 1.000 toneladas de salitres anuales. ¿Deliraba Ludwig? ¿Realidad? Lo cierto es que la llegada de pueblos mediterráneos a América no parece ser un absurdo.

El mismo austríaco menciona que un capitán del puerto de Natal recibió de un pescador -a finales de 1926- una botella-correo que contenía una noticia del crucero inglés Capetown. Este buque de guerra cruzaba la costa occidental de África, pasando por el golfo de Guinea, cuando arrojó la botella que llegó, en seis semanas ¡a la costa de Río Grande do Norte!

Parece que las corrientes marítimas que se originan en Guinea hacia el Atlántico Sur ya eran familiares a los fenicios que poseían una gran ciudad en la costa del Marruecos, la antigua Lixus[2], que miraba hacia el Atlántico con sus murallas ciclopeas. Las mismas que tal vez albergaron los "Jardines de las Hespérides" con sus misteriosas manzanas de oro, objetivo de uno de los trabajos de Hércules.

2. Sobre este tema publiqué un largo artículo en la revista "Enigmas", nº19, septimbre de 1997.

Dibujo de época en el que se ve la *recluta* de esclavos.

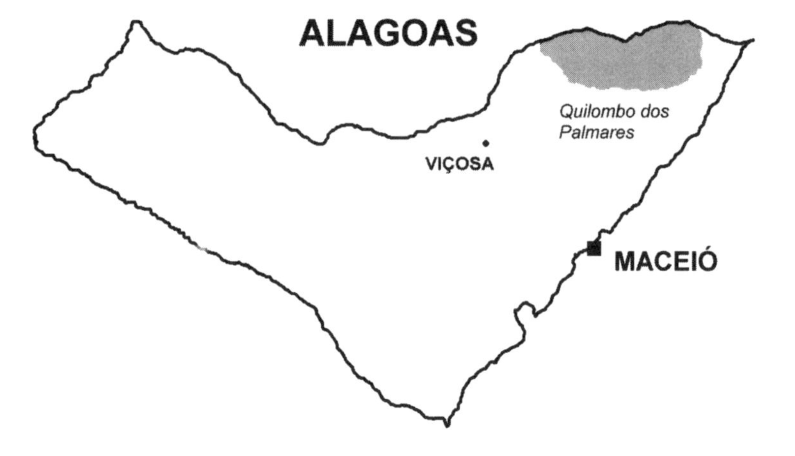
ALAGOAS
Quilombo dos Palmares
VIÇOSA
MACEIÓ

XV

ALAGOAS: LA TROYA NEGRA Y EL IMPERIO DE LOS ATLANTES

ALAGOAS ES EL SEGUNDO estado más pequeño de Brasil (sólo se queda a la zaga de Sergipe), con 29.101 kms[2]. Sus playas son paradisíacas y está separado de éste por el gran río São Francisco. Hacia la costa, como en casi todo el noreste, predomina el verdor y hacia el interior la *caatinga*, el *agreste* o *sertão*, es decir, los paisajes semiáridos.

Maceió, la capital de Alagoas, tiene muchas plazas bonitas y caserones con grandes palmeras. La capital fue un importante puerto marítimo y hoy en día vive del turismo, principalmente de sus bellas playas, como las de Pajuçara, Sete Coqueiros, Ponta Verde y Jatiúca entre otras. En la playa de Pratagy, a 17 km de Maceió existe una especie de "Paraíso Terrenal" que algunos descubrieron "explorando" un poco la recóndita región.

En la mar de Alagoas se lanzan las *jangadas*, embarcaciones de pequeño porte, generalmente barcazas de madera impulsadas por una vela triangular de tela blanca. Los avezados pescadores que las conducen surcan la superficie del océano con una habilidad que deja atónitos a los espectadores.

El navegante italiano Américo Vespucio, al servicio del rey de Portugal fue quien primero exploró las costas de Alagoas en 1501. La colonización de la zona sólo se llevó a cabo a partir de 1545, cuando el *donatario* (título que recibía el propietario de una "Capitanía Hereditária"), Duarte Coelho, estableció los primeros *ingenios* de caña de azúcar.

Uno de los episodios más macabros de la historia colonial de Brasil sucedió en aquellas costas, a la sazón habitadas por indígenas. En 1556, cuando regresaba a Portugal, el barco donde viajaba el obispo Pero Fernandes de Sardinha naufra-

* Foto por cortesía de Brasil Virtual.

gó, y junto con otros colonos fue devorado por los indios caetés. En represalia, los portugueses enviaron otra expedición, en 1560, mandada por Jerônimo de Albuquerque que arrasó completamente las aldeas de los nativos.

Sardinha, cuyo apellido significa sardina (en castellano), es motivo hasta hoy de jocosas alusiones por parte de los estudiantes brasileños, atribuyendo maliciosamente la antropofagia indígena a las ganas de comer pescado. El desafortunado religioso había pregonado en Goa, India portuguesa, y fue el primer obispo de Brasil, en Salvador de Bahía, en 1551.

Era un severo conservador: criticaba al padre Manuel da Nóbrega y a los jesuitas en general por ser complacientes con las costumbres de los indígenas y prohibió el empleo de intérpretes en las confesiones, obligando así al pueblo a hablar en portugués. Hasta la expulsión de la Compañía de Jesús del territorio brasileño en 1759 por un decreto del marques de Pombal que impuso la enseñanza y uso obligatorio del portugués, el idioma oficial de Brasil era el *nheengatu* o "lengua general", de origen tupi-guaraní, adaptada y gramatizada por los monjes para transformarla en un idioma de uso común entre indígenas y portugueses.

Curiosamente, si los jesuitas no hubieran sido expulsados, quizá actualmente los brasileños hablasen el *nheengatu* y no el portugués. Este idioma de origen indígena todavía es utilizado en algunas regiones de la amazonia.

Alagoas fue reducto de uno de los personajes legendarios de la "otra historia" de Brasil. Me refiero al héroe de raza negra Zumbí, líder de una de las mayores poblaciones constituidas por esclavos huídos de sus terribles amos. Éstos eran propietarios de los cultivos de caña de azúcar. El *quilombo* (del idioma *mbunda*) que designa el lugar o aldea donde vivían los esclavos fugados de los Palmares, también conocido como la "Troya Negra". Está situado en la Serra da Barriga (antigua capitanía de Pernambuco), se formó a partir de 1605 y duró hasta 1694. Lo que pocos saben es que no existió un sólo poblado, sino diez en una amplia extensión de tierra. La aldea más importante se llamaba Macaco. Otras tenían nombres del idioma *bantú* de África,al igual que Aquantene, Angalaktuk y Andraban.

Allí vivieron entre diez y veinte mil personas. Lo que los libros de historia no hablan es que el *quilombo dos Palmares* no fue solamente habitado por ex-esclavos negros, sino por indígenas, blancos, musulmanes y judíos, posiblemente todos aquellos perseguidos por los portugueses y la Inquisición. Esta comunidad *sui-generis* tenía dos aldeas con nombres indígenas: Subupira y Tabocas y otra de nombre portugués: Amaro.

Según los documentos históricos, estas "ciudades perdidas" estaban rodeadas de empalizadas en cuyo anillo externo se excavaron profundos fosos. Las casas eran de paja y sus habitantes los *quilomboas* cultivaban la tierra, además de robar el ganado de los portugueses y holandeses para poder sobrevivir.

Un proyecto reciente de excavaciones arqueológicas llevadas a cabo por la Universidad de Campinas (São Paulo) es responsable, en parte, de este cambio de visión respecto al *quilombo* de Palmares. Uno de los hallazgos más importantes fue el de una urna funeraria de grandes dimensiones de estilo Tupinambá. En su tapa se depositaron dos hachas de piedra que no presentaban señales de uso (posiblemente rituales).

Fue allí donde posiblemente se desarrollaron algunos de los cultos sincréticos del Brasil colonial. Es posible que la discutida influencia de la cábala en los cultos del *candomblé* realizara sus primeros pinitos en la Serra da Barriga y que el herbolario indígena empezara allí a ser usado por los negros y blancos para curar sus enfermedades y reverenciar a sus dioses.

Su compleja organización social garantizó su existencia ante los ataques constantes de portugueses y holandeses hasta 1694. Un grupo de *bandeirantes*, a sueldo de los *usineiros* (dueños de las fincas de caña de azúcar), fue organizado y liderado por el veterano Domingos Jorge Velho[1] junto con 9.000 soldados del gobierno colonial, el mayor contingente militar enrolado hasta entonces y destinado a combatir 11.000 *quilombos*. Mataron a más de 200 habitantes de las aldeas resistentes y capturaron cerca de 500.

Zumbí era, por aquél entonces, el rey de Palmares. Una leyenda muy popular dice que el héroe, acorralado por los enemigos, se arrojó desde un despeñadero. Sin embargo, la verdad es que logró escapar del gran ataque al *quilombo* o *quilombos* y siguió luchando hasta el 20 de noviembre de 1695, cuando fue capturado por una patrulla paulista a consecuencia de una confesión, bajo tortura, de uno de sus lugartenientes. El heróico personaje fue degollado y su cabeza estuvo en la picota, expuesta en la plaza pública durante varios días con el objeto de coartar nuevas revueltas y evitar fugas de esclavos.

Semejante ejemplo no terminó con los ellos que, muy al contrario, se multiplicaron por todo Brasil. En 1741 un Decreto Real ordenaba marcar a hierro candente el rostro de los negros fugitivos capturados. Exhibían una triste cicatriz con la forma de una letra "F" (de *fujão* o fugitivo).

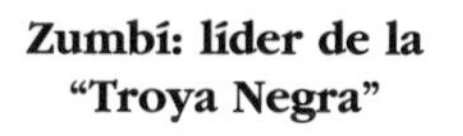

Zumbí: líder de la "Troya Negra"

En su obra "Canaes e Lagôas", Octavio Brandão hace referencia a leyendas sobre el "fuego corredor", contadas por los *canoeiros* (balseros) de la laguna de Mundahú en Maceió. En casi todo Brasil existen leyendas sobre antorchas, esferas o bolas de fuego que aparecen en el aire. En las regiones del noreste del país dicen que son almas en pena de individuos que en vida tuvieron amoríos ilícitos:

1. Sobre la vida y expediciones de este *bandeirante*, el estudioso de misterios arqueológicos brasileños, Renato Castelo Branco, escribió el libro *Domingos Jorge Velho: a presença paulista no nordeste* (São Paulo, 1990), que amablemente me fue enviado por su amigo y editor Thomay de Aquino de Queiroz antes de cerrar la edición del presente libro.

son, principalmente, las almas de hombres y mujeres que se habían unido sexualmente de forma antinatural.

Tales antorchas ambulantes, que aumentan y disminuyen de intensidad a veces, como dice Alfredo Brandão, "luchan cuerpo a cuerpo", se enzarzan entre sí y sueltan chispas. Hasta se puede oír el ruido de los choques. En muchos casos se presentan bajo la forma de filamentos luminosos y, en otras ocasiones, bajo la forma de seres vivos, como un pequeño cabrito o un ser humano.

Las descripciones de tales luces coinciden con las observaciones de la "Luz de El Pardal"(Albacete, España), cuyo diámetro oscila entre 20 cm y un metro, que despide una leve luminosidad blanquecina y se mueve en zona plana. El fenómeno fue investigado por Lorenzo Fernández Bueno y Francisco Contreras[2]. La luz, al igual que otras que aparecen en varias regiones de Brasil, persiguen a los campesinos sin más consecuencias que el susto ante lo desconocido.

La primera referencia a la prehistoria de Alagoas aparece en un informe presentado al Instituto Arqueológico y Geográfico Alagoano del 2 de diciembre de 1874, por el Dr. Dias Cabral. El manuscrito daba cuenta de la existencia de osamentas humanas y urnas funerarias. Los cráneos eran muy delgados y presentaban la frente muy hundida. ¿Deformaciones? No hay más detalles para aclararlo.

Brandão hablaba del descubrimiento de calaveras petrificadas entre 1866 y 1870 cerca de la Cascata de Paulo Afonso, señal de antigua presencia humana en aquellos páramos. Lo extraño de la noticia es que a la sazón los periódicos de Maceió se hicieron eco de que el cráneo fue encontrado dentro de ¡una piedra partida por un rayo! La rareza paleoantropológica habría sido enviada al Museo Nacional de Río de Janeiro y su pista, desde entonces, se perdió.

Al parecer, Alagoas es riquísimo en fósiles de fauna prehistórica o antediluviana como antes se solía decir. El geólogo estadounidense John Branner descubrió numerosos de mamíferos gigantes -principalmente mastodontes- según estudio publicado en *The American Journal of Science,* febrero de 1902. Las osamentas se hallaban en grandes depresiones que formaban pozos naturales aprovechados por los hacendados.

Los habitantes de Maceió viven sobre un gran yacimiento paleontológico. En 1882 se encontraron fósiles de un gran mamífero cuando se excavó un edificio en la *Rua* (Calle) do Commercio. En la calle Boa Vista, cercana a la anterior, se encontró un hacha de diorita. Brandão suponía que la existencia de instrumentos humanos cerca de fósiles de mastodontes del período cuaternario echaría hacia atrás la cuenta en el tiempo de la presencia del hombre en Sudamérica.

En las inmediaciones de los municipios de São Miguel e Viçosa fueron encontrados túneles o galerías subterráneas que según Alfredo -nuestro mejor guía

2. Artículo "El OVNI del día de difuntos", en el monográfico nº1 de la revista *Enigmas del Hombre y del Universo* (Los auténticos expedientes X españoles).

por los misterios de Alagoas- eran "atribuídos por los cazadores a un animal de enormes proporciones: el "tatú-assú", que debe haber sido idéntico al *Glyptodonte*, cuyo caparazón, encontrado en la República Argentina, y en varias partes de Brasil, puede dar cobijo a un buey".

Es posible que estos túneles, artefactos arqueológicos y fósiles ya no existan desde la época en que recogió las informaciones. Yo mismo soy testigo de numerosos casos en los que la depredación humana en pocos años arrasó las tierras brasileñas. Muchos de los lugares que visité en otros estados y de los que había referencias bibliográficas sobre tales vestigios, habían desaparecido totalmente. En raras ocasiones quedaban pruebas para confirmar las antiguas referencias a que he hecho mención.

En Marechal Deodoro, a 22 kms de Maceió, quedan vestigios más claros de túneles subterráneos, pero mucho más recientes. Están en la iglesia de Nossa Senhora da Conceição, del siglo XVII. Delante de una pequeña capilla lateral,se encuentra la puerta oculta de un túnel secreto que los religiosos portugueses hicieron para refugiarse durante la época de la guerra con los holandeses.

Alagoas podría haber sido la Normandía megalítica brasileña o la región de los *cromlechs* de Inglaterra. Dije "podría", porque todo desapareció con la construcción de una línea de ferrocarril. Nuestro buen guía, aunque desaparecido hace muchos años, nos sigue conduciendo sentimentalmente por aquel pequeño estado plagado según él de dólmenes, menhires, cromlechs, loghnas ("piedras de equilibrio"), piedras de "sino" (de sonido semejante a las campanas cuando se las golpea) y un sinfín de modalidades pétreas.

Muestras de casi todas estas rocas se encontraba en las cercanías de Viçosa. En 1911 desapareció uno de los más importantes monumentos megalíticos, una especie de "vieja fortaleza que recordaba los *tumuli* galeses. Estaba formada por grandes piedras o lajas, regularmente talladas, sobrepuestas entre sí y muy íntimamente unidas ". Aunque confusa, la descripción daba cuenta de que uno de los paredones de la supuesta fortaleza era ciclópeo, con 6 metros de altura. Cerca se encontraba un dolmen. Cuando los constructores del ferrocarril que conecta Viçosa a Palmeira dos Indios le destruyeron, hallaron en su base varios amuletos de piedra verde, quizás de *nefrita* o *jadeíta*.

Junto a estos monumentos el investigador encontró varias pinturas rupestres que interpretó de un modo peculiar y heterodoxo: "Tupan , poderoso, es el Señor Dios que concede la vida y la muerte. Él es el señor de los rayos y de los temporales. Alabanzas a él". En otra roca -frente al presunto dolmen ubicado delante del paredón de la fortaleza- sugirió esta interpretación: "Esto aquí es la residencia (o templo) de Dios. Muchas gracias y alabanzas a Dios".

En el interior de Alagoas existían *tempres*: tres grandes lajas de piedra hincadas en el suelo formando un triángulo equilátero. Rezan las leyendas que en ellos el diablo asienta su caldero de hierro en el que hace una suculenta sopa de azufre.

En una mole el investigador encontró un petroglifo que se asemejaba a una *moça* (doncella) y que luego interpretó como "una diva de los atlantes". Cabe recordar que Brandão era un atlantófilo empedernido y creía que los antiguos brasileños eran los mismísimos atlantes.

Alagoas, ese pequeño y sin embargo importante reducto atlante, pudo haber tenido minas explotadas por sus ignotos habitantes, donde existía oro, plata y el misterioso *oricalco*, un metal muy peculiar. Según recoge Jesús Callejo[3], Paul Schliemann -nieto del descubridor de Troya-, su abuelo encontró auténticas piezas de este elemento a las que el propio arqueólogo sometió a análisis químicos y microscópicos. El desconocido metal estaba compuesto de platino, aluminio y cobre, aleación que no se encuentra entre los vestigios de las antiguas civilizaciones conocidas.

El *bandeirante* Domingos Jorge Velho, que destruyó el *quilombo* de Palmares.

3. Monográfico de la revista *Más Allá de la Ciencia* nº 17 de junio de 1996.

Bailes de los antiguos indígenas para expulsar el jaguar celeste que devora el sol durante los eclipses.

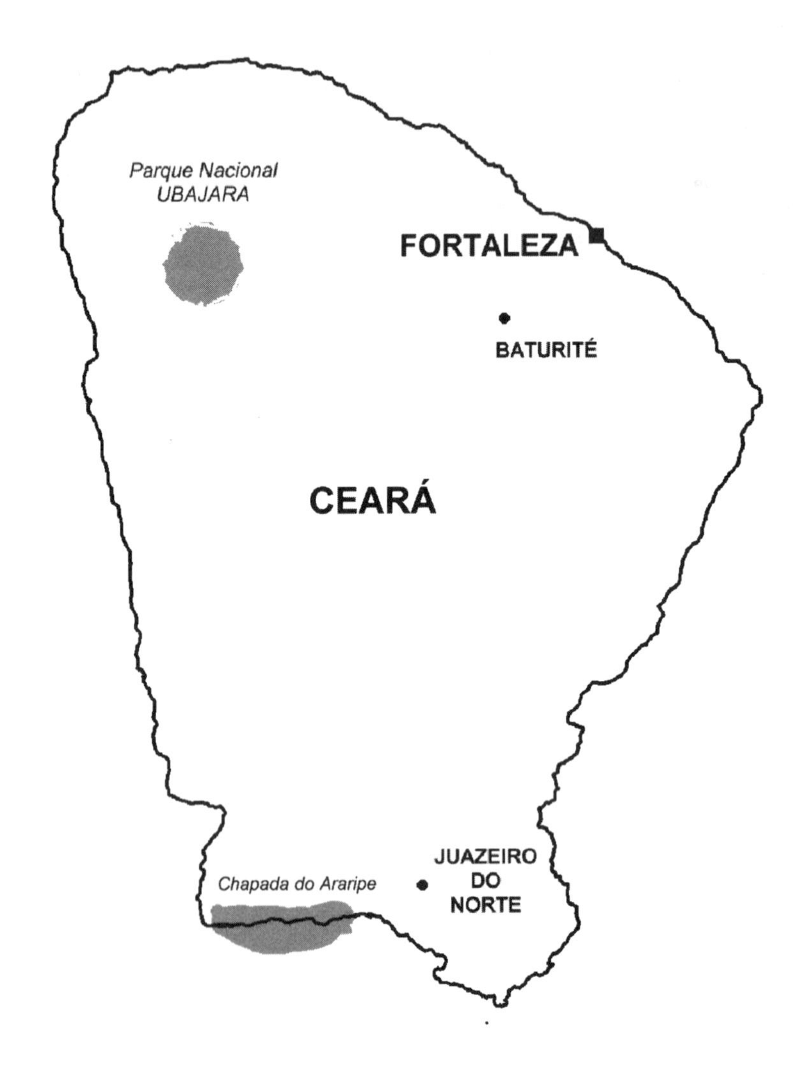
Parque Nacional
UBAJARA
FORTALEZA
BATURITÉ
CEARÁ
JUAZEIRO
DO
NORTE
Chapada do Araripe

XVI

CEARÁ:
LAS GRUTAS DE UBAJARA Y LOS MILAGROS DEL PADRE CÍCERO

CEARÁ (145.694 kms²) fue siempre sinónimo de sequía y hambruna hasta que alguien se percató de que sus bellezas naturales podrían ser un excelente atractivo turístico. El coronel ruso Alexander Braghine comparaba en su clásico *The Shadow of Atlantis* (Londres, 1938), esta región con el desierto del Sahara africano: "...allí habitan los guaranís, cuyo dialecto encierra muchas palabras que recuerdan la lengua hebrea. La semejanza entre Ceará y Sahara, teniendo en cuenta la identidad de sus condiciones geográficas y físicas -al igual que su situación-, es verdaderamente impresionante. Varios sabios pensaron encontrar en esto una prueba a favor de la hipótesis de Wegener, según la cual formaron otrora una región única".

Las comparaciones del agente ruso -contraespionaje del último Zar- se terminan ahí. Lo cierto es que en tiempos de la conquista del territorio brasileño fue una de las últimas tierras en ser exploradas entre la costa occidental del noreste y la desembocadura del Amazonas. Después de colonizar Paraíba, el luso Pero Coelho de Sousa partió rumbo a nuevas tierras en julio de 1603. Le acopañaban sesenta y tantos soldados portugueses y doscientos indígenas armados con arcos y flechas. Cuando llegaron a las tierras que los indios llamaban Siará fueron sorprendidos por los tiros de arcabuces que disparaban los franceses y sus aliados indígenas.

* La imagen del encabezamiento es una acuarela de J. I. Cuesta inspirada en una foto de la Jangada de Ceará, aparecida en la revista Periplo.

El líder de los soldados galos, un tal Montbille, claudicó ante el contraataque portugués y abandonó una fortaleza erigida con troncos de árboles repleta de municiones. En aquellas tierras fundaron una villa que nombraron "Nova Lisboa" y alrededor de "Nova Lusitânia".

La villa fue abandonada por su aislamiento. Años más tarde, Martim Soares Moreno fundó otra, la de São Sebastião, que fue destruida por los indios. La maldición de las fortalezas siguió vigente con la llegada de los holandeses, que no tuvieron mucha suerte al establecerse a orillas del río Pajeú, cerca del mar. Derrotados los flamencos abandonaron la nueva fortificación y los portugueses se apoderaron del lugar al que bautizaron como Fortaleza de Nossa Senhora da Assunção, alrededor de la cual surgió la actual ciudad de Fortaleza.

Hoy es uno de los principales destinos turísticos del país, 2 grados al sur de la línea del ecuador. A lo largo de los 570 km de costa, presenta grandes acantilados y playas que son consideradas verdaderos paraísos de tranquilidad.

Desgraciadamente, como suele pasar con el turismo masivo, algunas como la de Jericoacara -donde sólo vivían pescadores- han sido invadidas por toda clase de personas, desde *hippies* hasta *yuppies.* Los pescadores viven ahora del turismo y quizá un poco mejor que antes. Aún así está incluida entre las diez playas más bellas del planeta.

Allí, los pescadores más viejos siempre cuentan curiosos y extraños relatos de luces fantasmales que emergen del océano y que son "espíritus" de una bella doncella. Según cuenta la folclorista Maria do Rosário de Souza Tavares de Lima en su libreto *Cobras e Crendices*, Caderno de Folclore, São Paulo, 1995, la doncella, o princesa, era en realidad una serpiente recubierta de escamas de oro con rostro y pies femeninos. Tal criatura vivía en una gruta llena de joyas y riquezas. Para desencantarla era necesario hacer una cruz de sangre en sus espaldas. Sólo así recobraría forma humana, dotada de esplendorosa belleza, para siempre. Como suele siempre pasar en estos casos, la implantación del tendido eléctrico hace desaparecer tales fenómenos que, ahuyentados, vuelven a su mundo, más allá del nuestro o se esconden bajo las aguas templadas del Ceará.

> "Según el folclorista Luis da Câmara Cascudo la serpiente es una alegoría de la eternidad, un animal 'sin edad' que se funde con el símbolo fálico, mitológicamente asociado a los más antiguos ritos de la fecundidad y consecuentemente, a la perpetuación de la vida. Con la cabeza unida a la punta del rabo forma el 'Círculo Místico', con el mismo sentido de eternidad que se encuentran en las sociedades modernas, como la alianza de boda, según observa María Tavares de Lima." *(N. del A.)*

Según el ufólogo cearense José Agobar, director de la Associação dos Ufólogos Independentes do Brasil-Ceará (AUIB), Fortaleza es una de las capitales brasileñas más visitadas por los OVNIs. La ciudad tiene una destacada importancia geográfica pues está situada en un istmo que avanza dentro del océano Atlántico. "Cuando los estadounidenses negociaron con el entonces dictador Getúlio Vargas la construcción de una base aérea en Brasil, en la Segunda Guerra Mundial, escogieron Fortaleza por la facilidad de observación y mantenimiento de la seguridad de las aeronaves de los aliados contra los ataques de los alemanes", me dijo Agobar en una de nuestras conversaciones.

El istmo que el investigador mencionaba, el de Mucuripé, es en su opinión un punto destacado de la costa que llama la atención de los supuestos extraterrestres que nos vigilan. "Además, existe un importante aeropuerto militar y puerto marítimo, así como grandes intalaciones industriales que pueden despertar el interés de los vigilantes del espacio", me comentaba Agobar.

Se desconoce por qué muchos OVNIs, e inclusive sus tripulantes visitan con asiduidad el barrio de Maraponga. Allí han ocurrido abducciones y mutilaciones de animales.

Paisaje de las sierras de Ibiapaba, donde está el parque nacional de Ubajara.

Entre la amplia cronología ufológica destacamos el caso ocurrido el 13 de junio de 1960 teniendo por protagonista a un capitán de la aeronáutica brasileña que pilotaba un caza T-33/F-80. La base aérea dio la alarma de un objeto desconocido que invadía su espacio y ordenó el despegue del avión militar para perseguirlo. El OVNI esquivó varias veces al caza y desapareció a una velocidad sorprendente.

El 5 de junio de 1969, a orillas de la laguna Mondubim, los vecinos del barrio vieron cuatro humanoides. Los seres, de aproximadamente tres metros de altura, hicieron cundir el pánico. Algunos días antes se habían observado "luces extrañas". En una fecha indeterminada de 1979 un aficionado al cine rodó con una cámara de 8 mm las imágenes de una esfera metálica que realizaba movimientos acrobáticos sobre los cielos de Fortaleza. Dos cazas militares del tipo Xavantes (fabricación nacional) surgieron al cabo de 12 minutos y, en vano, intentaron perseguir al OVNI[1].

El 16 de febrero de 1998 los cazas seguían persiguiendo platillos volantes sobre la ciudad y como siempre mantenían total silencio al respecto de cara al público.

El castigado *sertão* cearense tiene un gran oasis enclavado en la sierra de Ibiapaba, a 330 km de la capital. Se trata del Parque Nacional de Ubajara, el últi-

---

1. Sobre militares y OVNIs, especialmente en España, existe un libro bien documentado del investigador y periodista Bruno Cardeñosa, titulado *Los archivos secretos del ejército del aire*. Ed. Bell Book, Orense, 1998. La obra comprueba como los militares -e incluso algunos ufólogos civiles- ocultan y adulteran documentos e informaciones respecto al fenómeno OVNI.

mo reducto de la selva atlántica del noreste de Brasil. Llegué al pueblo que da nombre al parque en un autobús procedente de Teresina (Piauí), a 300 km de distancia, siguiendo las pistas del explorador austríaco Ludwig Schwennhagen, el mismo que creía que las Siete Ciudades de Piauí eran un antiguo reducto de fenicios e indígenas.

Al bajar del autobús lo primero que vi fue una gran estatua de un indio con su remo dentro de una canoa. Una leyenda del siglo XVI cuenta que un viejo cacique tupi-guaraní vivía en una gruta en la sierra de Ibiapaba. Los primeros portugueses que allí llegaron le habrían visto navegando por los ríos y riachuelos de la región, que son de grande y rara belleza. Su nombre era Ubajara, o sea, "señor de la canoa".

A menos de cinco km del pueblo se encuentra la entrada al Parque Nacional (el más pequeño de Brasil, con 563 hectáreas), donde se puede observar desde la altura de un mirador las sierras redondeadas y tupidas de vegetación en contraste con la sequedad de los territorios llanos. Hasta las profundidades del abismo se puede descender con un teleférico que baja un desnivel de 420 m y que conduce a sus pasajeros (máximo de 15) a la entrada de una gran cueva.

Otra alternativa es caminar 5 km por un sendero selvático señalizado, desde donde se pueden observar los monos y grandes roedores (*paca, cotias* y *preas*) y algunas serpientes. Me paré en una *cachoeira* (cascada), la del Caipora, que probablemente lleva este nombre en función de las apariciones del mítico duende protector de los animales y con los piés al revés.

Si se llega a la gruta caminando quizá nos podremos sentir algo incómodos, exhaustos por la caminata. Aquella entrada al mundo subterráneo fue descubierta en 1738 por los *bandeirantes* que confundieron el brillo de las estalactitas que cuelgan del techo con vetas de plata.

En sus paredes calizas, a pocos metros de la entrada, nos contempla la imagen de Nuestra Señora de Lourdes, pues hasta los años 50 allí era donde terminaba una *vía sacra* que simulaba el calvario de Cristo, tradición hoy desaparecida.

La cueva posee 1.120 m de longitud y 70 de profundidad, pero existen aún algunos tramos que no han sido explorados y topografiados. En un artículo publicado en septiembre de 1925 por el austríaco en el periódico *A Imprensa*, de Sobral (Ceará) -agradecimientos a Reinaldo Coutinho que me envió una fotocopia del rarísimo artículo rescatado en una hemeroteca-, el sabio extranjero cuestionaba la formación natural de la gruta, planteando que pudo ser una obra de los antiguos tupis, hace miles de años.

"En lo alto, la cuesta de la sierra está cortada por la naturaleza, un tajo ancho en forma de anfiteatro, con laderas simétricas de 500 m de altura... Allí se abre una hendidura y ascendiendo 150 más de piedras sueltas se encuentra la entrada de la gran gruta. Más tarde los sacerdotes decidieron construir una cueva con dimensiones más amplias. Así empezó la gran obra, cuya ejecución completa demoró tal vez 200 a 300 años", contaba en su artículo.

La sierra de Ubatuba -cerca de Ubajara- fue otro enclave elegido por los fenicios para explotar riquezas minerales, según su teoría. "...allí también existe un mineral con el brillo de la plata que podría ser plomo o estaño... la distancia del pueblo hasta la ciudad de Viçosa es de 30 km; los grandes yacimientos de cobre empezaban a la mitad del camino... el cobre y el estaño fueron, para los fenicios, riquezas tan grandes como el oro..." [2].

Y seguía: "..De Viçosa para el Sur extiéndese una ancha zona minera, dentro de la sierra, con docenas de dolinas, túneles y grutas. El punto más interesante es la inmensa gruta de Ubajara, con 12 grandes salones y más de mil metros de pasillos subterráneos, amén de una parte hasta ahora inexplorada. Respecto a ella surgió una larga controversia entre el autor de este tratado y los partidarios de la teoría de la erosión, que la declaran como obra de la naturaleza... no se puede dudar que fuera una fábrica de salitre, cuyo mineral fue extraído a merced de un sistema de filtración artificial, usado aún hoy en día en Siria y Asia Menor..."

El austríaco recordaba así una leyenda que daba fe de la existencia de la gruta como salida hacia un río subterráneo, rumbo al estado de Piauí, que en la época de la sequía formaría un pasillo donde "podía andar la gente durante muchas leguas".

La artificialidad de la cueva es hoy en día contestada por los geólogos. Pese a ello sobrevive la creencia de que existe un largo túnel subterráneo que conecta las formaciones de Siete Ciudades (Piauí) con ella. Por este camino bajo tierra habrían desaparecido para siempre los cazadores de tesoros y otros curiosos que intentaron, sin éxito, hacer el recorrido de 140 km en línea recta.

Teleférico en el parque nacional de Ubajara, que lleva a las grutas que algunos creen haber sido explotadas por los fenicios.

En el sureste de Ceará se encuentra la *Chapada do Araripe*, un conjunto de serranías que albergan algunos de los mayores tesoros paleontológicos del mundo. Ésta, que ofrece un magnificio espacio para las caminatas de aventura, es una meseta de 165 km de extensión por 50 de ancho. Allí se puede tropezar literalmente con los fósiles que aflo-

2. *Antiga história do Brasil de 1100 a.C. a 1500 d.C.*, Piauí, 1928.

ran del suelo. La mayoría son de los peces prehistóricos que abundan en los mercados internacionales.

Por su excesiva comercialización el gobierno brasileño decidió en los últimos años impedir la evasión con leyes y penas más duras para los turistas que se los lleven en la maleta. No obstante lo peor es que los canteros siguen actuando en la *chapada*, empleando las piedras para la construcción de casas y edificios. ¿Cúantos fósiles no se han perdido en esta destrucción masiva?

La primera información que se tiene en Europa de los fósiles se divulgó a principios del siglo XIX cuando el naturalista alemán Karl Friedrich von Martius y el suizo Louis Agassiz estuvieron en la región.

A mediados de los 90 del siglo XX los obreros de una cantera sacaron a luz uno que era diferente de todos los demás que habían visto. Analizado más tarde se descubrió que se trataba de un inmenso reptil alado que vivió en Ceará hace más de 100 millones de años. Este *pteriosaurio* poseía una cresta de más de un metro de altura sobre su cabeza. El nuevo ser fue bautizado *Tapejara imperator* y ha despertado gran curiosidad entre los paleontólogos por su cresta-vela debarco.

Su envergadura era de 4 m -casi el tamaño de un ala delta- y vivía a orillas de un gran lago, hoy desaparecido. La *Chapada do Araripe* es la mayor concentración del mundo de especies de reptiles prehistóricos alados. Sólo en los últimos años se han hallado 18 nuevas especies de *pteriosaurios* en perfecta conservación.

Allí también se descubrió la segunda especie más grande de esta clase de animales, con 8 m de envergadura que sólo se queda a la zaga del *Quetzalcoatlus northropi*, encontrado en 1973 en Tejas, Estados Unidos. Su envergadura era 13 m, es decir la misma que el caza yanqui F-117, el llamado avión invisible que frecuentemente es confundido con un OVNI.

La cresta del *Tapejara* imperator lleva de cabeza a los investigadores. Unos afirman que servía de timón aéreo y otros de acúatico. Mientras no se pongan de acuerdo una tercera hipótesis sirve de contrapunto, la de que la cresta (que sólo existe en los machos) habría servido para atraer a las hembras durante los rituales de apareamiento. Una cosa es cierta sobre la polémica: servía de radiador natural al reptil. Al volar, el *Tapejara* consumía más energía y aumentaba consecuentemente su temperatura sanguínea. Para refrigerar el cuerpo la sangre circulaba por los numerosos capilares de la cresta, disipando el calor en contacto con el aire frío.

La mayor ciudad de la región es Juazeiro do Norte. Allí ocurre uno de los mayores fenómenos religiosos de todo el Brasil. Se organizan gigantescas peregrinaciones para pedir favores al *Padim Çiço* (es una corruptela linguística) o mejor, *Padre Cícero*, un santo popular no reconocido por el Vaticano. Sus milagros, garantiza el pueblo, son muchos y se acumulan miles de exvotos en la iglesia.

En 1889 vivía allí (al sur de Ceará) el padre Cícero Romão Batista administrando los sacramentos de la forma más pía posible. Un bello día las beatas se sorprendieron con un milagro: las ostias servidas por el buen cura se transformaban en sangre en la boca de las feligresas. En poco tiempo corrió la voz por el *sertão* y los creyentes se acercaban para ver el milagro y las curas que supuestamente se producían por intervención divina en la persona de Cícero.

Ante el aluvión humano que se volcaba en Juazeiro do Norte, la Iglesia Católica se vio obligada a investigar los hechos ocurridos en los yermos parajes de Ceará entre sus prosélitos y el *Padim Ciço*. En 1897 enviaron al padre milagrero a Roma y allí constataron que no podía hacelos. Resuelto el caso, Cícero volvió a Juazeiro totalmente desprestigiado, le quitaron la sotana y le prohibieron de ejercer el sacerdocio a causa de *heresia*.

Aún sin poder eclesiástico, siguió repartiendo sus sanguinolentas ostias entre el pueblo miserable y hambriento. Su fama se extendió por todo el *sertão*. Bandoleros de toda clase, incluso el mismo Lampião vinieron a pedir la bendición del cura que ya no lo era y del milagrero que tampoco.

En 1913 un grupo de seguidores del *Padim Ciço* decidió atacar un tren que se dirigía a Fortaleza y sustituir al gobernador del estado por alguien favorable. Sin embargo Cícero no era como los actuales curas de la "Teología de la Liberación" (Frei Beto, etc), que desde un sector de izquierdas buscan mejorar las condiciones de vida de los desposeídos y echó un cubo de agua fría sobre las pretensiones de sus fieles bajo las amenazas de que todos los revoltosos bajarían a los infiernos.

De igual manera trató de no involucrarse cuando sus correligionarios quisieron fundar una comunidad religiosa en la cercana localidad de Caldeirão. En consecuencia el gobierno del estado cortó por lo sano el intento utópico bombardeando el pueblo. El santo hombre murió en 1934 y para que la plebe se lo creyera ataron su cuerpo con correas a la puerta del primer piso de su casa. Desde entonces y todos los 20 de julio, los peregrinos acuden a la ciudad para rezar a una enorme estatua blanca de 25 m que se construyó en su homenaje. Al lado está el museo de exvotos constituido por un laberinto de salas escalofriantes.

Creo que éste hombre está presente en la vida de la mayoría de los brasileños. Por eso lector sepa cual es la imagen de aquel santo que en las casas de las familias brasileñas se muestra como un beatífico señor de canas y sotana marrón que sostiene entre manos un crucifijo, otras también sosteniendo un sombrero de alas largas. Es nuestro *Padinho Ciço* que vela por la tranquilidad de los hogares.

Otra expresión de la fe religiosa del pueblo cearense son las apariciones marianas en Baturité, un municipio situado en la sierra homónima a 90 km de Fortaleza. Un beato, José Ernani dos Santos, dice mantener contactos con la Virgen María desde abril de 1993.

Entonces tenía 25 años, había visto -antes del anuncio de la aparición- un "ser de luz" que se le presentó bajo el aspecto de la Virgen María[3] cuando oraba en una cueva en villa Peri, en Fortaleza. Sin embargo sólo él veía la entidad y ésta le avisó que haría acto de presencia para el pueblo en Baturité el día primero de octubre de 1994. "La Virgen desea que todos estén allí, pues aquella sierra fue elegida por Dios para sus manifestaciones", decía el vidente[4].

3. Artículo "Enquanto mais de 5 mil pessoas aguardavam a Virgem Maria, UFOs deram show nos céus do Ceará", de Reginaldo Athayde. *Revista UFO*, diciembre de 1994.
4. El mejor libro jamás publicado sobre apariciones marianas y sus cruces con el fenómeno OVNI se lo debemos a dos investigadores portugueses, Fina D'Armada e Joaquim Fernandes: *Intervenção extraterrestre em Fátima* (Ed. Bertrand, Lisboa), reeditado en 1995 con el título *As aparições de Fátima e o fenómeno OVNI*. Los excelentes dibujos del libro, principalmente de la entidad vista por los niños, se los debemos a Claro Fângio, marido de Fina y tristemente desaparecido a finales de 1998.

José describía a la supuesta aparición como una joven de 19 años con rostro y nariz finos y alargados, boca en forma de corazón, piel rosácea y cabellos castaños ondulados, mientras sus ojos eran de color "azul penetrante". Alrededor de la cintura la entidad llevaba una faja de unos cuatro dedos de ancho, cuya punta le bajaba por la pierna izquierda. Sobre esta faja, José vio el rostro de un hombre con cabellos y barba blancos, el rostro de Jesús, y una paloma blanca que el joven vidente interpretó como la Santísima Trinidad.

Los medios de comunicación se hicieron eco de estas declaraciones y de la previa cita con la Virgen por lo que más de cinco mil personas acudieron en la fecha señalada a Baturité. Entre ellos se hallaba Reginaldo de Athayde, un veterano investigador del estado, director del Centro de Pesquisas Ufológicas (CPU). Según me contó personalmente el ufólogo, el ambiente era de profundo misticismo, con fieles cantando himnos, enfermos rezando y beatas arrastrándose por el suelo con súplicas lacrimeantes.

Estatua colosal del Padre Cícero, en Ceará: devoción popular multitudinaria.

La cita fue concertada en medio de un gran cañaveral bajo un sol inclemente, a 40º. A las 14 en punto, horario anunciado por el beato José Ernani para la aparición, mientras rezaba ante la multitud que le rodeaba, dos nubes empezaron a moverse de forma desacostumbrada y se fundieron. Se formó otra más oscura y ocultó el sol. "Empezamos a sentir una brisa agradable y hubo un cambio brusco de temperatura, mientras la multitud gritaba y rezaban histéricamente", me decía Reginaldo de Athayde.

Desde los bordes, la nube arrojaba rayos de varios colores sobre los árboles. A la vez se formaba un círculo plateado del tamaño de la luna al lado del sol, hasta que se difuminó lentamente. Indiferente a la histeria de su entorno, José Ernani garabateaba sobre un papel el mensaje que estaba recibiendo de la Virgen. Todo esto transcurrió en cinco minutos, al cabo de los cuales se formó una nueva nube y todo el fenómeno volvió a repetirse.

Otra aparición previa cita ocurrió el 5 de noviembre del mismo año y, en esa ocasión, dos ufólogos de CPU pudieron fotografiar cuatro luces de apariencia extraña en el cielo. Una tenía forma de disco aparentemente metálico. Según Athayde se trataban de auténticos platillos volantes, vistos entonces por casi 5.000 personas que los interpretaban como la mismísima Virgen María. Multiples fenómenos ufológicos acaecieron hasta 1995 y actualmente sólo se manifiestan de forma esporádica.

Al centro, el padre Cícero.

PARAÍBA
SOUZA
JOÃO
PESSOA
CAMPINHA GRANDE
INGÁ
BOQUEIRÃO

XVII

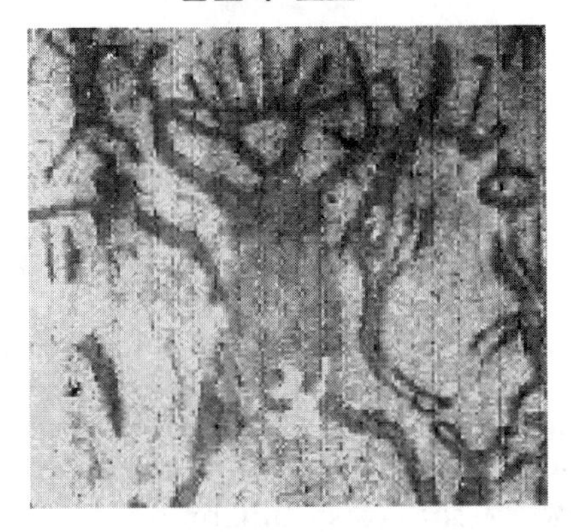

PARAÍBA:

LA PIEDRA DE INGÁ Y OTROS TESOROS RUPESTRES

PARAÍBA ES UNO DE LOS MAYORES depositarios de misterios de todo Brasil. En sus 53.958 kms^2 alberga casi tantos petroglifos indescifrados como en todo el resto del país y una altísima frecuencia de apariciones ufológicas, tanto en la costa como en el interior. Sus espacios semiáridos (es uno de los estados que más sufre con las sequías) y sus montañas del Planalto da Borborema están aún por explorar. Se dice que ocultan numerosos tesoros paleontológicos como huellas de dinosaurios y restos fósiles de grandes mamíferos prehistóricos.

A los portugueses les costó conquistar estas tierras llenas de maravillas. Los bravos y heróicos indios potiguares ofrecieron resistencia a lo largo de casi todo el siglo XVI. En 1585 los lusos consiguieron un aliado nativo, Pirajibe, cacique de los tabajaras y construyeron la fortaleza de São Filipe (en homenaje al rey de España, Felipe II). A su alrededor nació la tercera ciudad de Brasil, Filipéia, más tarde Paraíba y hoy João Pessoa, capital del estado.

Practicamente diezmados por una epidemia de viruela, los indígenas claudicaron ante los portugueses en 1599. En 1634 Paraíba cayó bajo dominio holandés, que fueron expulsados en 1654. A finales del siglo XVII los malos tratos que los colonizadores infligían a los indígenas ocasionaron una revuelta conocida como *Confederación de los Cariris* pero que fue abrumadoramente aplastada.

João Pessoa es una capital de más de medio millón de habitantes, repleta de playas semejantes a las del Caribe, caracterizadas por un mar de color verde-esmeralda. La ciudad presenta varios importantes monumentos que están siendo restaurados con ayuda de la Agencia Española de Cooperación Internacional (AECI), entre los cuales se destacan iglesias del propio período colonial español en Brasil.

Es aquí donde obligatoriamente se empiezan a descubrir los muchos enigmas del estado.

Quién haya visto la película *200: una odisea del espacio*, de Stanley Kubrick, basado en un relato de Arthur Clarke, podrá recordar que el principal protagonista no es, ni el computador enloquecido, ni los astronautas, si no un monolito negro y rectangular descubierto en la luna por una expedición terrestre. Se nos presenta imbuído de un significado y poder transcedentales aunque no tenga ningún detalle exterior. Tan sólo una masa negra y aparentemente lisa.

A 80 km de João Pessoa, existe un monolito tan misterioso como el de Clarke, pero en este caso real. En su superficie horizontal se hallan cerca de 500 enigmáticas inscripciones que desde hace algunas décadas han sido objeto de múltiples especulaciones sobre el origen de sus artífices y la forma como lograron obtener perfectos bajorrelieves en una roca granítica.

Una de las hipótesis más conocidas es la del origen extraterrestre de sus inscripciones. Los miembros de la Ancient Astronaut Society (que presidía Eric von Däniken), han publicado trabajos en los que sugieren el empleo del láser en el labrado, dejando allí un mensaje imperecedero.

El bloque, de forma rectangular, está situado a orillas del río Ingá. Posee casi 23 m de longitud, 3 de ancho y en el punto más alto 3,8. Las inscripciones de su cara norte se extienden sobre una superficie de 18 m de longitud y 1,80 de altura. El paisaje de alrededor es semejante a una sabana cubierta de rocas, como si una fuerza gigantesca las hubiese arrancado del interior de la tierra, incluido el famoso monolito...

El amanecer confiere un aspecto dramático a las inscripciones. Los surcos que componen los dibujos o jeroglíficos tienen una media de 10 cm de ancho y una profundidad de casi tres, perfectamente pulidos. Una primera impresión nos hace ver figuras antropomorfas, zoomorfas, puntos y rayas que parecen componer un lenguaje ininteligible.

En João Pessoa, a partir de un recorte de periódico sobre la arqueología de Paraíba, localicé a la historiadora y paleontóloga Maly Trevas que desde hace algunos años se dedica a catalogar los monumentos prehistóricos del estado. Sus observaciones sobre la Pedra do Ingá fueron muy interesantes. "Puedes emplear una regla para medir la perfecta simetría de estas inscripciones; ves el pulimentado uniforme que muestra a sus desconocidos artífices en el estado más elevado de la cultura, un pueblo que desapareció sin dejar pistas. Aunque se parezcan a inscripciones halladas en otras partes del mundo, son únicas; no las hay igual en ningún otro sitio", me dijo la estudiosa a bordo de un todoterreno, rumbo a Ingá.

Una de las dudas planteadas por arqueólogos y expertos es la necesidad de herramientas de metal, especialmente hierro, para labrar las inscripciones, desconocido por los antiguos habitantes de Brasil. Otros, como la misma Maly Trevas, sugieren que hayan sido hechos pacientemente, presionando un bastón de madera untado en arena contra la roca.

Es posible que los indígenas de antaño conocieran éste metal. Según nos cuenta Demetrio Santos Santos en su clásica obra *Investigaciones sobre astrología. Vol. I.* (reeditada por el conocido astrólogo y escritor Vicente Cananya en 1999), existen tradiciones europeas que hablan de dragones voladores con piedras preciosas en la cabeza que estarían asociadas a la caída de aerolitos de materiales férricos. Las primeras hachas prehistóricas posiblemente fueron labradas con ellos, también conocidos como "piedras del rayo". *(N. del A.)*

Preeliminarmente se arañaba con lascas la concavidad a pulir con el bastón y la arena. Esta técnica pudo tener sus inconvenientes: la roca se parte con facili-

Paisaje del *sertão* de Paraíba.

dad y un golpe mal dado echaría a perder todo un trabajo de años, quizá 50 de un equipo de hombres trabajando a destajo, según argumentó la investigadora.

Hay que añadir que los obreros realizaron figuras tan complejas como espirales, surcos paralelos, curvos, ondulados y secuencias de esferas cóncavas y sólo podían ejercer su trabajo en épocas de sequía, pues con el advenimiento de las lluvias el monolito queda sumergido.

"Yo misma he intentando hacer un redondelito poco profundo en una roca cercana, y tardé casi una semana para ejecutarlo. Se podría conseguir en tres días trabajando intensivamente y terminar con las manos sangrando", me aseveró Maly Trevas acariciando las incripciones de la mole.

La investigadora cree que debía ser una especie de importante santuario dedicado al culto de las aguas, un centro chamánico donde se empleaban casi 26 plantas medicinales que crecen en la región.

"Digo esto comparándolas con otras inscripciones semejantes, pero no tan perfectas, que existen a lo largo de los ríos de Paraíba. Sin embargo, todavía todo es muy nebuloso, pues aún no se han llevado a cabo excavaciones en Ingá. Quizá yo misma pueda hacerlo algún día. Entonces empezaremos a descubrir otros aspectos ignorados a cerca de misterios que rodean este monolito", concluyó.

Em Joao Pessoa entrevisté al veterano investigador de esta curiosa obra, el profesor francés Jacques Ramondot, de la Universidad Federal de Paraíba.

Aficionado a la arqueología y la ufología (fue corresponsal de *Lumiéres dans la nuit* en Bolivia y Brasil), me dijo que las inscripciones que se hallan en una losa pétrea donde se asienta contienen las estrellas que componen la constelación de Orión.

"Están perfectamente posicionadas. Es muy raro encontrar inscripciones en el suelo. En sudamérica sólo conozco las de la montaña de Samaipata en Bolivia y de la isla de Martirios en Brasil. Además, hay inscripciones en el mismo paredón vertical del monolito que pueden configurar un calendario astronómico, quizá solar, según la secuencia de círculos que se hallan alineados en la parte superior del panel vertical", me reveló Ramondot.

"¿Quienes fueron, a su juicio, los autores de las inscripciones?", le pregunté.

"Con certeza un pueblo muy anterior a los indios que los portugueses encontraron en los siglos XVI y XVII. Eran de una raza diferente a los indígenas, posiblemente blancos. Son los mismos que fundaron las culturas preincaicas de Sudamérica. Eran los llamados "dioses blancos" civilizadores, como el Viracocha de los Incas o el Sumé de los tupis-guaranis brasileños."

"¿Y de dónde vinieron?"

"De Atlantida, Lemúria, del continete perdido de Mu, del antiguo Oriente, de Europa... no lo sabemos. Me gustaría mucho que hayan sido los extraterrestres sus autores, pero lo máximo que podría relacionar aquellas inscripciones con alienígenas es que los antiguos habitantes de Ingá hayan visto OVNIs y sus ocupantes y los hayan plasmado en aquella roca."

A principios de los 70 el *Boletim informativo do Centro Brasileiro de Arqueologia* de Río de Janeiro, publicó un artículo del ingeniero José Benício de Medeiros, que en 1962 descubrió que de las 14 las estrellas grabadas en la laja de la Piedra de Ingá, 11 coincidían con las de la constelación de Orión. Hasta la magnitud del brillo de éstas estaba bien representado. Las otras tres podrían ser los planetas Marte, Júpiter y Saturno.

Calculando la llamada precesión de los equinoccios, es decir, uno de los movimientos que la Tierra efectúa en el espacio con una frecuencia de 26.000 años, constatando a la vez la posición de las estrellas dibujadas en Ingá con las que hoy ocupan el firmamento, José Medeiros llegó a la conclusión de que el monolito puede tener unos 6.000 de antigüedad. Esto significa -según datos de la arqueología oficial- que las inscripciones de Paraíba son 1.000 años más viejas que el complejo megalítico de Stonehenge, en Inglaterra y tal vez unos 2.000 anteriores a la construcción de las grandes pirámides de Egipto.

Después de más de 20 años del descubrimiento de José Medeiros y de la teoría solar de Ramondot, otro estudioso, el médico Francisco Pessoa Faria, autor del libro *Os astronomos pré-históricos do Ingá* (Ed. Ibrasa, 1987), expone su teoría que relaciona las 114 depresiones redondas del panel vertical. Están alineadas con la línea imaginaria que los astrónomos llaman eclíptica, por donde el sol se mueve a lo largo del año (efecto sólo aparente, pues en realidad es la Tierra la que se mueve a su alrededor). Pasa por las 12 constelaciones zodiacales (empleadas por los astrólogos) también representadas en el panel.

Llegado este punto, recordé una entrevista que hice al doctor Faria en São Paulo ya hace años, en 1990. Por aquél entonces yo, intrigado por este y muchos otros asuntos, poseía ya un importante archivo documental y numerosas entrevistas efectuadas. Fue entonces cuando el doctor me aclaró que las posiciones del sol

Inscripciones descubiertas en el río Surrão.

tenían importancia para señalar solsticios y equinoccios, tanto a fines de supervivencia como religiosos. Además parece que ciertos jeroglíficos del monolito sugieren una estilización de la constelación de Escorpión, tal como se encontraba entre 4300 y 2150 a.C.

El investigador también me dijo que algunos dibujos de cometas y otras estrellas desconocidas podrían estar relacionados con alguna efemérides astronómica significativa para los antiguos habitantes de Ingá, "tan importante como el paso del cometa Halley o la explosión de una supernova".

En 1989 otro estudioso, Gilvan de Brito, publicó el libro *Viagem ao desconhecido: os segredos da Pedra do Ingá*, donde daba a conocer su teoría lunar y matemática para el famoso bloque granítico. Multiplicando, sumando, restando y dividiendo los 114 círculos tallados en la piedra, encontró el número exacto de días de un año solar bisiesto, los días del año lunar, la distancia de la Tierra a la Luna (su apogeo y perigeo), la velocidad orbital de ésta, su diámetro y hasta el número Pí..., algo semejante a las relaciones matemáticas y geométricas encontradas en la Gran Pirámide, todo demostrado a través de los cálculos publicados.

Otro libro es *Nas pegadas de Sao Tomé* (Brasilia, 1993), de la investigadora Zilma Ferreira Pinto, a quien pude entrevistar en João Pessoa. Al contrario de los demás investigadores, cree que las inscripciones son más recientes de lo que se podría imaginar.

"Hay figuras que se parecen a los pentáculos, símbolos mágicos de la cábala judía. Las inscripciones tienen un carácter iniciático, así como las cartas del tarot o los signos zodiacales. En ellas está la representación del mundo terrenal y del espiritual. Sus autores eran de origen hebreo, aunque influenciados por los cristianos y el Islam. Por eso deduzco que fueron judío-bereberes del norte de África, judíos del Asia Menor, como los de Turquía, o aun judíos sefarditas de España y Portugal que huyendo de su tierra llegaron a Brasil", me comentó Zilma Ferreira.

También en João Pessoa conocí al arqueólogo francés Armand Fraņçois Gaston Laroche que realizó algunos espectaculares descubrimientos en las inmediaciones del monolito y en el estado de Pernambuco en los años 60. Durante sus excavaciones el arqueólogo descubrió algunas estatuas de piedra muy deterioradas y conchas talladas que mostraban imágenes de antiguos pueblos de Oriente Medio o Asia Menor.

Pude consultar los manuscritos de Laroche y me topé con una imagen desconcertante: un dibujo de uno de sus hallazgos en cuyo pie se anotaba "escenas recogidas en una ostra fosilizada, 'exvoto' funerario. Observatorio y escena de observación astronómica o astrológica". El dibujo superior muestra dos rostros masculinos alineados con sombreros cónicos, uno de ellos con barba y otro femenino mirando en sentido opuesto. El "barbudo" observa por una especie de objeto amorfo que recuerda una especie de telescopio. ¿Hace miles de años? Si la interpretación de Laroche es correcta, estamos ante un nuevo enigma para la ciencia, que sólo admite la invención de este ingenio por Galileo Galilei a principios del siglo XVII.

El investigador italiano Gabriel D'Annunzio Baraldi llegó independientemente ya en los años 80 a la conclusión de que las inscripciones eran de origen hitita. Su teoría sin embargo es muy diferente de la de Gaston Laroche y de ser cierta, revolucionaria. Me dijo en São Paulo, que está convencido que sus artífices fueron protohititas, seres humanos supervivientes del gran cataclismo que hundió el continente de Atlántida y que encontraron refugio arribando como pudieron a las costas de Brasil.

"Sólo más tarde se fueron a la planicie de Anatolia. Mientras dejaron una importante inscripción en el monolito que yo pude descifrar gracias a un proceso comparativo entre la fonética de la escritura hitita y la de los indios tupis de Brasil, cuyo idioma es semejante al hitita arcaico".

En su grueso y erudito libro *The American Hittites* o *Os Hititas Americanos* (São Paulo, 1997), desgrana el significado de cada símbolo. Algunas de las inscripciones mencionan una erupción volcánica hacia 3000 a.C. que hizo desaparecer una ciudad entera. Uno de los escasos testigos que escapó a la catástrofe fue el propio monumento. Algunos de los símbolos sugieren otras grandes erupciones volcánicas y una serie de dinastías y sacerdotes. Tales textos recuerdan mucho al estilo descriptivo de los mesopotámicos.

Baraldi sigue sus investigaciones en torno a este y otros símbolos de la prehistoria brasileña y mundial. Quizá haya encontrado la clave para descifrar algunos de los alfabetos más antiguos y enigmáticos del mundo. Este moderno "Champolion" tiene en su poder las claves para una nueva interpretación de la historia que seguramente no agradará en absoluto a los más ortodoxos.

En 1944 la *Revista do Arquivo Municipal de São Paulo* presentaba un artículo firmado por el prestigioso arqueólogo José Anthero Pereira Jr. que, tras denodados estudios comparativos, afirmó que las inscripiciones de Ingá eran de "naturaleza ideográfica e idénticas a los caracteres existentes en las tablas de la isla de Pascua denominadas por los indígenas 'Kohau-rongo-rongo'".

Pereira Jr. también llamaba la atención de la semejanza de las inscripciones de Paraíba con las de la escritura encontrada en Mohendjo Daro, Valle del río Indo -India-. El profesor Balduíno Lélis, creador del museo arqueológico de la Universidad de los Institutos Paraibanos de Educación, tras 38 años de investigaciones llegó a la conclusión de que los jeroglíficos de Ingá son de origen centroamericano, posiblemente tolteca

"Encontramos la representación de un gran maíz, el alimento sagrado de los mayas, aztecas y todos los pueblos de la antigua mesoamérica. También hay varios falos, muy comunes en la iconografía tolteca", justificó convencido Balduino Lélis.

Un fenómeno comprobado junto a las inscripciones es que algunas personas "entran en trance" en su presencia y pasan a tener "visiones de otros mundos, de seres de otros universos", según el ufólogo suizo Hans Kesselring, de João Pessoa. Algo semejante sucede con la estatua de "El negro", presuntamente olmeca, que está en el museo de San Andrés Tuxtla, en México y que visité en 1994.

Inscripciones en el monolito de Ingá.

Algunos ancianos que viven cerca de Ingá hablan de una extraña historia que refiere la existencia de un tesoro dentro de una cámara subterránea bajo la piedra. Incluso se comenta que han sido vistas personas entrando y saliendo de una abertura. Curiosamente, en la laja donde se asienta el bloque existe un trozo de formato casi cuadrado de diferente color inscrustado y perfectamente encajado, cuyos lados poseen casi medio metro.

Jacques Ramondot, que se dedica desde hace más de 30 años a la radiestesia, cree que existe realmente un hueco debajo, según se desprende de sus muchos análisis efectuados con el péndulo. "Puede que exista una cámara subterránea, tal vez la tumba de un antiguo soberano. Sólo excavando podremos saberlo".

Por detrás de la fachada llena de símbolos, cara al río, existen muchas depresiones naturales formadas por la erosión del agua. "Otras parecen haber sido retocadas por la mano humana, especialmente una en forma de sarcófago donde podría caber el cuerpo de una persona adulta", me dijo Zilma Ferreira.

Cerca está la "Piedra del Sonido" que cuando se golpea emite un sonido metálico. En ella están grabadas las huellas de dos pies que, según Zilma, podrían indicar la representación del paso por aquellas tierras de *Pai Zumé* o *Santo Tomás*, un dios blanco y civilizador.

Inscripciones en el monolito de Ingá.

Campina Grande, la segunda mayor ciudad de Paraíba (con unos 300.000 habitantes) era mi punto de partida para iniciar un viaje de más de diez días que me llevaría por lugares que aún no están en los mapas.

Junto con Maly Trevas -que se dedica a catalogar el arte rupestre del estado- y su joven ayudante David Renovato, un nativo que conoce los recovecos más ocultos e ignotos, organizamos la expedición para alcanzar algunos de los yacimientos más antiguos y quizá hallar algún otro aún no catalogado.

"Hasta ahora he podido registrar más de 400 sitios arqueológicos en toda Paraíba, principalmente inscripciones rupestres o petroglifos cuyo origen aún desconocemos. Tal vez sea la región de mayor concentración de inscripciones de toda América", me dijo Malí Trevas mientras me desplegaba un mapa donde había señalado los lugares por donde iríamos a viajar.

Al día siguiente echábamos las mochilas detrás del todoterreno y nos lanzábamos por una carretera de tierra que nos llevaría a un maratón de misterios hacia el interior del estado de Paraíba. Ibamos a la región del *Cariris Velhos*, más concretamente cerca del poblado de Acarí, a unos 30 km de Campina Grande. Subimos por serranías áridas donde los bajos matorrales resecos y una gran cantidad de cactus tapizan la tierra dura, semejante al sur de España.

Nos acompañaba en la expedición Cícero André da Silva, campesino y concejal de un pueblo cercano a Campina Grande. Nos serviría de guía para localizar unas inscripciones que Malí había visitado hacía algunos años. En 1993 el campesino fue testigo de la aparición de una luz de grandes dimensiones en la región por donde rodaba el todoterreno, cerca del río Surrão, entre montañas y valles profundos.

"Los campesinos decían que era el fin del mundo", recordaba. "Ya empezaba a anochecer cuando yo y varias otras personas vimos aquella bola de luz salir del cielo, sobre las montañas, más grande que la Luna. Alrededor era roja y en el centro destellaban otros colores, principalmente el azul. En algunos minutos la luz se fue agrandando hasta quedar del tamaño de varias lunas juntas", me decía el campesino-concejal.

Inscripciones en el monolito de Ingá.

"¿Y qué pasó después?", le pregunté con curiosidad indescifrable.

"Fue como un espectáculo de fuegos artificiales, pero mucho más bonito y grande. Empezaron a salir de la luz otras más pequeñas, también redondas, de color azul. Se esparcieron volando y desaparecieron entre las montañas. Creo que podrían ser unas 20 ó 30 en total".

Cícero no parecía tener muchas ganas de hablar sobre el asunto y sólo con mucho esfuerzo conseguí que me relatase lo ocurrido. Hablando con varios lugareños pude confirmar lo dicho. Nadie relacionó el hecho con OVNIs, platillos volantes o extraterrestres, puesto que son pocos los que tienen acceso a un televisor en aquella región remota y pobre.

Notando mi interés por el fenómeno, David Renovato me comentó que aquello es relativamente común en la zona. En 1994, en una hacienda de la región de Boqueirão, había sido encontrada una vaca muerta e inexplicablemente mutilada alrededor del ano. Varias luces pudieron ser observadas sobrevolando la hacienda algunos días antes.

Habíamos llegado cerca del valle donde se hallaban las inscripciones que buscábamos. Bajamos hasta el fondo por una cuesta muy inclinada -casi en picado- pedregosa y escabrosa. El fuerte sol, la sequía del aire y el paisaje desolado hacia aún más penoso el descenso. Hasta que por fin llegamos al cauce del río Surrão, totalmente seco.

El lecho estaba formado por grandes bloques de piedraque parecían haber sido arrojados allí por manos de gigantes jugando con ellos a las canicas. Tras algunos centenares de metros escrutando las rocas, David -que se había adelantado al resto del grupo- nos gritó para que nos acercáramos. Sobre una gran laja de piedra vimos un conjunto de inscripciones donde sobresalían varios círculos, algunos con puntos en su interior y una gran luna creciente o menguante. El sitio era desconocido por los arqueólogos y según Malí Trevas, podría tratarse de un verdadero mapa astronómico.

Mas adelante, en el mismo cauce y en la faz vertical de un peldaño natural de piedra, encontramos otras inscripciones más borradas por la erosión del agua que llena el lecho algunos meses al año. Era un grupo alineado de pequeños círculos que podrían servir para contabilizar el tiempo según algunos rituales agrários. Todo eran conjeturas. Nadie había excavado aún sistematicamente cualquiera de los yacimientos arqueológicos de Paraíba y tampoco se conocen los grupos humanos que puedan haber vivido en la región.

Además corre la leyenda entre aquellas gentes pobres y humildes que las *itaquatiaras* (es así que llaman a las inscripciones rupestres) señalan lugares donde los jesuitas y holandeses -que se establecieron en la región en el siglo XVII- ocultaron sus tesoros. A raíz de esto no son pocas las que han sido picadas o voladas con dinamita en el afán de descubrir las supuestas riquezas.

Algunos tuvieron la suerte de encontrar instrumentos rupestres tallados en lapislázuli, no existente en la región. También fueron encontrados restos humanos en varias cuevas, "pero no tenemos recursos para datarlos", me dijo Mali Trevas. Otros materiales líticos como hachas, puntas de flechas y lanzas, abundan en los antiguos refugios ocupados antaño por el hombre.

Los indios caririś -extinguidos en el siglo pasado- fueron los únicos humanos contactados por los portugueses, holandeses y franceses en la época de la ocupación colonial. Pero los arqueólogos suponen que ellos nada tienen que ver con los escultores de las *itaquatiaras* o con su cultura.

Más adelante encontramos las inscripciones que ya estaban catalogadas, labradas sobre una laja pétrea de más de 8 metros de longitud preñada de círculos con puntos en su interior y más puntos alineados o esparcidos, pero con cierta lógica y simetría. ¿Qué podrían significar? ¿Nos legaban los antiguos habitantes del *Cariri Velho* algun mensaje que jamás podremos descifrar?

En el caso de tratarse de un mapa cósmico, como pretenden algunos arqueoastrónomos, como el profesor Faria Pessoa, ¿con qué sentido? El investigador español Tomás Martínez realizó algunos hallazgos arqueológicos en Galicia con el apoyo del C.N.I.G. Instituto Geográfico Nacional y relacionó las incripciones de los del río Surrão, en Paraíba, con la representación nocturna del cielo en A Pedra do Fundamento, en Pontevedra.

Una de las más sorprendentes zonas arqueológicas de cuantas visité en Brasil fue sin duda la de Serra da Aldeia, también conocida como Serra do Pai Mateus. Maly me prometía una sorpresa y por eso no me dijo qué iríamos a ver. El último registro histórico sobre la existencia de un poblado precolombino en la Serra da Aldeia databa de 1647, cuando el capitán holandés Elias Herckmann visitó las montañas de Paraíba durante una expedición.

Desde entonces no se había oído hablar más sobre lo que Maly me ocultaba. Ella misma hace algunos años redescubrió el sitio, manteniéndolo en secreto hasta aquél momento. Casi al atardecer -tras habernos perdido por entre veredas que no conducían a ninguna parte- el todoterreno se paró en una gran explanda situada sobre una montaña. Fue cuando pudimos ver algo espectacular: sobre otra montaña, a corta distancia, se desparramaban enormes rocas ovaladas, como si fueran los huevos de la gigantesca ave Roc de los cuentos de Simbad, el Marino.

La montaña y las rocas son graníticas y de formación natural. Al acercanos más vimos como algunas eran huecas o tenían aberturas a modo de cuevas. Algunos de estos "huevos" tenían, quizá, hasta unos diez metros de longitud y cinco o seis de altura. Nos asomamos a una de las aberturas y para mi sorpresa, en el techo de la roca se distinguian las impresiones de manos con seis dedos pintadas en rojo. Ademas, las flanqueaban otros símbolos borrados por el tiempo.

En el suelo otro objeto desconcertante: una suerte de mesa de piedra, asentada sobre otras menores. ¿Cuál era su finalidad? Tal vez para celebrar sacrificios rituales de animales o incluso de personas, como ofrendas a un dios del cual ni sabemos su nombre, según Maly Trevas.

"Hecha un vistazo en la parte de atrás", me dijo la investigadora sonriendo, viéndome disfrutar de todo aquello como un niño.

Un pequeño muro tapaba el espacio libre entre la base del "huevo" y su parte más alta. Seguramente los antiguos ocupantes lo habían hecho para protegerse de la intemperie. Por lo que yo sé, no existe otro tipo de construcción semejante en todo Brasil, máxime cuando se trata del formato inaudito de las gigantescas rocas.

El autor en la Serra de Aldeia.

Antes de marcharnos miré hacia atrás, pues quizá haya sido la última vez que alguien las contempló. Nos enteramos a través de Malí que un gran hacendado estaba dinamitando alrededor de la montaña para extraer bloques de granito destinados a la construcción civil. Un fallo en la dosificación de la dinamita o mayor cercanía harían desmoronar las rocas o volar la montaña y sus restos arqueológicos[1].

Los días siguientes vimos inscripciones tan recónditas como la del Sitio Altar. Vadeamos ríos y subimos montañas para encontrar algunas pinturas rupestres muy deterioradas a causa de las rudezas del clima. Uno de los últimos lugares fue la gruta de Caturité, que ya había sido saqueada . Malí supone que fue ocupada sucesivamente por grupos humanos y las pinturas pueden tener miles de años.

De vuelta al lugar -tras arrastrarnos por el suelo de la cueva y toparnos con restos de esqueletos y algunas tarántulas- fuimos recibidos por una simpática campesina que nos invitó a almorzar. Doña Isaura Alves dos Santos vivía aislada con

1. Gracias a los artículos que publicamos sobre este asunto en la prensa española y brasileña, el hacendado recapacitó y decidió proteger la zona.

su marido en medio de aquél desierto rodeado de serranías. Ella había sido testigo de una experiencia casi traumatizante.

"Yo había salido hacia las seis de la tarde, casi al anochecer, para recoger una gallina que estaba debajo de un árbol. Fue cuando me percaté que una luz iluminaba el suelo debajo del *pereiro.* Cuando miré hacia arriba ví algo que me dejó de piedra: una luz redonda y roja, a pocos metros de altura sobre el árbol."

"¿De qué tamaño era esa luz?", la pregunté.

"Creo que no más de medio metro. Enseguida, bajó rápidamente y se puso enmedio de las hojas, que empezaron a moverse mucho. No lo pensé más. Me eché a correr para dentro de casa donde me puse a llorar".

"¿Qué cree Ud. que era aquello?", le dije sin poder ocultar mi curiosidad.

"No lo sé. La gente de la región también me ha comentado que la ha visto. Dicen que es *puxadora* (que tira), pues caza para sí algunas personas y animales".

Doña Isaura, que es católica, cortó el árbol tras el suceso -quizá por alguna superstición- porque le achacaba la responsabilidad de haber atraido el extraño objeto luminoso. Ella no sabe lo que es un OVNI o un platillo volante...

En el Instituto Histórico y Geográfico de Paraíba, en João Pessoa, Maly me mostró un documento sorprendente y revelador que estuvo olvidado más de 60 años. Guardado en un cofre encontramos un manuscrito titulado *Indícios de uma Civilização Antiquíssima*, escrito por un tal José de Azevedo Dantas entre 1918 y 1928. Redescubierto en los últimos años tras una "limpieza de papeles", el manuscrito contiene reproduciones de excelente calidad de muchas inscripciones y pinturas de Paraíba y Río Grande del Norte, muchas ya desaparecidas a causa del vandalismo.

José Dantas, un campesino autodidacta, aficionado a la arqueología y la paleontología (también escribió para periódicos) dibujó, con lápices de colores, especialmente rojo (frecuente en las pinturas rupestres) imágenes que parecen representar un crisol de pueblos de épocas distintas. Murió pobre y tuberculoso, sin buscar nunca algun lucro con sus dibujos.

En las páginas del manuscrito se exhiben imágenes de barcos semejantes a los *drakkars* vikingos, hombres y mujeres con atuendos típicos de los árabes o de los pueblos de la antigua Babilonia o Fenicia, mientras se supone que los antiguos pueblos de Brasil andaban, cuando mucho, en taparrabos.

Pero uno de los dibujos que más me llamó la atención fue el de un hombre enfrentándose a una criatura de mayores proporciones con un pescuezo largo, cabeza pequeña y cuerpo abarrilado. Lo primero que se piensa al verlo es que se trate de un dinosaurio, más bien de un plesiosauro como se supone que es el monstruo del Lago Ness.

La única diferencia son dos apéndices a modo de alas. Pero, ¿existieron dinosaurios contemporaneos a los hombres cuando se sabe que aquellas bestias desaparecieron millones de años antes de los primeros homínidos?

En la región de Ica, en Perú, el profesor Javier Darquea Cabrera también encontró piedras con imágenes que representaban animales con la forma inequívoca de dinosaurios, pero su autenticidad se ha puesta en duda en los últimos años, principalmente a raíz de las investigaciones del español Vicente París. En Acámbaro, México, el dr. Fernando Jiménez del Oso constató y documentó la existencia de miles de muñecos de cerámica que representan animales, sobre todo saurios ya extinguidos[2].

Curiosamente, en la década de los ochenta, se encontró en el sector más occidental de Paraíba, cerca de Sousa[3], el mayor conjunto de huellas de todo Brasil. Aparentan estar "frescas". Algunos paleontólogos aficionados del noreste del país creen que este nuevo "Parque Jurásico" a la brasileña pueda tener, no millones de años, sino ¡menos de 12.000 años de antigüedad!

En una hoja separada, pero dentro del manuscrito, se encuentran dibujos con imágenes de dinosaurios, mamuts, atuendos asiáticos y escrituras antiguas (entre ellas tipos de escrituras hindú, cuneiforme y egipcia). ¿Intentaría Dantas comparar las imágenes de los *Cariris Velhos* con las de otras partes del mundo y con seres ya extinguidos? Parece que sí, aunque haga solamente mención a ello de pasada en el manuscrito.

Dibujos de Azevedo Dantas de petroglifos en Paríba.

Así reza su texto: "Se ven animales (en pinturas e inscripciones) de diversas formas, destacando por su forma a los bronquiosaurios o fósiles coétaneos de batracios, aves zancudas y palmípedas..." y sobre el supuesto dinosaurio que vi representado en la escena de cacería, nos habla que "es digno de curiosidad el animal monstruo que en aquella época representaba por instinto de la naturaleza la fuerza y el respeto".

Lo que José Dantas sí deja muy claro es su creencia en una antigua civilización constructora de grandes monumentos y ciudades en regiones inexploradas del país. Además cita al coronel inglés Percy Fawcett (ver Mato Grosso y Rondônia), que desapareció misteriosamente en 1927 cuando buscaba una ciudad perdida que creía ser de origen atlante. Observa que "las opiniones emitidas por el coronel Fawcett son de una lógica irrefutable, pues están de

2. Figuras de cerámica, igualmente polémicas, fueron presentadas al periodista e investigador Iker Jiménez por el dr. Cabrera, en Ica, en 1998.
3. Recientemente, a través de una comunicación epistolar, el presidente de la Associação Comunitária Movimento de Preservação do Vale dos Dinossauros, Luiz Carlos da Silva Gomes, me comunicó haber descubierto más de 150 nuevas huellas de dinosaurios en la región de Souza.

acuerdo con todo lo que me ata a estas inscripciones rupestres que he tenido la suerte de poder visitar".

Además de los personajes con extraños atuendos, las inscripciones de Paraíba también muestran otros personajes con cabeza de lobo o e de zorro (¿hombres lobo?), otros semejantes a demonios, a mujeres con vestidos engalanados y modernos (incluso, a veces, con sombrillas) a guerreros con escudos y lanzas en plena batalla o escenas de asesinatos y algunas de navegación.

En su interesante y heterodoxo libro *Nas pegadas de São Tomé* ("En las huellas de Santo Tomás"), Brasilia 1993, la investigadora de Paraíba Zilma Ferreira Pinto ve en las inscripciones de su estado, incluyendo las dibujadas por José Dantas origen judío-cabalístico, de clara influencia cristiana e islámica, principalmente de origen español.

Formaciones rocosas con pinuras rupestres en Serra da Aldeia.

Una inscripción copiada por Dantas es interpretada por ella como la "escena simbólica del encuentro entre Adán y Eva según una narración árabe". Pero también la asocia con el encuentro de un iniciado en la cábala con su *maggid* (el guía celestial de los antiguos practicantes). Junto a las dos figuras humanas surge una hoja de palmera, *el luvav*, uno de los antiguos símbolos de los hebreos.

En uno de los dibujos hay un personaje con un arma para tirar piedras, muy semejante a las hondas hebreas. Laberintos cuadrados (iniciáticos para los judíos), estrellas de David y turbantes.

"Creo que hubo contactos transoceánicos en un pasado no muy remoto", me dijo. "Las guerras expansionistas árabes entre los siglos VII y VIII d.C. , el desplazamiento de los turcos hasta la planicie de Anatolia y el establecimiento del Imperio Otomano entre los siglos XI y XV d.C., supuso el desplazamiento de poblaciones enteras hacia algún lugar desconocido. Tal vez América."

"En su libro Ud. cita a los españoles en Brasil, antes de los descubrimientos de Colón. ¿Quiénes eran?"

"Muchos eran judíos sefarditas, como se puede observar en las inscripciones de Paraíba. Un ejemplo del conocimiento que tenían de la América precolombina los europeos, es el del cartógrafo del famoso infante Don Enrique *El Navegante*, en la corte portuguesa del siglo XV. Su Escuela de Sagres estaba dedicada a la enseñanza de la navegación y menesteres iniciáticos, puesto que él era el representante de la Orden de Cristo -sucedáneos de los Templarios-. Allí trabajaba el catalán Jácomo de Mallorca que debía conocer y cartografiar rutas hacia los varios continentes. Quizá se trata de Jacob Ribes, judío sefardita catalán que también era maestro de navegación".

"¿Hubo otros navegantes?", le pregunté.

"Sí, muchos. Un hecho poco conocido es que existían rutas secretas de navegación y comercio conocidas por los bizantinos. Los que poseían este secreto podían salir de Asia y alcanzar el estrecho de Gibraltar o entonces el Extremo Oriente. Otro judío, Gaspar da Gama, de origen polaco, estuvo al servicio de la flota marítima de Pedro Álvares Cabral. Juntos descubrieron, entre comillas, Brasil. Ahora bien, había trabajado para Vasco da Gama, el primer portugués que llegó a las Indias contorneando el continente Africano. Ambos llegaron a Brasil de forma casual según el diario de bitácora. Muchos historiadores serios dudan de esta "casualidad" y achacan el presunto descubrimiento a los conocimientos previos que se tenían de aquellas tierras judíos y árabes".

"¿Todas las inscripciones de Paraíba serían de origen judio-musulmán?"

" No. Creo que hay otras mucho más antiguas, miles de años, que algunos achacan a los descendientes de los atlantes, otros incluso a extraterrestres. Como nadie ha podido excavar científicamente la región o datar objetos, es difícil apostar por alguna explicación. Sólo tenemos imágenes para compararlas con las del resto del mundo", concluyó Zilma Ferreira.

Huella fósil de dinosaurio en Souza.

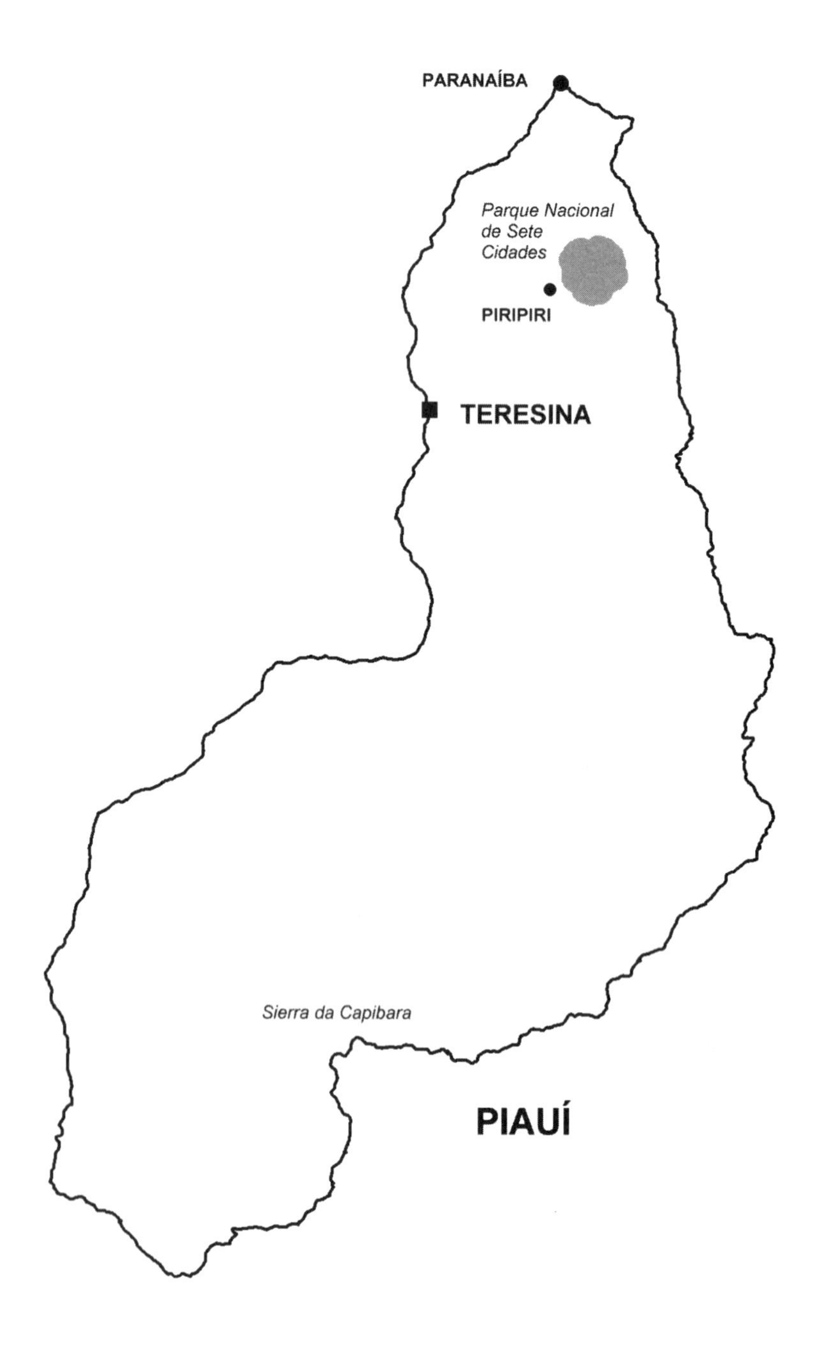
PARANAÍBA
Parque Nacional
de Sete
Cidades
PIRIPIRI
TERESINA
Sierra da Capibara
PIAUÍ

XVIII

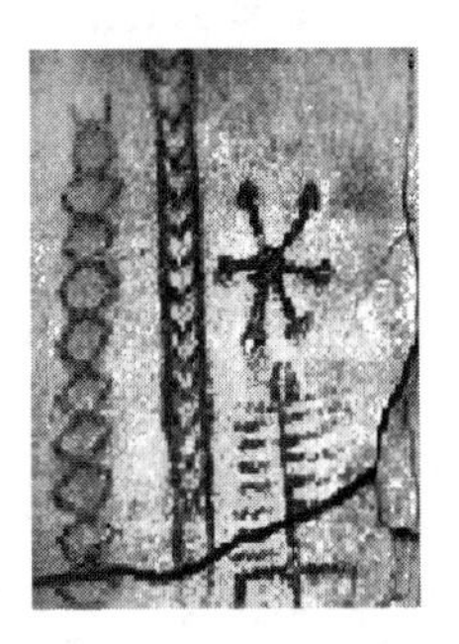

EL ENIGMA DE LAS SIETE CIUDADES DE PIAUÍ

PIAUÍ ES EL ESTADO MÁS POBRE de Brasil, uno de los menos poblados y más desconocidos de la geografía nacional. Su extensión equivale a la mitad de España y su clima es semidesértico. Su capital, Teresina, es absurdamente caliente en cualquier época del año pero muy acojedora y provinciana.

Por sus calles anduvo el sabio "Ludovico" en los años 20 y más recientemente (hasta su fallecimiento en 1998), el escritor e intelectual Ramsés Bahury Ramos, ambos autores de libros sobre uno de los mayores misterios de Piauí: las Siete Ciudades.

Ramsés, que falleció trágicamente en Moscú (Rusia), está considerado como uno de los grandes poetas brasileños de ste final de siglo. En Praga, república Checa, publicó en 1992 el libro de poesía *Da paixão -O VÁSNI-* (de la pasión), en cuatro idiomas. Hoy sus familiares y viuda, Arlina Ramos, tratan de recompilar su obra. *(N. del A.)*

Sobre un impresionante conjunto de rocas salpicadas de pequeños cráteres, conocido como el *Mirante*, hay un extenso horizonte preñado de "torres", "murallas", "estatuas" ciclópeas y "recintos fortificados". Son las llamadas Siete Ciudades. Junto con tres amigos había cubierto los 190 km entre la capital de Piauí y el pueblo de Piripiri. De allí, por una carretera de tierra, recorrimos 22 más hasta llegar al "Parque Nacional de Siete Ciudades" que ocupa una superficie de 6.221 ha al norte, entre la región amazónica y las zonas semiáridas del nordeste.

En aquel viaje me acompañaba Reinaldo Arcoverde Coutinho, geólogo y experto en arqueología de la región, el explorador y escritor Enéas do Rego Barros y la fotógrafa Lourdes Frota, todos nativos del estado y ansiosos por descubrir algo más sobre aquel conjunto de rocas con extraños formatos y disposición.

El escritor suizo Eric von Däniken comenta en su libro *El Oro de los Dioses* que "Siete Ciudades es un tremendo caos, algo así como Gomorra, que fue aniquilada con fuego y azufre desde el cielo. La roca está destrozada, seca. Ha sido derretida por poderes apocalípticos. Y debe hacer mucho tiempo que la ira del cielo se hizo prresente aquí".

El escritor comentaba que este lugar era diferente de todo lo que había visto en el mundo y que no podía atribuir a los "caprichos de la naturaleza" la distribución de las ruinas. Especialmente le llamó la atención lo que le pareció como escoria de metal triturado desbordado por entre las capas de roca y cuyas huellas de orín se asemejan a lágrimas rodando por la superficie.

También le intrigó la regularidad de los bloques poliédricos que componen algunas "murallas " de la ciudad o las esfinges de piedra que asoman entre matorrales. Däniken cree que las pinturas rupestres que abudan en la región muestran naves y estaciones espaciales, notas musicales, cadenas de DNA, astronautas con cascos redondos y sobre ellos objetos semejantes a OVNIs y otras máquinas voladoras dibujadas por un pueblo del que apenas sabemos algo, porque jamás se han llevado a cabo excavaciones sistemáticas en la región y tampoco dataciones.

Nosotros hemos visto formaciones que llaman "cañones de piedra", que constituyen otro enigma de Siete Ciudades. Son tubos pétreos con un espesor que no sobrepasa los cuatro centímetros que más bien parecen resultado de alguna técnica desconocida de labrar o moldear. Reinaldo Arcoverde, me dijo: "las explicaciones que los geólogos han dado para el origen de estas formaciones no convencen a nadie, menos a ellos. La verdad: no sabemos cómo se crearon".

Eneas Barros, que recientemente publicó una guía sobre los lugares mágicos de Piauí, me comentó que se encontró hace algunos años un manuscrito dejado por su abuelo, el escritor e intelectual Fontes Ibiapina, donde hacía mención de "dioses astronautas" en Siete Ciudades antes que Däniken. Con un lenguaje hermético y esotérico decía que las inscripciones de la "Ciudad Encantada" se referían "al fuego que bajó del cielo junto con un hombre sin cabeza". En otra inscripción detectó lo que podría ser "... la ascensión al cielo, la vuelta al Paraíso, de donde los seres de otros planetas vinieron a la Tierra, hacia Siete Ciudades".

Däniken e Ibiapina se preguntaban : ¿qué había ocurrido aquí? ¿Qué fuerzas actuaron dejando un panorama tan desolador? Nosotros también.

Antes de seguir adelante, vale la pena rescatar la brumosa leyenda de la *Insula Septem Civitatum,* que los romanos buscaron afanosamente. Este nombre significa Isla de Siete Pueblos, más tarde traducida erroneamente como Isla de Siete Ciudades[1].

Uno de los escasos documentos sobre tal isla es la crónica del año 740 d.C. de la ciudad de Porto-Cale -actual Porto-, en Portugal, escrita en latín por el arzo-

1. Para conocer más islas y tierras misteriosas recomiendo la lectura de *Seres y Lugares en los que usted no cree (claves para un enigma)* de Jesús Callejo y Carlos Canales, Ed. Complutense (Madrid, 1998).

bispo católico de aquella ciudad durante la invasión de Lusitania por los musulmanes. El religioso decidió reunir un séquito de casi 5.000 feligreses en el año 734 en veinte veleros con los que esperaba llegar a la famosa isla de Siete Ciudades, una especie de paraíso terrenal de abundantes riquezas y gran serenidad.

Nadie supo del destino del cura y de sus seguidores que partieron rumbo al oeste. Sólo mucho más tarde, en 1420, el célebre infante Don Enrique de Portugal, fundador de la Escula Náutica de Sagres, fue informado a través de sus innumeros espías marítimos que la isla no era tal, sino un continente situado más allá del estrecho de Gibraltar.

Más tarde, en 1447, el capitán Antonio Leone, italiano al servicio del rey de Portugal, logró dar con ella; la describió como una media luna volcánica y baja, y dijo que sus habitantes hablaban portugués y que le habían preguntado si por fin los moros habían sido expulsados.

El geólogo Reinaldo Coutinho, descubridor del observatorio astronómico solsticial de Sete Cidades. En la foto, momento exacto en que la luz de sol penetra a través de la apertura sobre paredón de piedra para proyectarse sobre la "columna del Diablo", en el día 21 de junio de 1996.

Era también conocida por Mayda; documentos del siglo XV la describen con 45 km de largo, dividida en siete comunidades fundadas por siete obispos. Cada comunidad poseía una catedral de piedra construidas con grandes planchas de basalto (¿sería una isla volcánica?) cimentadas con polvo de conchas y decoradas con adornos de oro. La población era numerosa y asistía regularmente a los oficios religiosos[2].

En 1473 el azorense Fernando Telles presento al rey de Portugal un mapa donde estaba dibujada una larga costa situada al poniente cuyo nombre era Siete Ciudades. Según Ludwig Schwennhagen aquella era la costa del norte de Brasil, entre el Maranhao y Ceará, incluyendo el delta del río Paranaíba. El rey Don Afonso V y un grupo de matemáticos, presididos por su hijo, el futuro rey Don João II, estimaron el descubrimiento como algo muy importante, pero no quisieron darle la autorización oficial que el navegante había solicitado para la explotación comercial.

En un nuevo intento, pidió una confirmación de la situación geográfica del lugar al famoso geógrafo florentino Toscanelli, del que tuvo total aval. En posesión del plano del famoso geógrafo, logró presionar al rey para que le donara las

2. En *Invisible Horizons*, Vicente Gaddis, N.Y. 1958.

tierras, hecho consumado en 1476. Todo esto está documentado y guardado en el archivo de la Torre do Tombo, en Lisboa.

Pero, al parecer, Telles no llegó a ocuparlas y tampoco su suegro, que siete años antes de la llegada de Colón a América recibió una nueva autorización de posesión. El rey obligaba a proveer al explorador de naves armadas y fuerzas militares para la conquista de las *Ilhas e terras firmes das Sete Cidades.*

Algunos historiadores, incluyendo Ludwig, creen que él y su suegro sí llegaron a ocupar y visitar varias veces Siete Ciudades, es decir: Brasil. La prueba está en el hecho de que los portugueses ya lo conocían antes de la llegada de Pedro Alvares Cabral (el descubridor oficial de Brasil para los portugueses) e incluso de los españoles.

En 1343 el rey de Portugal Afonso II anunció que una de las expediciones marítimas financiadas por la Corona había descubierto un nuevo continente hacia el oeste. El Papa de entonces consideraba que esta creencia desprestigiaba la doctrina cristiana que reconocía la existencia de tres continentes (Europa, Africa y Asia). No tuvo más remedio que callar al respecto del descubrimiento.

Antes de iniciar aquel viaje a Piauí había estado en São Paulo con el investigador ítalo-argentino Gabriel D'Annunzio Baraldi. En un viaje a Ica, Perú, éste visitó el museo de Javier Cabrera Darquea, que da cobijo a miles de piedras supuestamente esculpidas en un pasado remoto. Éstas mostrarían escenas tan insólitas como dinosaurios, operaciones de corazón, catalejos, etc. Una de las piedras contendría la imagen del continente americano señalando dos sitios, uno supuestamente correspondiente a la ubicación de Siete Ciudades de Piauí. Además, la piedra mostraría una gran isla en medio del oceáno Atlántico.

"Es posible que Siete Ciudades haya sido una colonia avanzada de la Atlántida y tras el hundimiento de estas islas, el continente Piauí fue un refugio seguro para los últimos supervivientes del imperio", me decía mientras me señalaba algunas fotografías de pinturas rupestres que mostraban un complejo simbolismo que podría relacionarse con desaparecidas práticas esotéricas.

Para otro investigador, el franco-argentino Jacques de Mahieu, las pinturas son la prueba difinitiva de que los vikingos procedentes de Tihahuanaco, en Bolivia, hubieran estado por aquellos parajes hacia el año 1000 de nuestra era. Tales guerreros reducieron a los indios tapuias y tupis y los usaron como esclavos para el trabajo e incluso para sus cultos religiosos solares.

Tras una visita en 1974, Mahieu publicó un libro titulado *Los vikingos en la Amazonia*, en el que mostraba fotografías y dibujos de las pinturas rupestres encontradas en cuevas o al descubierto en las formaciones rocosas. Sus formas eran semejantes a esfinges y a otras criaturas y no las atribuía al azar o a la naturaleza, sino a la mano del hombre.

Visualizó allí símbolos nórdicos como " el árbol de la vida coronado por un nido de aguila" que representaría el Valhala (paraíso de la mitología nórdica) o aún sirenas, runas, y *drakkars* (sus famosos barcos). En la Sierra Negra el investigador vio el dibujo de un hombre alado con cuernos al que llamó Diablo. Allí también vio la Rueda Solar, esvásticas y Martillos de Thor.

Todavía según estas teorías, Siete Ciudades podría ser la urbe gemela de Externsteine de Teutobuger Wald, en la actual Westfalia, un importante lugar de

Pinturas rupestres de Siete Ciudades. Según Eric von Däniken, muestran naves espaciales y cadenas de DNA.

culto germánico, donde se celebraban las fiestas de los solsticios y que la Iglesia cristianizó más tarde.

Pero Mahieu no fue el primero en dar este tipo de explicaciones para Siete Ciudades. Él mismo confiesa en su libro que se inspiró en un obscuro y fascinante personaje que deambuló por Piauí en los años 20 de nuestro siglo. Se llamaba Ludwig Schwennhagen, un austríaco, doctor en filosofia por la Facultad de Friburgo, en Alemania.

Tuve la fortuna de consultar en la Biblioteca Nacional de Río de Janeiro su impresionante y rarísimo libro *Antiga história do Brasil (de 1100 a.C. a 1500 d.C.) tratado histórico*", de 1928, que confeccionó con la lectura de más de 3.000 libros y de haber viajado miles de km por los *sertões* (sabanas brasileñas) y selvas del norte y nordeste del país para confirmar sus teorías.

Ludwig creía que los mercaderes y navegantes fenicios habían llegado a Brasil en sus naves hacia el año 1100 a.C., tras haber desarrollado técnicas marítimas a partir del 2500 en el Mediterráneo y más tarde en África occidental.

El austríaco fundamentó hechos y fechas para la llegada de éstos basado en los capítulos 19 e 20 del 5º libro de la *História Universal* del griego Diodoro de

Sicilia que describía el primer viaje de una flota de fenicios que zarpó de la costa de África, cerca de Dakar (actual Senegal) y cruzó un gran mar rumbo al sudoeste hasta toparse con una gran isla.

Estaba convencido también de que los habitantes de Tartesos -sur de España- navegaban entre su capital Tarsis y América central 1500 años a.C. "Es probable que hubiesen también bordeado las costas de Brasil". Añadió que aquel pueblo era superviviente del gran cataclismo que hundió la ignota Atlántida. Según sus cálculos el hundimiento definitivo pudo ocurrir entre 2000 y 1800 a.C.

En la fascinante lectura de su libro leemos que en el año 1008 a.C. el rey del Hirán de Tiro pactó una alianza con el el rey David de Judea para explorar en sociedad las nuevas tierras transoceánicas. Podría tratarse de la mismísima Ofir, con riquísimas minas de oro. Desde 1100 hasta 332 a.C. -época de destrucción de Tiro, una ciudad fenicia cuya ruinas hoy se ubican en el Líbano- los fenicios explotaron el territorio del actual Brasil. Hasta los egipcios pudieron recalar en la época del usurpador Chechok que se apoderó del trono de los faraones hacia el 935 a.C.

Esa inmigración -nos cuenta Schwennhagen- se incrementó con la invasión de los nubios, bajo el mando de Napata en 750 a.C., que anarquizó todo Egipto. Los cartagineses vendrían a continuación, desde 700 a.C. hasta 147 a.C. época de la desctrucción total de su capital, Cartago, por las tropas romanas.

Pero, ¿qué tiene que ver todo esto con Siete Ciudades? El sabio creía que los *piagas* eran sacerdotes de la orden de Car, procedentes de Caria (una región del Asia Menor), que viajaban con los fenicios y que eligieron las formaciones naturales areníticas del norte del actual Piauí para establecer la sede de su Orden, es decir, un gran centro ceremonial y religioso. Los maestros carios eran además los auxiliares de los navegantes y comerciantes púnicos, amén de los autores de grandes obras de minería en otras regiones del antiguo Brasil.

Los sacerdotes se unieron a los tupís y elegían un jefe religioso al que llamaban Sumer, que adulterado pasó a llamarse Sumé, convertido en dios civilizador que los indígenas confundieron con los primeros europeos que llegaron a aquellos lugares. Se formó un gran congreso de hasta unos 10.000 indígenas.

¿Qué fin tuvieron aquellos pueblos procedentes de lejanas tierras? Ludwig respondía que marcharon rumbo a los desiertos y sabanas de Bahía y a las montañas del actual estado de Minas Gerais, donde descubrieron y explotaron muchas riquezas. El fin de Cartago provocó la pérdida de la estructura comercial de la que dependían. Algunos se quedaron y fueron absorbidos por los pueblos autóctonos, otros volvieron a sus países de origen.

Jacques de Mahieu afirma en su libro *Los vikingos en Amazonía* que todavía hoy se encuentran muchos nativos con rasgos nórdicos o europeos en Piauí. Mientras que atribuye el mestizaje a los vikingos, Ludwig la achaca a los fenicios y otros pueblos traídos por ellos.

"Muchos exploradores de la época colonial se sorprendían al descubrir que existían en regiones remotas indios con rasgos blancos, a veces con ojos azules y pelo rubio", me dijo Reinaldo Arcoverde, quién a finales del año pasado publicó un libro intitulado *O enigma de Sete Cidades.*

Pinturas rupestres de Sete Cidades: arriba, a derecha, se ve lo que algunos arqueólogos interpretan como un perezoso prehistórico gigante.

Mientras bajábamos por un estrecho y alto pasillo pétreo, saliendo del *Mirante*, nos topamos con un arco muy abierto, a menos de un metro del suelo, donde se percibían varias capas de roca arenisca superpuestas como libros.

"La imaginación popular ha tildado esta formación de "Biblioteca". Si realmente pudiera decirnos algo, la primera respuesta que buscaría sería sobre la presencia de pueblos mediterráneos en Piauí", me dijo Reinaldo apoyándose en una de las bases de aquella columna tumbada.

"Qué pueblo podría ser, ¿fenicios ?", le pregunté.

"Sí, realmente llegaron aquí y los carios lo hicieron mucho después. Creo que existío una cultura megalítica, posiblemente procedente de la península Ibérica, e incluso de guanches de las Islas Canarias, que pudo mezclarse con los nativos brasileños, al igual que los protoibéricos y los vascos en España.

"¿No cres que eso pueda ser demasiado irreal?", indagué.

"Tu mismo has visto durante nuestros viajes por Piauí que existen muchos niños blancos de cabellos claros en lugares que apenas tienen contacto con la civilización. Algunos antropólogos atribuyen este mestizaje a los franceses y holandeses que estuvieron aquí. Sin embargo, es imposible que hayan dejado un número tan grande de descendientes en los pocos años que estuvieron en el XVII".

Reinaldo me seguía hablando mientras caminábamos rumbo al "Arco del Triunfo", una formación con más de 30 m de altura donde suelen ocurrir fenómenos luminosos, al igual que se ven pequeñas esferas centelleantes y voladoras.

"Es posible que pueblos ibéricos miembros de una cultura megalítica hayan llegado al Piauí y a Siete Ciudades hace más de 7.000 años. Tenían embarcaciones bastante desarrolladas como para cruzar el Atlántico. En el Museo Arqueológico de la Coruña, por ejemplo, existe un modelo de barca que hubiera servido a los antiguos habitantes de Galicia para llegar hasta Irlanda. Y, ¿por qué no al Brasil?"

"Tu teoría, se parece a la del franco-argelino Marcel Homet...", le dije.

"Sí, coincidimos en algunas cosas y en otras no. Él creía en la colonización de Brasil por pueblos megalíticos relacionados con el culto solar. Una corriente migratoria podría haber venido del norte de Europa vía Polinesia y otra, más reciente, de Europa oriental directamente a Sudamérica. Sin embargo, Homet forjó algunas de sus teorías con datos falsos. Mira esto", me dijo el investigador mostrándome un libro.

"Esto -me dijo señalando un dibujo-, fue publicado en uno de los libros de Homet. Es la reprodución que hizo de la *Pedra Pintada*, un gigantesco monolito situado en el norte de la amazonia brasileña lleno de pinturas rupestres. Sin embargo si te fijas bien, verás que la imagen central de esta reproducción de una pintura rupestre es la misma que esta otra", me dijo mientras cotejaba los dibujos. El último es una reproducción de una planta de las Siete Ciudades hecha por Ludwig.

"!Es un montaje¡", le dije con asombro.

"Pues, al igual que Homet, Jacques de Mahieu también adulteró algunas pinturas que reprodujo en su libro *Los vikingos en la Amazonia.* Este dibujo, por ejemplo, que Däniken llama "notas musicales", no corresponde a la pintura original que hemos visto aquí. Todo esto Mahieu lo hizo para que cuadrara con la escritura rúnica o con los símbolos germánicos", me reveló Reinaldo Arcoverde.

Según este investigador de Piauí, los antiguos habitantes de Siete Ciudades no conocieron nunca la escritura rúnica, pero sí pudieron haber desarrollado una de naturaleza alfabeto-silábica semejante a las antiguas cipro-minóicas o ibéricas, sólo conocida por una reducida casta sacerdotal . En 1977 Reinaldo descubrió este posible alfabeto en la llamada Séptima Ciudad o Ciudad Prohibida.

"Las repeticiones y secuencias regulares de los signos nos hace creer que se trata de un tipo sorprendentemente moderno de grafía pero que hubiera surgido antes de la invención del alfabeto por los fenicios, algo semejante a lo que ha ocurrido con las controvertidas tablillas de Glozel, en Francia". Quizá algún día los filólogos pongan atención a la toría de Reinaldo y se sorprendan con la escritura de aquella ciudad perdida.

Durante los cinco días que estuvimos allí pudimos visitar la llamada Ciudad Perdida, un amplio sector al que los guardas forestales no permiten acceder por motivos de medioambientales. Con autorización y ayuda del IBAMA (Instituto Brasileño del Medio Ambiente) que nos fue otorgada por José Arribamar, administrador del parque, llegamos hasta esta región en todoterreno. Aquí crecen densos matorrales y es necesario el machete para abrir el camino hasta un gran conjunto de pinturas rupestres.

Nos topamos con algunas imágenes que nos eran familiares por los libros de Mahieu y de Däniken. Una gran cruz de fuerte color rojo nos llamó la atención. Reinaldo me comentó que una de las características de la civilización megalítica en todo el mundo era el dibujo del sol estilizado en sus variadas formas, principalmente como una cruz.

"Algunas de estas se asemejan mucho a las pintadas durante el paleolítico de Extremadura -España-, y están inscritas dentro de un círculo", observó mientras permanecíamos agachados observando debajo de un abrigo rocoso.

Panorámica de las Sete Cidades de Piauí.

En otro sitio no muy lejano de allí, una roca en forma de puño cerrado, encontramos otra cruz envuelta por halos concéntricos a unos 15 m de altura de la base. Lo único que podíamos pensar es que habían sido pintadas con auxilio de andamios. ¿Por qué tanto esfuerzo y preocupación por decorar lugares tan difíciles? Seguramente guardarían un importante mensaje que ha desaparecido en la noche de los tiempos.

Tal vez las cruces podrían reflejar la misma estabilidad temporal del mundo, siempre a punto de ser destruido por las fuerzas cósmicas o telúricas. Para los apopokuvas, su dios Nyanderuvusu crió la Tierra rellenando los sectores formados por una cruz de madera. Para ellos, la retirada del símbolo la destruiría con todos los seres vivos, por eso los pintaban en lugares de difícil acceso.

"El investigador Arysio Nunes dos Santos afirma que *Nhaderyvuçu* corresponde al dios Atlas, que carga con el mundo sobre sus espaldas. Podría ser Sumé, Shiva o Purusha: 'el arquetipo védico de todos los dioses'". *(N. del A.)*

Por las noches cuando la temperatura desciende de los 35 o 40 ºC del mediodía a los agradables 25, hablábamos con José Romão Batista, que es guarda del Parque Nacional desde su fundación en 1961. Nos contaba que sirvió de guía a Eric von Däniken cuando estuvo allí diciéndonos que le "gustaba contar chistes y meterse por lugares raros".

Afirmó que por la noche suelen aparecer extrañas luces, no muy grandes, sobre la llamada Sierra Negra, colindante con el Parque y donde se acumulan muchas inscripciones. También nos contó que en 1944 su hermano João y su padrino fueron testigos de lo que yo interpreté como un encuentro cercano de tercera fase. Con un lenguaje simple de campesino Romão nos dijo que sus parientes vieron a una mujer muy bella salir del interior de una roca extrañamente iluminada. En sus manos llevaba tres esferas de varios colores que arrojó sobre los testigos, produciéndoles diferentes sensaciones térmicas -frío y calor- hasta que la última hizo desfallecer a su hermano.

En varias de las ciudadelas que componen el complejo nos contaron los guardas forestales que se oyen voces, cantos, lloros y gritos de dolor y a veces, un ruido semejante al de una locomotora. "Los pocos que viven aquí dicen que son *assombraçoes*, almas en pena que deambulan por las ciudades de piedra buscando a alguien que les libre de sus pecados", dijo mirando hacia el cielo estrellado, allí donde quizá esté la respuesta para los enígmas.

El 21 de junio de 1996 -día en que se produce el solsticio de invierno en el hemisferio sur- Reinaldo Coutinho confirmó el espectacular hallazgo de un observatorio astronómico de carácter solsticial de Brasil.

Se trata de un alineamento constituido por un agujero en una imensa pared de piedra y un monolito, ambos orientados hacia el punto donde nace el sol a las 5:50 horas de este día cada año. El conjunto se sitúa cerca de una formación conocida como los "Tres Reyes Magos", en lo alto de una colina desde la cual hay una vista panorámica de un sector del Parque Nacional.

"Los antiguos habitantes de la región se aprovecharon de esta abertura natural de casi medio metro de diámetro y espesor semejante y la redondearon. Fíjate que aquí al lado tenemos varias pinturas en rojo, como rayas y círculos. Esto son representaciones de la posición del sol durante los solsticios en relación a varios puntos que se divisan en el horizonte. Los símbolos pintados podrían señalar que estas posiciones tenían un sentido religioso y práctico para aquellos pueblos. Es posible que durante esta fecha y aquí, se celebrasen rituales de fertilidad de la tierra y de los seres vivos con verdaderas orgías", nos explicó Reinaldo.

El monolito que se sitúa tras el agujero se denomina "Cara del Diablo". Sobre el se proyecta la luz del sol en la fecha mencionada formando un redondel luminoso a más de un metro de altura del suelo. El resultado es una verdadera hierofanía, un juego de luz solar metódicamente calculado, al igual que ocurre en Malinalco, Xochicalco y una cueva de Teotihuacán, en México. Influyeron los pueblos mesoamericanos en Brasil? La arqueología oficial no se atreve tan siquiera a barajar esa posibilidad, pero la similitud es más que evidente.

Siete Ciudades aparentemente sirvió para la observación del cielo. En la Primera ciudad está la *Gruta do Pajé* (hechicero tupí). Es una cavidad abovedada en una formación rocosa de unos 30 m con forma de dinosaurio. Dentro existe lo que Reinaldo ha llamado el *Planetario*, según sus últimas investigaciones.

El techo está plagado de símbolos astronómicos como estrellas y planetas en un área de unos 20 m^2 y una altura máxima de 3. El recinto pudo ser una suerte de "escuela astronómica para iniciados", según las palabras del investigador. Sacerdotes que daban clases a sus pupilos, cuya pizarra era el mismo techo de la bóveda donde se dibujaban los planetas, la luna, el sol y sus movimientos aparentes en el cielo.

Fuera del recinto, casi a ras del suelo, existen algunas pinturas muy escondidas que según el geológo muestran al sol en el centro rodeado de las órbitas de tres planetas, posiblemente Mercurio, Venus y la Tierra.

"Siete Ciudades parece que fue un recinto esencialmente astronómico. Los cuerpos celestes debían ser muy importantes para sus habitantes, avezados observadores del cielo. Por doquier podemos encontrar el dibujo de una estrella de seis puntas decorada con pequeñas esferas. Quizás estemos delante de un símbolo equinocial y solsticial, la enigmática insignia de Siete Ciudades", me explicó Reinaldo.

Espero un día regresar, deambular entre sus gigantescas figuras de piedra y contemplar los solsticios mágicos enmarcados, sea bien por fenicios, carios, vikingos o extraterrestres. ¡Que más dá!, la belleza de aquella región solo la destruirá la furia del dios que destruyó Sodoma y Gomorra o el día en que los turistas invadan sus indefinidas calles.

Formación que recuerda un dinosaurio en Sete Cidades de Piauí.

SERGIPE
NOSSA SENHORA DO SOCORRO
ARACAJÚ

XIX

SERGIPE:

BANDOLEROS, ZUMBÍS
Y OTROS SERES FANTASTICOS

EL ESTADO MÁS PEQUEÑO DE Brasil, con 21.863 kms^2, Sergipe, situado entre BahÍa y Alagoas tiene por capital la bella Aracajú. El río más importante del estado es el São Francisco, el mayor de todo el noreste brasileño. En el siglo XVI los corsarios franceses abordaron toda la costa para talar el *paubrasil*, el árbol del que se extraía un poderoso tinte rojo muy apreciado en Europa.

Jesuitas y colonos portugueses ocuparon más tarde estas tierras y se sucedieron varias masacres contra los nativos, como la perpetrada por Cristovão de Barros (1590). Lusos y holandeses también pelearon por aquellos lares hasta la expulsión de estos últimos, en 1645.

Su capital, Aracajú, es, al igual que otras ciudades menos pobladas del nordeste, un rincón de tranquilidad, bonitas playas, brisa constante, en fin de descanso. Fue la primera ciudad brasileña que se planificó urbanísticamente, por eso es moderna, limpia y muy arbolada. Las arenas están limpias y son muy bajos los índices de criminalidad. En los alrededores se encuentra el río Sergipe y zonas de dunas, pantanos y lagunas.

A tan sólo 10 km está el pueblo de Nossa Senhora do Socorro, cuya región está considerada como una de las prolíficas en fósiles de todo el mundo. En 1865 el emperador brasileño Pedro II llegó a recoger algunos fósiles en la cercana Laranjeira. Allí se encontraron los restos más antiguos del *monosauro*, una especie de lagarto marino de 70 millones de años que alcanzaba 10 m de longitud.

Hace 200 millones de años la costa brasileña estaba ligada a África, formando un único bloque continental que los geólogos nombraron Pangea, el supercontinente que abarcaba todas las tierras emergidas del planeta. En función de los movimientos internos de la Tierra, este gran bloque empezó a fragmentarse durante un largo proceso que duró millones de años hasta llegar a la actual forma a los continentes.

La región que hoy corresponde a Sergipe fue una de las últimas partes de América que se separó del bloque africano. El *monosauro* apareció 30 millones de años después de la separación de los dos continentes.

El más temido de todos los bandoleros brasileños fue, sin ninguna duda, Virgulino Ferreira (1897-1938), alias Lampião (*lampión*, farol). En 1914 se inició en la práctica del bandolerismo con tal intensidad que Luis Candelas parecía, comparando, un beato en un monasterio. Saqueos, asesinatos brutales, torturas, incendios, todo estaba permitido a Lampião y a sus terribles secuaces con los que vivía como un nómada-paria en los *sertões* de Bahía y Sergipe. Pero ocasionalmente se desplazaba hacia otros estados para cometer sus crímenes, especialmente Pernambuco, Río Grande do Norte, Paraíba, Ceará y Alagoas.

Se iniciaba entonces el ciclo del *cangaço*, es decir, el bandolerismo nordestino, en que hombres y mujeres se enrolaban con la convicción de que su líder les conduciría a la fortuna. Equivocadamente las fotos de Lampião muestran a un hombre con apariencia intelectual, debido a las gafas redondas elevadísimamente graduadas que usaba. Fotos que muestran el reguero de sangre que dejaba a sus espaldas no dejan de generar un nudo en la garganta incluso entre los más insensibles corazones.

Este moderno Gengis Kan cercó y rapiñó muchas ciudades y pueblos, vaciando las tiendas, violando mujeres, devastando haciendas y sesgando vidas. Hasta hoy los *repentistas* -duelos florales que se componen de cantos rimados en versos que pueden ser muy inteligentes y críticos- cantan su vida resaltando con énfasis el posible pacto que habría firmado con el mismísimo Diablo o Satanás. Tengo algunos libritos de "cordel" (compuestos de versos y de pocas páginas, atados originalmente por una cuerdecita e impresos en papel de mala calidad) que se titulan *Lampião vai ao Inferno*, *Lampião conversa com o Diabo* o *Lampião fecha negócio com Satanás.*

Su ímpetu y desmesura le llevaron a invadir Mossoró en 1927, la segunda mayor ciudad del Río Grande do Norte, donde fue expulsado por la población que se había armado de valor para hacer frente a su troupe de asesinos. Cuando estuve allí visitando a una de sus mayores intelectuales, prof. Vint-Un Rosado, aproveché para conocer el museo municipal donde se exhiben curiosas fotos de la época del ataque a la ciudad. Los *cangaçeiros* aparecían rudos y con ropas muy características.

Según algunos historiadores más de 1.000 personas murieron en las escaramuzas de Lampião, entre *cangaçeiros* y policías. El historiador paraíbano José Romero Araújo, a quien conocí en João Pessoa (PB), es uno de los mayores estudiosos de la vida de éste y otros fuera de la ley. En 1996 publicó *Nas veredas da terra e do sol*, donde narra la saga de varios en tierras de Paraíba, en especial el ataque de Lampião a la ciudad de Souza (PB).

Araújo es miembro de un curioso grupo denominado Sociedade Brasileria dos Estudos do Cangaço. "Lampião no era un héroe pero sí un bandido forjado por una serie de circunstancias históricas". Ha recogido centenares de relatos de testigos aún vivos en el noreste de la época del *cangaço*. Su último gran hallazgo fue un libro considerado perdido, el del periodista Érico de Almeida, de 1926 titulado *Lampião, a sua historia*, considerado la primera biografía del personaje.

Aunque pueda parecer incongruente, el bandido fue contratado indirectamente por el gobierno para luchar contra un grupo de comunistas que peregrinó por todo el Brasil denominado *Coluna Prestes*, nombre de su líder, Luis Carlos Prestes. Para que el pacto se cumpliera bajo las leyes de Dios, el gobierno solicitó los servicios de famoso padre Cícero Romão para negociar con el bandolero y otorgarle la patente de capitán. El buen cura ungió las armas que el gobierno regaló al bandolero y sus hombres.

El bandolero Virgulino Ferreira, alias, Lampião.

Éste era una especie de Robin Hood pero menos ideologizado. Si se le antojaba regalarle dinero u otros bienes a un pobre lo hacía al azar o porque le habían caído bien. En otras ocasiones mandaba fusilar a cualquiera porque le había dado "la vena". Así de sencillo actuaba el "capitán". En 1929 conoció a otro personaje ilustre y ya legendario de la epopeya del *cangaço*: María Bonita, una mujer que abandonó a su marido para irse con él a pelear.

En 1938 sucedió lo que a muchos les parecía imposible: su derrota y muerte. Cuando se hallaba con su grupo en la hacienda Angico, en Sergipe, fue sorprendido por los milicianos de la policia de Alagoas. Los *cangaceiros* fueron acribillados sin piedad por las balas de la ley y sus cabezas cortadas y luego embalsamadas. Las de Lampião, María Bonita, Luis Pedro (su brazo derecho) y de otros mandos estuvieron expuestas durante 30 años en el Museo Nina Rodrigues, en Salvador. Sus rostros momificados causaban escalofríos y todavía hoy la foto más "ejemplarizante" de todas de las que se muestran, es la del *cangaceiro* que estampa su cabeza sobre una mesa, junto con las de sus inseparables amigos.

El avezado viajero y lector de esta guía de lo insólito y misterioso podrá toparse por los senderos de Sergipe con João Galafuz. Pero tenga cuidado, puede ser peligroso. Los incrédulos podrán entonces, decir que han visto a un fenómeno (o sentirlo en las carnes...) que algunos consideran un OVNI, un duende, un alma en pena o aún una luz de características desconcertantes, que asusta a los viandantes nocturnos saliendo de las aguas de los ríos o del interior de las rocas, rompiéndolas con estruendo. Dicen que después de su aparición suceden desgracias y catástrofes en las inmediaciones.

El historiador y escritor Hernâni Donato lo describe de forma sorprendente[1] como "un haz luminoso de varios colores", es decir, semejante a las "luces populares". En las costa de Sergipe se le conoce también por Jean Delafosse, una llama muy larga que "fustigaba como un látigo a los paseantes haciéndoles desfallecer o enloquecer de pavor". La descripción nos remite al famoso *boitatá* registrado en las crónicas del padre José de Anchieta, que asustaba y mataba a los indígenas. También recuerda a los incidentes ocurridos en Pará (ver capítulo) con el *chupa-chupa* en la década de los 70 a 80.

También aconsejo al lector tener mucho cuidado con las apariciones del *Zumbí*. Los folcloristas aún no han llegado a mantener una opinión común respecto al origen de esta asombrosa criatura. Unos creen que se trata de un ser fantasmal o duende cuyo nombre procede del idioma *quibundo* de África, con tal significado. Otros dicen que significa "divinidad", título que también se concedía a los líderes tribales africanos.

En Alagoas, estado vecino a Sergipe, *Zumbí* fue un líder de la "Troya Negra", de los *quilombos* o aldeas de los esclavos huídos de sus amos, blancos insatisfechos con la sociedad donde vivían, o indígenas marginados. Las construyeron y vivieron en ellas durante muchos años. Aquí es un negrito duendil, muy semejante al *saci-pererê.*

> "Personaje folclórico muy conocido en Brasil. Se trata de un negrito que fuma en pipa y lleva en la cabeza una barretina roja. Desnudo y con una sóla pierna es el terror de los caballos a quienes trenza diabólicamente las crines. También silba por las noches y se le ve saltando o al lomo de los equinos." *(N. del A.)*

El *Zumbí* sergipano pide de malas maneas tabaco a los viajantes y castiga con violentas zurras a los que no le obedecen. Suele acercarse a los niños y los despista, haciéndoles perder el rumbo de sus casas. En Centroamérica he encontrado una actitud semejante entre los duendes, con muchos casos de niños desaparecidos en circunstancias como mínimo extrañas. Nuestro personaje es aún más malo que sus parientes latinoamericanos, pues suele propinar tundas a los pequeños.

Las madres suelen amedrentar a los hijos para que sean buenos y no se alejen de la casa amenazándoles encontrarse con este feo y terrible monstruo que les acechará por cualquier parte si son desobedientes y no cumplen debidmente sus

1. *Dicionário de mitologia: asteca, maia, aruaque e caraíba, inca, tupi, diaguita, banto, ioruba, ewe e fanti-ashanti, negro maometana,* INL/MEC, 1973.

órdenes[2]. Pero, antes que terminemos este capítulo, que no se nos escape la Caipora, una *cabocla* (mestiza de indio, negro o blanco) fuerte, fea y corpulenta que invariablemente viste de blanco. Ella es la esposa del *Zumbí* y viven dentro de las selvas.

Suele montarse en los caballos y trotar toda la noche hasta dejarlos derrengados y con las crines trenzadas, al igual que el *saci-pererê*. Algunos jinetes se quejan en Sergipe de que es la culpable de que sus caballos no rindan todo lo que pueden en los hipódromos. Una excusa muy folclórica...

Foto de Virgulino Ferreira, alias, Lampião.

2. Una de las mejores referencias bibliográficas sobre el tema es el libro *Los dueños de los sueños: ogros, cocos y otros seres oscuros*, de Jesús Callejo (Ed. Martínez Roca, 1998).

SUDESTE

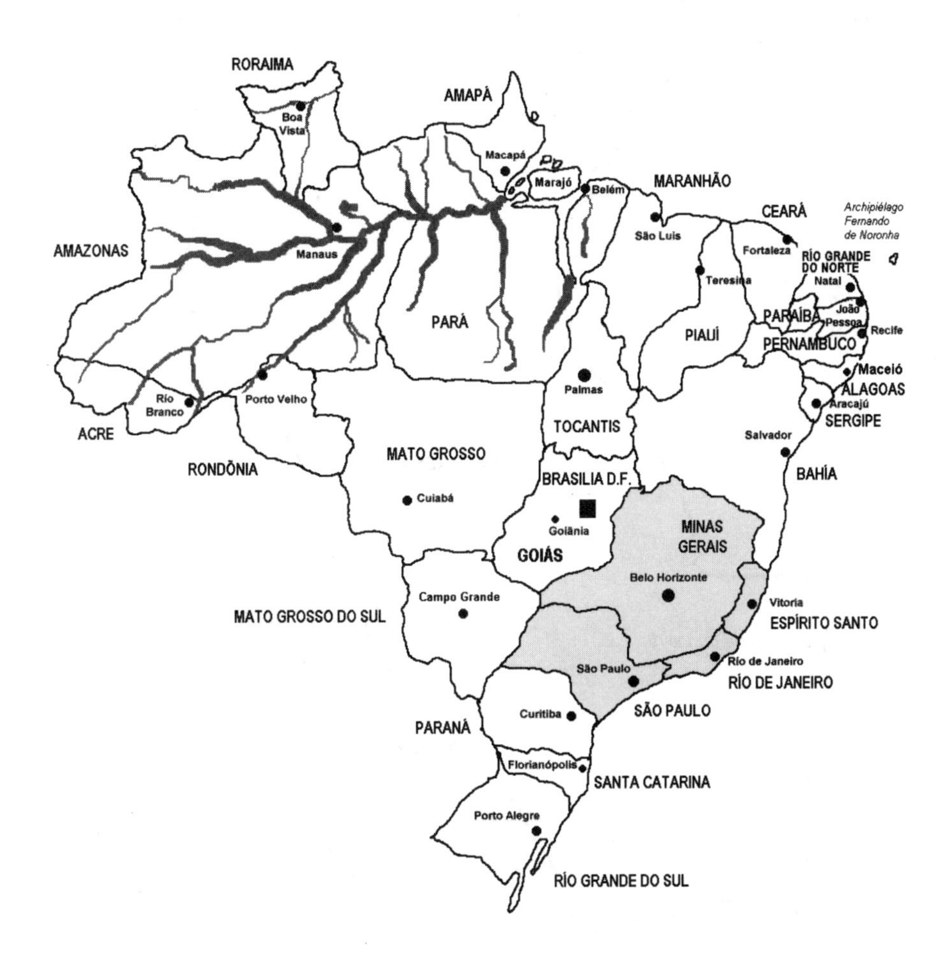
RORAIMA
Boa Vista
AMAPÁ
Macapá
Marajó
Belém
MARANHÃO
São Luis
CEARÁ
Fortaleza
Archipiélago Fernando de Noronha
RÍO GRANDE DO NORTE
Natal
Teresina
AMAZONAS
Manaus
PARÁ
PIAUÍ
PARAÍBA
João Pessoa
Recife
PERNAMBUCO
Maceió
ALAGOAS
Aracajú
SERGIPE
Palmas
TOCANTIS
Salvador
BAHÍA
Rio Branco
Porto Velho
ACRE
RONDÔNIA
MATO GROSSO
Cuiabá
BRASILIA D.F.
Goiânia
GOIÁS
MINAS GERAIS
Belo Horizonte
Vitoria
ESPÍRITO SANTO
Campo Grande
MATO GROSSO DO SUL
São Paulo
Río de Janeiro
RÍO DE JANEIRO
SÃO PAULO
Curitiba
PARANÁ
Florianópolis
SANTA CATARINA
Porto Alegre
RÍO GRANDE DO SUL

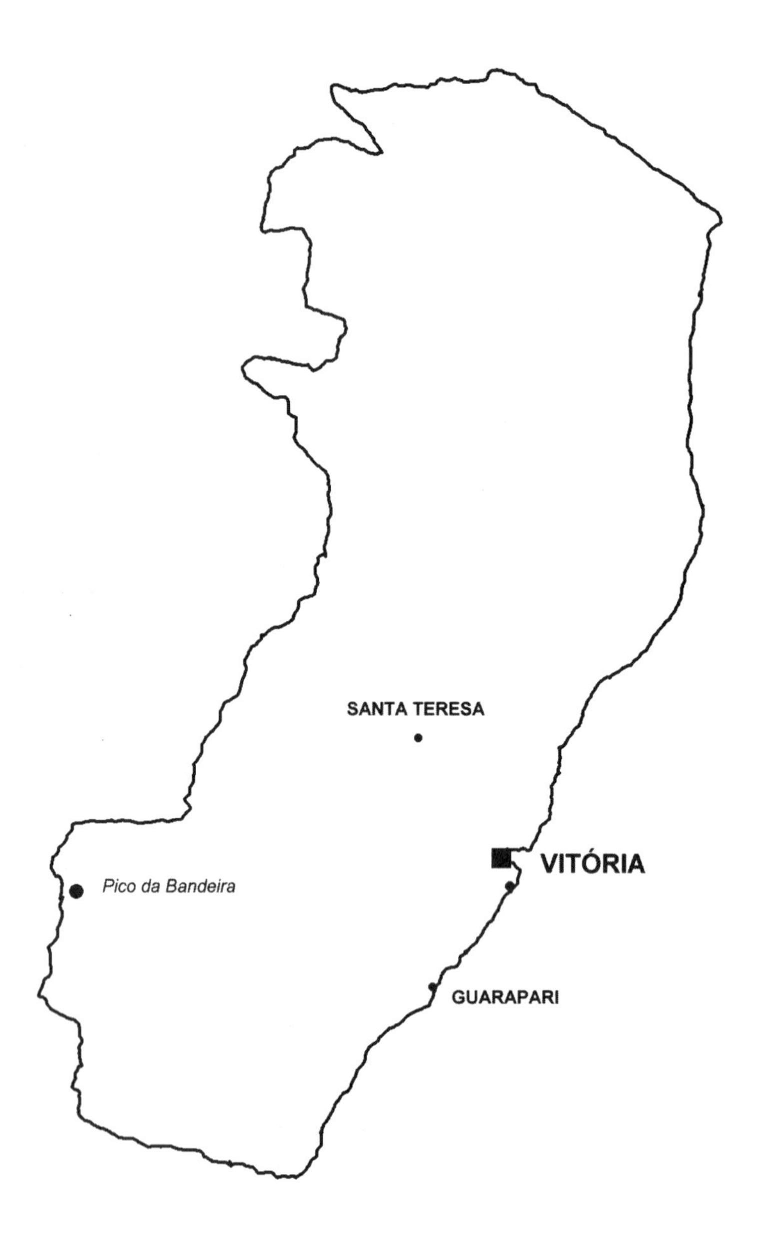
SANTA TERESA
VITÓRIA
Pico da Bandeira
GUARAPARI

XX

ESPÍRITU SANTO:
LA MONTAÑA AZUL Y LOS OVNIS DE LA PLAYA RADIOACTIVA

EL ESTADO DE Espíritu Santo (45.733 km²), situado entre Río de Janeiro, Minas Gerais, Bahía, dando la cara al Atlántico, está formado por montañas, valles profundos, paisajes europeos y habitado por muchos inmigrantes y sus descendientes. La mayoría son italianos, portugueses, rusos, suizos, holandeses y alemanes. Américo Vespucio fue probablemente uno de los primeros europeos que vio las costas de Espíritu Santo, en 1501. Al año siguiente, Estevão da Gama descubrió la isla de Trindade (Trinidad) a 1.140 km de la costa del futuro estado, donde en los años 50 de nuestro siglo se dio uno de los más importantes avistamientos OVNI.

La llegada de los portugueses no tuvo consecuencias positivas para los indígenas. Vasco Fernandes de Coutinho, fundador de la primera villa (1535) en la capitanía trajo 60 aventureros y presidiarios para ocupar aquellas tierras. Los indígenas obligaron a los lusos a retirarse a una isla, donde fundaron Vila Nova, hoy Vitoria, capital del actual estado.

A mediados del siglo XVI el gobernador general del Brasil colonial fue obligado a enviar tropas lusitanas para combatir a los indígenas que no cesaron sus ataques hasta bien entrado el XIX. Hoy, desgraciadamente, no quedan más que algunos centenares. En 1551 ya habían llegado los jesuitas a la región donde hoy está la capital del estado. Entre ellos estaba una de las personalidades más ilustres de la historia brasileña, que no fue portugués ni criollo, pero sí español, un cura canario llamado José de Anchieta (Tenerife, 1537, Espíritu Santo 1597).

Aún muy joven, Anchieta fue a Portugal y se enroló en la Compañía de Jesús. Junto con un grupo de compañeros, el joven fue enviado por órdenes del monarca lusitano João III a catequizar a los indios.

En 1553 el padre Manoel da Nóbrega fundó el Colegio de la Compañía de Jesús en la villa de Piratininga (actual ciudad de São Paulo). La primera misa fue celebrada el 25 de enero de 1554, oficiada por el padre Manoel de Paiva, teniendo como sacristán y novicio a José de Anchieta. Cabe recordar que fue un defensor incondicional de los indios viéndose expuesto por ello a situaciones peligrosas.

En cierta ocasión fue obligado a salir de São Paulo por los crispados colonos portugueses y buscó refugio en Vitoria. Escribió además una gramática y un diccionario de la lengua tupí que dominaba perfectamente. Murió en 1597 y fue canonizado más tarde. Hoy se puede visitar su tumba en el centro de Vitória.

El religioso canario José de Anchieta: milagros y fundación de villas en Brasil. Está enterrado en Vitoria.

La ciudad cuenta hoy con más de 300.000 habitantes y es una especie de Río de Janeiro en miniatura, cercada por bellísimas montañas graníticas redondeadas por la erosión. Apenas quedan restos de su pasado colonial. Ocupa una isla estratégicamente para facilitar la defensa de los lusos constantemente vigilados por los fieros indios capixabas, palabra que hoy designa al gentilicio del estado.

Sobre una hermosa colina se eleva un magnífico monasterio, el Convento da Penha -Vila Velha-, en el sector continental de la capital. El conjunto, en la parte más alta de la ciudad, sirve también de mirador donde se vislumbra una vista panorámica de toda la región, sólo a la zaga de Río de Janeiro. Allí, antes y después de Semana Santa, llegan miles y miles de peregrinos que vienen a rendir homenaje a Nossa Senhora de Penha. Algunos de los fervorosos fieles suben la cuesta de rodillas hasta el punto de herirse de tal modo que el sendero se cubre de un rastro de sangre.

Dentro está la *Sala dos Milagres* donde encontramos los típicos exvotos, fotos y objetos dejados por los peregrinos.

Sobre arqueología poco se sabe al respeto en el estado. Un yacimiento con 600 años de antigüedad fue descubierto en 1995 en el distrito de Santa Cruz, a 60 km al norte de Vitoria. Seis urnas funerarias formaban parte del "tesoro". Una tenía el impresionante diámetro de dos metros y 60 centímetros de altura, en forma de "platillo volador".

En Espíritu Santo está la tercera montaña más alta de Brasil, el pico da Bandeira (2.890 m) situado en la Serra do Caparaó, fronterizo con Minas Gerais. Antiguamente el estado estaba prácticamente cubierto por la selva atlántica, pero la acción del hombre fue implacable y ha quedado muy poco de su verdor. Su parque nacional es una de las maravillas de la naturaleza que permite excelentes caminatas y exploraciones.

Cuando hace algunos años, visité las sierras de Espíritu Santo, existían muchos pueblos donde sus vecinos, personas de tez muy clara con alto índice de cáncer de piel, seguían hablando el idioma de sus padres, abuelos y bisabuelos que habían venido de Europa, especialmente italianos y alemanes.También conservan hoy fiestas tradicionales de los pueblos originarios de sus familias, especialmente de la región alpina, con sus trajes típicos.

En uno de los paisajes más alpinos, Venda Nova do Imigrante -un pueblo de estilo italiano a 100 km de Vitoria-, se encuentra uno de los lugares más mágicos del estado, un pico colosal de granito de 2.000 metros de altura con forma de dedo pulgar: la Pedra Azul. La impresión que se tiene es que se trata de una versión ciclópea del *Pão de Açúcar.* En su sombra presenta una fuerte tonalidad azulada, mientras que con la luz del sol destella múltiples colores, ofreciéndonos un aspecto verdaderamente hipnótico.

Algunos habitantes de la región me afirmaron haber visto bolas de luz salir de la montaña, pero desde hace muchos años el fenómeno ha remitido.

A 42 km de la capital hay un pueblo llamado Campinho, fundado en 1847 por pomeraros, o sea, inmigrantes de Pomeraina, región del noroeste de la actual Polonia -tras la II Guerra Mundial- que fue ocupada por suecos y prusianos.

Santa Teresa es un pueblo perdido en las serranías, a 70 km de Vitoria que recuerda las montañas de Italia. La región está considerada como un paraíso ecológico, la vegetación es abundante y variada. Lo mismo se puede decir de los colibrís que invaden la ciudad, especialmente la casa de un científico, el fallecido Agusto Ruschi (1916-1986). Este naturalista del Museo Nacional de Río de Janeiro dedicó toda su vida al estudio de orquídeas, murciélagos, colibrís y otros pequeños animales, por lo que su nombre es hoy por hoy reconocido mundialmente.

Cuando visité su casa-jardín, una mansión rodeada de jardines y bosque, me sentí arropado por el leve silbido de estos pajaritos encantadores que revoloteaban a mi alrededor. Pude acercarme a menos de un metro de algunos, indiferentes a los humanos, a sabiendas que allí raramente alguien se atreve a hacerles daño.

Ruschi, que hasta mereció ver su efigie en un billete nacional, antes de su muerte, se sometió a un ritual chamánico indígena. En 1985 fue contaminado por el veneno de un sapo de la familia *dendrobata.* Aquejado por violentos dolores y hemorragias nasales, el naturalista recurrió en enero de 1986 al *pajé* Sapaim que se personó con el cacique Raoni en la casa del suegro de Ruschi.

"Famoso por acompañar al cantante británico Sting en campañas mundiales de protección a los indígenas de la amazonia. Raoni, ahora muy mayor, lleva indefectiblemente un plato de madera acomodado en el labio inferior que le da un aspecto feroz." *(N. del A.)*

Ambos indígenas iniciaron un ritual de curación echando mano de pipas con las que ahumaban al enfermo para primero localizar el punto donde se acomodaba la dolencia. Con las manos en forma de embudo los indios intentaron sacar las toxinas que supuestamente brotaban de los poros de la piel con una consistencia semejante a la del chicle. Desgraciadamente este ritual no logró evitar la muerte del científico. Los indígenas explicaron que la enfermedad de Ruschi estaba muy avanzada y que era difícil que se recuperara.

Su legado es inegable: gracias a su influencia consiguió convencer al gobierno para proteger amplias zonas boscosas y selváticas.

Guarapari es un municipio de la costa de Espíritu Santo conocido por sus bellísimas playas y por arenas ligeramente radioactivas consideradas terapéuticas. Allí cerca, en la villa de Aldea, uno de los decanos de la ufología brasileña, Fernando Cleto Nunes Pereira[1], fue testigo (8 enero 1975) de un avistamiento.

El relato podría ser uno entre tantos, pero en este caso tiene su valor por el hecho de que el testigo era un avezado ufólogo a quien pude entrevistar en su casa en Río de Janeiro. A las 22:15 horas, salió a la calle con un amigo y vieron al fondo de una ensenada marítima, una luz que parecía una estrella muy brillante de tono amarillento que se movía de este a oeste, procedente de alta mar y penentrando por el otro lado de la mencionada ensenada.

Según pudo estimar, la luz volaba a un máximo de 100 m del suelo. Cuando el objeto se acercó de la playa que existe al fondo (conocida como Retiro dos Adventistas) empezó a destellar como un potente flash. Al cabo de un rato otros familiares se sumaron a las observaciones y se sorprendieron cuando la luz se estacionó en el aire. De repente el objeto subió rápidamente en vertical.

Con ayuda de unos prismáticos pudo observar que la luz emitía un poderoso foco apuntando hacia el suelo pero sin tocarlo. "La forma que la supuesta estrella emitía era igual que un gran cono de color blanco cuyo vértice estaba situado su centro luminoso y bajaba por el aire, terminando en una base circular bien definida. La distancia era un tercio de la que separaba el centro luminoso del suelo. Vimos anonadados que el conjunto, estrella y foco se desplazaban en nuestra dirección sobre la playa. Fue cuando uno de mis parientes nos advirtió emocionado que tuvieramos cuidado con la luz, pues decía que acostumbraba a llevarse a la gente", me contó Pereira.

Y prosiguió: "Cuando el objeto ya se acercaba al punto donde estábamos, inició una pequeña desviación hacia el sur o sudoeste. El OVNI se metió entre algunas nubes y aún pudimos ver su cono de luz, muy bonito, como difuminado. Volvió a disparar flashes blancos, como al principio de la aparición, y entonces, oímos como el inicio de un trueno. Algunos de los testigos creen haber visto el cono de luz oscilar levemente hacia los lados, como si estuviese realizando un barri-

1. Más informaciones en su libro *Sinais estranhos* (Biblioteca UFO-OVNI Documento, Ed. Hunos, Rio de Janeiro, 1979). Es también autor de un clásico de la ufología latinoamericana, *A Bíblia e os Discos Voadores* (1971).

do alrededor. Después aceleró muchísimo su velocidad y desapareció rápidamente", concluyó el ufólogo.

Parece ser que no han sido los únicos en ver OVNIs aquí. Allí las apariciones son constantes. Los vecinos, acostumbrados, se complacen en observar las luces de origen desconocido en los atardeceres de verano, un pasatiempo más.

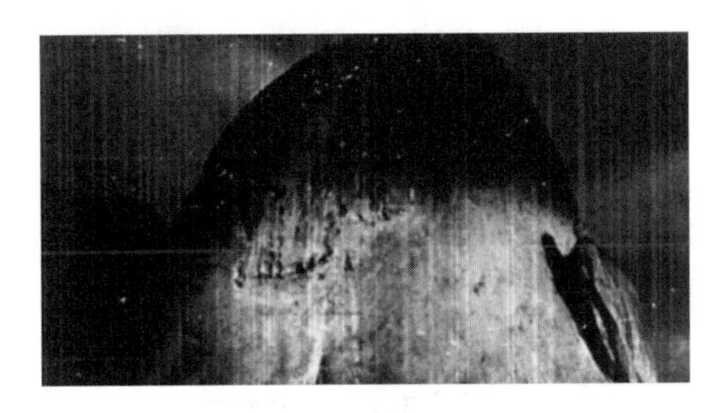

Pedra Azul.
Foto: Turismo de Espírito Santo.

SÃO PAULO
SÃO PAULO
Juréia
PERUIBE

XXI

SÃO PAULO:
LAS ESFERAS DE FUEGO Y
LOS VIGILANTES DE LA SELVA

EL ESTADO DE São Paulo (248.256 kms^2) pese a ser el más poblado del país -sólo la capital tiene más de 18 millones de habitantes incluida la zona metropolitana- es depositario de una herencia ancestral dejada por los indígenas que todavía se conserva a lo largo de la costa y en algunas zonas del interior del estado como veremos más adelante.

La capital homónima, São Paulo, fue fundada en 1532 por Martim Afonso de Sousa. Inicialmente llevaba por nombre villa de Piratininga y tenía 200 habitantes. Al contrario de lo que dicen la mayoría de los libros de historia, la ciudad no fue fundada por los jesuitas y mucho menos por el cura canario José de Anchieta. Lo que sí ocurrió fue la creación en 1553, de un colegio jesuítico por el cura portugués Manoel da Nóbrega, como bien recordaba el historiador Tito Livio Ferreira quien, mejor que nadie, se dedicó a reinvestigar los documentos que nadie tuvo la paciencia de leer.

Al igual que otras grandes capitales, presenta muchos recovecos, lugares desconocidos y curiosos. Uno es el monasterio de São Bento. Aunque muy céntrico y visible, pocos son los que se atreven y pueden entrar en algunas de sus dependencias cuyas paredes albergan muchos tesoros sacros.

Su historia se remonta a los tiempos de los *bandeirantes*. La misión de los monjes benedictinos, en São Paulo empezó en 1598 cuando el fraile Mauro Teixeira, de la antigua provincia de São Vicente erigió una ermita de adobe cerca a la *taba* (cabaña) del cacique Tibiriçá, en la meseta de los Piratiningas.

En el siglo XVII la capilla y la abadía de los benedictinos fueron ampliadas por iniciativa de un famoso *bandeirante*, Fernão Dias Paes Leme, inmortalizado como "el cazador de esmeraldas" que ordenó la construcción de un templo más grande. Hoy pocos saben que en el monasterio de São Bento está enterrado el mítico personaje bajo el piso de la nave principal de la Basílica de Nossa Senhora da Assunção. En una placa desgastada aún se puede leer: "Sepultura de Fernão Dias Paes Leme, gobernador de las esmeraldas, y de su mujer, María García Betim. Con la gratitud benedictina".

Según el monje y profesor de filosofía Estevão de Souza, que vive en régimen de clausura desde hace cuatro décadas, a principios de este siglo el monasterio fue reconstruido por Richard Bernd, arquitecto alemán. Estuvo en obras desde 1911 hasta 1922. La decoración religiosa recibió toques especiales de un belga, Adalberto Bressnight con elementos germánicos, bizantinos, románicos e italianos sazonados con detalles neogóticos. Una exquisitez dentro de São Paulo que vale la pena conocer.

Es uno de los pocos lugares en la capital del estado donde se puede escuchar canto gregoriano y los sonidos del mejor órgano de Brasil, de 700 tubos. En resumen: una isla de tranquilidad cercada por el caos de la segunda urbe más grande del planeta.

El todoterreno surcaba una carretera todavía embarrada a causa de las lluvias de días anteriores. Discurríamos por un paisaje primitivo, una tupida vegetación tropical y una sierra tapizada de verde a nuestra derecha. Podría tratarse de la selva amazónica, pero ésta se encontraba a más de 2.500 km de distancia. Estábamos entrando en la reserva ecológica de Juréia-Itatins, situada en la costa sur del estado. (En idioma guarani Juréia significa "montaña de cumbre aguda" e Itatins "la morada de los dioses").

Yo había solicitado una autorización, como periodista, para poder entrar en la reserva a través de un organismo federal, el Instituto Brasileiro de Desenvolvimento Florestal (IBDF), con sede en Brasilia; el permiso tardó poco más de una semana y entonces pude emprender el viaje.

Me sentía motivado y profundamente intrigado, pues había oído hablar sobre extraños fenómenos luminosos en las montañas de Juréia y sus inmediaciones, un enclave todavía salvaje habitado por algunos centenares de nativos, los *caiçaras* (mestizos de blancos con indios) y unos pocos descendientes de los antiguos guaraníes, uno de los pueblos autóctonos más numerosos de Brasil. Hoy por hoy sólo sobreviven unos pocos miles diseminados por todo el país.

El guarda forestal Carlinhos, funcionario del IBDF, me recibió junto con otros amigos ufólogos, entre los que estaba Plácido Cali. Fue en la ciudad costeña de Peruíbe -la antigua São João Batista, hoy con 40.000 habitantes-, unos 200 km al sur de São Paulo. Ibamos a realizar un reportaje sobre fauna y flora de la región y aprovecharíamos para verificar si realmente se producían fenómenos ufológicos.

Carlinhos ya tenía un todoterreno preparado para salir; nos acompañaba un nativo, José, que retornaba a su aldea con los víveres que había comprado en Peruíbe. Sentíamos la humedad y el calor bochornoso mientras el vehículo se movía sobre el terreno escabroso. A la vera del camino se arracimaban vendedores de bananas y cangrejos.

Mientras seguíamos hacia nuestro destino, nos contó que "aquí siempre aparecen las *mães-do-ouro*. Vuelan de un cerro a otro; yo sólo las he visto una vez, pero mi padre y mis abuelos me han dicho que antiguamente aparecían más a menudo. Ellos dicen que la llegada de los madereros y hacendados está ahuyentando al espíritu de la *mãe-do-ouro*".

En su libro *O povo do Espaço: metodologia do folclore extraterrestre* [1], el eminente folclorista Paulo de Carvalho-Neto identifica el fenómeno OVNI a la *mãe-do-fogo* (madre del fuego) o *mãe-do-ouro* (madre del oro). En la novela *O retrato do rei* (1991), la escritora Ana Miranda menciona su existencia a principios del siglo XVIII en los estados de São Paulo y de Minas Gerais. Se trataba de una alma en pena que enfermaba a buscadores de oro y piedras preciosas muy avaros con terribles fiebres que los llevaba a la muerte. Solía aparecer bajo la forma de una mujer emanando luminosidad amarilla. Esa era la época del "ciclo del oro", cuando los *bandeirantes* buscaban riquezas por todo el Brasil.

Uno de los primeros relatos sobre tales apariciones lumínicas en el pasado se lo debemos al jesuita canario José de Anchieta, en una carta escrita en la villa de São Vicente -cerca de Juréia- en mayo de 1560. Se trataba de la aparición del *Mbai-tatá* (cosa de fuego), una extraña llama que a veces hería a los indígenas y los hacía correr aterrorizados.

El poeta Olavo Bilac, en su obra *Ultimas conferências e discursos* (1924) escribe: "...pero cuando el viajero persigue al *Mbai-tatá*, huye, intangible... pero cuando, al contrario, el hombre huye, el *Mbai-tatá* lo persigue, aterroriza, enloquece y mata..."

Otra tradición de esa misma época, que sobrevive hasta nuestros días, es que la aparición de esferas luminosas en el cielo, especialmente las amarillas. Señalarían la existencia de tesoros enterrados y filones auríferos. Su comportamiento en muchos casos era previsible: una bola de luz recorría lentamente el espacio entre una montaña y otra, con o sin ruidos, a veces con fuertes estruendos. Ese último hecho había sido relatado por dos naturalistas alemanes, Spix y Martius, que estuvieron viajando por el territorio brasileño entre 1817 y 1820. A causa de los fuertes estampidos, llamaron "montañas roncadoras" a los lugares asociados a la existencia de riquezas minerales.

Otra versión de la madre del oro es la que nos ofrece el ufólogo de la ciudad de Passa-Tempo (Minas Gerais), Antonio P. Faleiro en su libro *OVNIs no folclore brasileiro* (1979), presentándola como una luz errabunda, espíritu de una *mater* protectora de tesoros ocultos que popularmente es vista como una virgen.

Cuando le entrevisté en el tranquilo pueblito de Passa-Tempo, me contó que en 1964 un campesino regresaba a su casa cuando vio a ras del suelo una

1. Coleçao Biblioteca UFO, una publicación de la revista UFO del Centro Brasileiro de Pesquisas de Discos Voadores, Campo Grande, 1998.

pequeña esfera luminosa que producía un ruido semejante a un zumbido. Al intentar agarrarla varias veces, le esquivó y, después de un rato, salió disparada hacia un depósito de agua donde desapareció.

A juicio de Faleiro estos objetos son sondas extraterrestres cuyos diámetros pueden variar desde escasos milímetros hasta unos pocos metros, casi siempre entre 80 cm y 1,5 m. "Suelen aparecer cíclicamente, generalmente son más frecuentes entre agosto y diciembre", me dijo.

El punto de partida de ese viaje a la Juréia había sido un programa de radio transmitido en la ciudad de São Paulo en 1988 por un locutor muy popular. En él se comentaba que allí se veían estas luces voladoras, algunas emergiendo del mar. También un ser extraño semejante a un híbrido de gallina y murciélago.

Luego contacté con el ufólogo Plácido Cali, actualmente un respetado arqueólogo, quién me contó que con un grupo de amigos investigó algunos casos recorriendo la sierra de Itatins, en la Juréia. Maya Alice Ekman, una ufóloga ya fallecida que vivía en Peruíbe, les había descrito varias apariciones de luces sobre la serranía y el descenso de un objeto que dejó una huella: hierba quemada en el jardín de una casa en Peruíbe.

Lo más desconcertante en la sierra de Itatins es la existencia del llamado *Portal da Serpente* o *Portal de Pedra*, ubicado en un gran paredón granítico en la cresta de la sierra, a la vera de la carretera que une Peruíbe a Guaraú. Su nombre se debe a lo que parece ser un gran oficio dibujado en la mole, formada por otro tipo de mineral incrustado en la roca. En uno de los extremos se hallaba algo que parecía justificar su nombre, una forma parecida a una cabeza triangular.

Con 1,5 de ancho y dos metros de altura, el *Portal da Serpente* puede ser un capricho de la naturaleza, pero no los fenómenos que allí se dan. Los habitantes de la zona han visto a lo largo de los últimos 50 años pequeñas bolas de luz que entran y salen como por arte de magia de la mole granítica. Plácido y su grupo pudieron verificar que era hueco en el espacio interior formado por el dibujo serpentino pero no había, en apariencia, ninguna entrada.

El misterio se agranda con los innumerables relatos de los *caiçaras* y demás habitantes sobre frecuentes apariciones de gigantes altos y rubios que también salen o merodean cerca del portal. La población los considera los Guardianes de la Juréia. Los describen con más de dos metros, usan ropas blancas como monos muy ceñidos al cuerpo, son rubios e irradian una extraña luz fluorescente.

Directamente enfrente, mirando hacia el océano Atlántico, está a pocos kilómetros de la costa la Isla de Queimada Grande, la mayor morada natural de serpientes existente en el mundo. Como se puede imaginar, esta islita alberga miles y miles sin que ningún ser humano se atreva a vivir allí.

La especie más difundida es la *Bothrops insularis*, popularmente conocida como *jararaca-ilhoa*, cuyo veneno es fulminante, es decir, mortal. No existe suero para anular sus efectos sobre el organismo humano. El *Portal da Serpente* y la isla de Queimada Grande son protagonistas de una leyenda indígena que habla del dios Juru-Pari (serpiente negra), la cual, según Maya Ekman, guarda similitud con los mitos de la serpiente de fuego y plumas de mayas y aztecas.

Hoy en día el portal no existe como tal. Un año después de que los ufólogos efectuaran verificaciones en la montaña, hacia 1989, varios visitantes, a sabiendas de los enigmáticos fenómenos que se producían, comenzaron a llevarse trozos de la serpiente de piedra y acabaron por desfigurarla.

Otra montaña encantada es el *morro* (cerro) do Pogoça que en lengua indígena significa Tucano de Oro. De ahí sale una bola de fuego que se traslada por el aire hasta otro cerro, el de Dedo de Deus, en la serra dos Itatins. Son los dos más altos de la región y la luz siempre hace el mismo trayecto.

Vista nocturna de la avenida Paulista en São Paulo capital.

Tras un penoso viaje de cuatro horas desde Peruíbe, incluso vadeando el río con el vehículo sobre una barcaza, llegamos a la base ecológica donde también se encuentra la guardia forestal. La primera providencia al llegar fue dejar el ligero equipaje que traíamos y conocer a algunos de los científicos, especialmente biólogos, zoólogos y botánicos que trabajan allí. Las ventanas estaban recubiertas de telas para evitar la entrada de mosquitos.

"Aquí encontramos hace unos meses una nueva especie de mono que todavía no estaba catalogada. Se trata del *Leontopithecus caissara*, un pariente del popularmente llamado *mico-leão* (mono león), cuyo cuerpo no tiene más que unos 20 cm, con una cabeza coronada por una melena leontina y una carita muy humana", me contó la bióloga Cecilia Castro, de la Universidad de São Paulo.

El hecho no dejó de sorprenderme. En pleno final del siglo XX aún se estaban descubriendo nuevas especies de mamíferos a sólo 240 km de la segunda ciudad más poblada. Pero todavía nos esperaban más sorpresas. Un fotógrafo de la National Geographic Magazine había estado meses antes en la Juréia para captar imágenes inéditas del misterioso *mono-carvoeiro* (mono carbonero) o *Brachyteles arachnoides*, el primate más grande de las américas, que alcanza hasta 1,5 m de altura y que llegó a ser confundido varias veces con la versión brasileña del abominable hombre de las nieves (mejor diríamos... de las selvas).

El mismo día de la llegada a la base decidimos hacer un recorrido por la zona montañosa que bordea el océano. No eran raros los tropezones y resbalones entre la vegetación todavía húmeda a causa de las lluvias de los últimos días. Hay que destacar que la Juréia es una de las regiones más pluviosas de todo el país.

Después de tres horas y media pasando por cascadas y una tupida vegetación compuesta de *pteridófitas* (helechos), lianas o bejucos, musgos y hongos, llegamos a una cumbre desde donde se vislumbra el Atlántico, tres grandes montañas piramidales muy cercanas al río Verde que tiene forma de una herradura en ese tramo, y la Ponta da Juréia -un bonito istmo- ofreciéndonos una idea de lo grandiosa y salvaje que es la región.

Ahí mismo, en la cima, abordé a nuestro guía Sebastião Pires, un *caiçara* que sólo había salido de la región para ir al pueblo de Peruíbe, a comprar víveres.

"Ha visto usted a la *mãe-do-ouro*", le pregunté.

"Creo que son pocos los que no la han visto. Ahí delante, entre esas dos montañas, surgía siempre una bola de luz de color naranja que se trasladaba lentamente. Dicen que puede haber oro en esas montañas pero yo nunca fui allí para comprobarlo: es muy peligroso, hay muchas fieras, especialmente jaguares y *jaguatiricas* (ocelotes) y no hay sendas".

Un gran sector de la reserva ecológica permanece inexplorado. En 1986 un equipo de seis biólogos y un fotógrafo exploraron algunas de estas zonas que no existen en los mapas y donde se avistan las "madres del oro" como las que me describió Sebastião Pires. Las lluvias, el terreno escarpado y los animales salvajes han dificultado la presencia humana.

Desgraciadamente la zona periférica de la reserva está siendo depredada constantemente por madereros y hacendados. Hace algunos años el gobierno federal intervino en la región para instalar una central nuclear, pero las protestas, e incluso las luchas armadas, le hicieron abandonar sus intenciones.

Lo peor es la devastación periférica de la Juréia a causa de las disputas entre colonos pobres y terratenientes poderosos que echan sus tentáculos dominadores en la selva. A raíz de eso se han producido en los últimos años desórdenes en los que ha habido varios muertos. Por eso, andar por allí requiere sumo cuidado.

Gracias al esfuerzo de una ONG, S.O.S Mata Atlántica, ésta y otras extensiones selváticas de la llamada Mata o Selva Atlántica -que otrora recubría casi toda la costa brasileña- aún se preserva.

Nuestro anfitrión, el guarda Carlinhos, nos llevó al día siguiente de nuestra llegada a través de la primera senda abierta en territorio brasileño por los colonizadores portugueses al mando del gobernador general Martín Afonso de Souza, en el siglo XVI. A lo largo se hallan restos de la primera línea telegráfica del país que el siglo pasado sirvió para comunicar la ciudad de Cananéia (sur del estado) con San Vicente.

Ésa es la única huella humana reciente en este paraíso, en su sector más preservado, que no debe ser actualmente muy diferente de lo que era hace siete mil años, cuando allí vivían los antepasados de los indios tupis-guaraníes. De ellos lo único que queda son los llamados *sambaquís* (ver Santa Catarina), montículos formados por restos de moluscos, ostras , basura "hogareña" , urnas funerarias con esqueletos humanos y algunas pertenencias de difuntos.

Fue en ese sendero donde encontramos al pescador Vítor Mendonça, que dice tener sangre española en la venas y 72 años bien vividos sin nunca haber salido de allí. En un lugar donde no hay televisión, ni energía eléctrica, tiene como compañero una radio transistor para escuchar música *sertaneja* (música folclórica típica del interior de los estados del sudeste del país). El anciano nos contó pacientemente como era su vida -aún seguía pescando- y la de sus nietos, que se habían marchado hacia la "ciudad grande".

Pero faltaba hacerle la pregunta clave: "Y la *mãe-do-ouro*, ¿la había visto?".

Vítor Mendonça se sentó sobre un tronco de árbol que había servido de poste telegráfico y nos contó lo siguiente: "Esto aquí ha cambiado muy poco desde que yo era pequeño, pero al contrario que hoy, los guaraníes todavía abundaban y había más jaguares que devoraban los cerdos que teníamos en el corral... Cuando tenía 18 años recuerdo que volvía para mi casa ya de noche, pues había ido a visitar a unos parientes en la playa del Río Verde, al norte de donde estábamos, cuando vi la luna caer sobre el monte del istmo de la Juréia. Luego me di cuenta que no era la luna, sino una gran bola de luz blanco amarillenta que, tras haberse ocultado en el monte, salió volando despacio y sin ruido en dirección hacia donde me encontraba. Mientras tanto desprendió de sí tres esferitas luminosas, cada una de un color. Si no me equivoco eran de blancas, azules y amarillas. Todas salieron chispeando y se metieron en la selva. Salí corriendo amedrentado hacia la casa y se lo conté a mis padres, que tranquilamente para mi espanto, me contestaron: "tú viste la *mãe-do-ouro*, el espíritu errante de una mujer que murió hace mucho tiempo".

Sobre fantasmas femeninos habría mucho que hablar. El investigador Oswaldo Herrera, de Peruíbe, cuenta que por un sendero que desemboca en una bonita playa de la Juréia: Parnapoã, existe una cascada. De allí, cuentan los *caiçaras*, surge una bella joven de largos cabellos rubios adornados con flores blancas y con un vestido largo, que en silencio observa silenciosamente a los viajeros. Creen que ella trae consigo la felicidad. La llaman Dama de Parnapoã. Cuando alguien se le acerca, suele desaparecer entre la vegetación de la zona de Guaraú.

Ya en la zona del Una existe una cascada donde se pueden oir extrañas voces que hablan en un idoma desconocido. Nunca se ha podido saber de donde salen estas voces, pero parece que proceden de detrás de la caída de agua o de las piedras de alrededor. A orillas del río Verde se han podido ver siluetas altas que caminan levitando sobre sus aguas.

Una caminata nocturna por los senderos de la Juréia hasta la playa del mismo nombre, me probó lo que la naturaleza y la imaginación humana pueden crear. Ruidos y chapoteos en las aguas tranquilas de un riachuelo se aparecían como los movimientos de algún ser humano bañándose en aquella noche de luna llena. Al día siguiente descubriría que se trataba de una especie de trucha que daba brincos fuera del agua. Teníamos la impresión de que, a nuestras espaldas, alguien nos seguía con sus pasos firmes y ruidosos. Bastaba parar para que los pasos también cesaran.

Sería fácil imaginar a los *caiçaras* estupefactos al encontrarse con una bola volante luminosa entre los árboles o bajo las aguas de un río y buscando luego las explicaciones más fantásticas posibles.

Como hemos dicho antes, de los antiguos guaranís poco queda mezclado en la sangre de los *caiçaras* y en algunos elementos culturales de su día a día. La mayoría de ellos pereció a principios del siglo, afectados por enfermedades llevadas por los forasteros. Fuera ya, a unos 30 km de Peruíbe, visité una de las pocas reservas indígenas del estado. Está en una región semiselvática, ocupada por muchas plantaciones de bananos.

Allí conocí al *pajé* (chamán) de la tribu Nhimot Sadju, un anciano entrañable y de trascendental sabiduría, pese a su rústica condición de vida y analfabetismo. En su palafito de madera y en medio de sus escasas pertenencias, me contó algo sobre la forma de curación que practicaba, para la que pedía siempre la ayuda de los espíritus de los guaraníes, Jesucristo y algunos dioses del candomblé. Luego me percaté de su fuerte sincretismo religioso al haber sido influido por varios grupos cuando hacía sus viajes a São Paulo en la década de los 50.

Cuando le pregunté por la existencia de la *mãe-do-ouro*, me respondió enigmáticamente: "¿Para qué quieres saber lo que es la *mãe-do-ouro*? Si esa luz existe o no fuera de ti, no tiene importancia alguna. Lo que sí debes buscar es la luz interior que todos tenemos, que es la luz de la razón de cada uno, la luz de nuestro verdadero conocimiento".

Nhimot Sadju.

El autor de libro:
Pablo Villarrubia Mauso.

MINAS GERAIS
BELO HORIZONTE
MARIANA
SÃO TOME DAS LETRAS
SÃO LOURENÇO
AIURUOCA
Sierra Mantiqueira

XXII

MINAS GERAIS:
EL CAMINO DE SANTIAGO BRASILEÑO

EL ESTADO BRASILEÑO de Minas Gerais es pródigo en misterios. Por sus grandes dimensiones geográficas (586.624 kms^2) y un rico pasado histórico y prehistórico, podríamos llenar páginas y más páginas sobre sus "curiosidades" insólitas. El viajero puede tener como base de actividades su capital, Belo Horizonte, que rebasa el millón de habitantes y está considerada como una de las metrópolis más modernas del país.

Según el arqueólogo francés Pierre Colombel en una entrevista concedida al periodista e investigador Iker Jiménez Elizari[1], se hallan cerca de Belo Horizonte pinturas rupestres que guardan similitudes con las de la región del Tassili, en la zona del desierto del Sahara que corresponde a Argelia.

En el sudeste del estado confluyen varias comunidades esotéricas, ufólogos y arqueólogos que buscan restos del pasado en sus cuevas. El lugar está considerado como uno de los *chacras* de la tierra, donde estarían los reinos subterráneos de Agartha y Shambala.

> *Chakra*, en sánscrito, significa rueda y designa los siete centros de energía del cuerpo humano. El inferior *Mulahdara* estaría en la zona pélvica y el superior *Sahasrara*, coronando la cabeza sería el *conector espiritual con la divinidad*, el "loto de los mil pétalos". Se enseña que la serpiente *Kundalini*, viaja a lo largo de todos ellos activándolos y elevando al hombre hasta el despertar supremo. La referencia a la Tierra presupone la hipótesis *Gaia* o la idea de que nuestro planeta es un imenso organismo vivo con sus propios centros. *(N. del C.)*

Una ruta por varios pueblos y ciudades conduce hasta los más espectaculares escenarios de la naturaleza y del conocimiento oculto. Por eso, y por mucho

1. "El mensaje de los dioses de Tasili",en la revista *Enigmas*, nº39, febrero de 1999.

más, algunos osan comparar esa región al Camino de Santiago en España, donde los místicos van a peregrinar en busca de la verdad interior.

Allí es donde se oyen historias de civilizaciones subterráneas, OVNIs que surcan los cielos, poderosas fuerzas telúricas, aguas milagrosas, grupos esotéricos y comunidades alternativas, dentro de un precioso paisaje montañoso.

Se encuentra delimitada por un triángulo imaginario en cuyos vértices están ubicadas tres ciudades sagradas: São Lourenço, Aiuruoca y São Tomé das Letras, relacionadas también con los mencionados *chacras* de la tierra. Uno de sus más desconcertantes enigmas es la existencia de larguísimos túneles subterráneos. Uno de ellos conectaría Sao Tomé das Letras con Machu Picchu, en Perú, a más de 3.300 km. El triángulo mágico del sur de Minas Gerais es un escenario de sorpresas que atrae a muchos ufólogos, esotéricos, trotamundos, filósofos, astrónomos y diversos soñadores.

Sao Lourenço es una ciudad de 35.000 habitantes a unos 350 km al norte de Sao Paulo. Fue allí donde en 1924 Henrique José de Sousa fundó la Sociedad Brasileña de Eubiosis, una ramificación de la Sociedad Teosófica Brasileña que sumó diversos e interesantes elementos esotéricos a las enseñanzas de la fundadora de la *Golden Dawn* Helena Blavatsky.

Aún cercada de misterios, esa Sociedad ha ido ensanchándose a lo largo de casi 80 años de existencia y ya incorpora cerca de diez mil socios activos en todo Brasil y algunos en el extranjero. Según sus adeptos deberá surgir en el año 2005 un nuevo mesías en São Lourenço, síntesis de todos los que han aparecido sobre la faz de la Tierra, anunciando la llegada de la Era de Acuario. Ese avatar ya tiene nombre: se llama Maitreya y en su homenaje se ha construido un gran templo inspirado en el Paternón de Atenas (Grecia).

"Este se halla justo sobre la ciudad subterránea de Caijah, uno de los siete *chacras* de la Tierra . Debajo de estas ricas capas minerales del sur de Minas Gerais, al igual que en los estados de Mato Grosso y Goiás, se hallan otros mundos subterráneos, como Agartha y Shambala, donde desapareció en 1925 el coronel Percy Fawcett en busca de una ciudad perdida construida por los descendientes de los atlantes", me dijo Jorge Matías Berello, miembro de la Eubiosis y estudioso de antiguas civilizaciones.

Todo el sur está plagado de cuevas, de muchas no se conoce el fin. Las ciudades intraterrestres como Caijah, están, según Jorge Berello, ubicadas en inmensas oquedades conectadas a la superficie por las cuevas, a ejemplo de São Tomé das Letras, Aiuruoca, São Lourenço, Conceiçao do Río Verde, Carmo de Minas, Pouso Alto y María da Fé.

Henrique José de Sousa (místico nacido en Salvador de Bahía en 1883 y fallecido en Sao Pãulo en 1963) dejó algunos libros importantes que son la base de las enseñanzas que reciben los miembros de la Eubiosis tal como *Ocultismo y teosofía* o *El verdadero camino de la iniciación*, en los que habla del reino de Shambala, una suerte de paraíso habitado por el Rey del Mundo, "aquél cuyo nombre nadie puede pronunciar".

"Souza está considerado como el creador de la teoría de que los OVNIs proceden del interior de la Tierra. La idea se difundió en Estados Unidos por aquellos que se le sumaron, como Ray Palmer o Raymond Bernard, ambos autores de los libros más conocidos sobre la teoría de la Tierra Hueca." *(N. del A.)*

Sobre este reino se halla otra ciudad subterránea, Agharta, cuyos habitantes tienen un nivel espiritual más elevado. Ellos son descendientes de los atlantes y entre sus increíbles poderes está lograr la absorción directa del aire del *prana*, la energía vital de los hindúes. De estos reinos vendrían los OVNIs, máquinas que concentran energía telúrica y que, según Sousa, se están apareciendo a los humanos para anunciar la venida del nuevo Mesías.

Del subsuelo del estado mana no sólo una poderosa fuerza telúrica, sino también las mejores aguas medicinales de Brasil, principalmente en las fuentes de Sao Lourenço, Araxá y Caxambú, ligeramente radioactivas y con propiedades sulfurosas capaces de restablecer la salud a mucha gente, incluso la juventud, lo que buscó afanosamente Ponce de León por las ciénagas de la Florida.

Valle de Aiuruoca. Montaña del *Bico do Papagaio*.

El raidestesista español Delfín Martínez, afincado en Río de Janeiro, me dijo que la energía telúrica se puede medir con un péndulo. "Aquí hay una gran concentración y variedad de minerales, única en todo el planeta. También debajo de estas capas existen grandes lagos subterráneos y oquedades que pueden dar cobijo a mucha gente. Quizá sea posible que se ubique ahí el reino de Agartha", confesó.

"Hace 600 millones de años el Valle del Matutu estuvo debajo de las aguas del mar, hasta que lentamente los movimientos tectónicos lo emergieron. A partir de ese momento formó parte de la misteriosa Atlántida. Vestigios de ese pasado acuático todavía los podemos ver retratados en algunas zonas del valle que son extremadamente arenosas, y en los fósiles de seres marinos".

Quien así me habló no era un geólogo, sino Syça Schamir Sellen, una mujer que ha dedicado su vida a estudiar y preservar el valle del Matutu, una zona verdaderamente paradisíaca situada a 70 km de São Lourenço. Estudiosa de la cábala, miembro de la Eubiosis y Rosacruz, Syça me llevó por las intrincadas veredas y carreteras de tierra que por su escabrosidad, mantiene afortunadamente alejados los turistas y curiosos.

El nombre del valle, Matutu, significa en idioma indígena, "cabecera del valle", un lugar sagrado para los pocos indios guaianás que viven escondidos en las montañas cubiertas de bosques vírgenes, junto con sus secretos, especialmente el conocimiento del uso de hierbas medicinales que allí abundan. Forma parte del macizo montañoso de la Sierra de Mantiqueira, y lo que más salta a la vista es su verdor, diferente al de otros lugares que he visto. Por algunas grietas de esas montañas mana el agua en imponentes cataratas. Manchas oscuras y circulares delatan las entradas de innumerables cuevas, algunas decoradas en su interior con pinturas rupestres.

Todo este paisaje está tapizado por extensas praderas. En la falda de las montañas se esparcen bosques de verde oscuro, constituidos por árboles típicos de las latitudes europeas, mezclados con vegetación tropical. Nuestro todoterreno levantaba el polvo de la carretera de tierra amarilla mientras Syça amenazaba con estornudar.

Nos acompañaba nuestra amiga y sensitiva canadiense Thereza (Tessie) Rinehart, capaz de detectar lo que en lenguaje esotérico llaman "energías sutiles" de la naturaleza. Nos confirmó que la región era realmente uno de los lugares más "fuertes" en cuanto a la presencia de "fuerzas telúricas positivas".

En el poniente del valle se halla el pueblo de Aiuruoca, cuyo nombre indígena significa "escondrijo del papagayo dorado o de oro". Aquí estuvieron durante mucho tiempo los jesuitas, conocedores de las riquezas de la tierra, especialmente de los minerales y plantas medicinales". Ellos eran dueños de un conocimiento superior, incluidas las ciencias ocultas que aprendieron de los indios. "La montaña que tu ves a la derecha, tan imponente y oscura, casi negra, es la del *papagayo*, sagrada para los nativos", me contaba Syça Sellen. Paramos el jeep para tomar algunas fotografías de las extrañas nubes que se formaban a su alrededor. En pocos minutos, desaparecieron como por arte de magia, justo cuando ella comenzó a proferir algunas palabras cabalistas y a efectuar un saludo ritual a la naturaleza.

La montaña del *Papagayo de Oro* está poblada de leyendas. Algunas hablan de seres gigantescos que habitan su interior. Salen por la noche y deambulan entre las chozas de los campesinos que viven en el valle. Algunas personas han visto bolas de fuego en el aire, o lo que describen como una segunda luna en el cielo, o aun una *mãe-do-ouro* (madre-del-oro) saliendo de la montaña, un fenómeno verificado en otras regiones de Brasil y del mundo. Estas apariciones son interpretadas como manifestaciones de OVNIs por algunos ufólogos, puesto que su desplazamiento parece obedecer a alguna forma inteligente de control.

El 19 de octubre de 1992, una gran parte del sur de Minas Gerais se quedó a oscuras. Un apagón mantuvo sin energía eléctrica la población entre las 19:15 h y las 2 de la madrugada. En ese intervalo de tiempo Syça, su amiga sensitiva Thais y un grupo de amigos pudieron observar un gran OVNI discoidal y silencioso sobre la ciudad de Sao Lourenço. "La Cemig, Compañía Eléctrica de Minas Gerais, no supo explicar lo que había ocurrido. Seguramente el objeto volador tuvo algo que ver con el apagón", reflexionó la cabalista.

Los nativos han observado desde hace centenares de años al *boitatá*, (serpiente de fuego) -una especie de haz de luz ondulante que se mueve a ras del suelo- correspondiente a la *inlicht* (luz-loca) o el fuego de los antiguos druidas germanos que lo identificaban con veloces gnomos portadores de antorchas.

Más adelante, siguiendo por la carretera y sorteando baches producidos por las lluvias, contemplamos una casa en las faldas de una montaña. Era una comunidad alternativa perteneciente a la Sociedad de Eubiosis. Ahí sus adeptos desarrollan la medicina teúrgica. "Esa es la que enseña a curar de acuerdo con las leyes de la naturaleza y consecuentemente con las leyes universales. La palabra teurgia está formada por los radicales griegos *teos* y *ergein* que significan Magia de Dios, la verdadera, que es conquistada a través del camino iniciático", me explicaba mientras el automóvil subía y bajaba suaves colinas.

Según la esoterista, la organización rechaza el culto lunar: "Está condenada toda actividad relacionada a la adoración a la luna, puesto que este astro está ligado en el pasado a graves y funestos sucesos que atrasaron la evolución del ser humano. Lo que sí pregona es el culto al sol, el astro que simbólicamente nos está llevando al umbral del Nuevo Milenio, dejando atrás la Era Lunar". No obstante, Syça prefiere no radicalizar la cuestión y cree que el culto lunar puede ser positivo mientras sea realizado según los cánones de la tradición celta.

Es conocida por ser la gran sacerdotisa del valle del Matutu, donde ha llegado a congregar centenares de personas procedentes de varios estados brasileños

La esotérica Syça Shamin Sallen, tras conjurar las nubes de la montaña sagrada del Bico do Papagaio.

y extranjero para celebrar algunos de sus rituales que buscan la conexión con la naturaleza. Estos consisten en *mantras*, sesiones de meditación, yoga y *tai chi chuan*, a veces celebrados en los bosques, cerca de cascadas o dentro de las cuevas.

Casi al final del valle, de 20 km de extensión, llegamos a la Comunidad Antroposófica de Aiuruoca, dirigida por el pintor y filósofo Cándido de Alencar Machado, un tipo concienzudo de 51 años, afable y de conversación fluida. Con su hermano Paulo Machado, fundó esta comunidad ecuménica hace unos l5 años.

"Buscamos enseñar a los niños y adultos cómo el ser humano se puede integrar a la naturaleza sin dañarla y todavía sacar provecho para sí mismo en función del cultivo orgánico de la tierra, de la leche de los animales, de la lana de las ovejas, fabricando su propia ropa en telares manuales y empleando otros utensilios cotidianos de forma artesanal". Curiosamente él había pintado un gran lienzo ilustrando la Santa Cena de Cristo con sus apóstoles, teniendo como telón de fondo el valle del Matutu y la montaña del *Papagayo* sobrevolada por grandes guacamayos. El cuadro está colgado en el comedor de la comunidad. Sus asiduos frecuentadores son todos vegetarianos.

"Aquí viven taoístas, budistas, judíos, cristianos y musulmanes. Todos conviven de forma armónica, cada cual tiene su pedazo de tierra para cultivar y su casa. También albergamos visitantes algunos días en los que impartimos nuestras enseñanzas antroposóficas", añadió.

No muy lejos de allí, en la otra vertiente del valle, se halla otra comunidad, la del Santo Daime, famosa por el empleo que hacen sus adeptos de la *ayahuasca*, también conocida como *yagé* o "soga del muerto". Se trata de una especie de liana cuya infusión produce alucinaciones, induce a desdoblamientos o a viajes astrales. Hasta los niños la toman en los ceremoniales. Para ellos es una planta sagrada y no desean ser confundidos con drogadictos, puesto que emplean el vegetal dentro de un contexto religioso -ver Acre-.

A menos de 50 km de Aiuruoca, por una carretera aún peor que la que conduce al valle, llegamos al poblado de São Tomé das Letras -situado a 1.500 m de altitud, el segundo más alto del país-, la "Meca" del misticismo rural brasileño donde viven permanentemente unos 6.000 habitantes. El pueblo está habitado por descendientes de los antiguos esclavos africanos que trabajaban en las minas de oro y piedras preciosas.

Nuevamente tomamos la palabra de la Eubiosis para explicar la importancia de este poblado. Allí encontramos las entradas hacia los mundos subterráneos, a los que se accede a través de varias cuevas que perforan las montañas cercanas. De su suelo emana una fuerte energía telúrica que todos, incluso los escépticos, sienten al llegar. Pero no es sólo eso... Casi todas las casas de su reducido perímetro urbano están construidas con un tipo de piedra de varios colores, la cuarcita (una roca silícea de textura granulosa) que abunda en las canteras cercanas. Las piedras, cortadas como lonchas, se ponen sin argamasa y constituyen un género de construcción única en todo el Brasil.

El asunto que ha originado más especulaciones sigue siendo la cueva del Carimbado, que conectaría São Tomé das Letras a Machu Picchu en Perú, a más de 3.300 km de distancia, al otro lado de la cordillera de los Andes. Los dos sitios habrían rendido culto a un dios civilizador, a Viracocha en Perú, y a Sumé, en Sao Tomé y otras zonas de Brasil.

Quizá haya sido el mismo dios de piel clara y luengas barbas. El nombre de la ciudad deriva de Sumé, rebautizado como Tomé (Tomás) por los católicos. El añadido *das Letras* (de las letras) viene de las pinturas rupestres que los antiguos habitantes analfabetos confundieron con una grafía y que se hallaban en la Serra das Letras, especialmente en una cueva rodeada de leyendas.

Fue en torno a ella -más tarde transformada en capilla- donde se formó la villa colonial y se construyeron las casas de piedra que han resistido al paso de los siglos. Según cuentan los habitantes más viejos, a mediados del siglo XVIII João Antão, un esclavo fugado de la hacienda Campo Alegre se ocultó en las cumbres de las serranías donde podría evitar las represalias de su amo, el hacendado João Francisco Junqueira.

Zuzu, de Mariana, y sus obras esotéricas.

Encontró una cueva para residir y allí estuvo durante muchos años viviendo como ermitaño. Un bello día se le aparece en aquellos páramos un hombre de aspecto muy distinguido y por la forma de hablar muy culto. El esclavo fugado le rogó que le escribiera una carta para llevarla a su ex amo donde narraría sus tristes condiciones de vida con la intención de obtener el perdón. Antão dejó su cueva y personalmente llevó la carta a Junqueira. Cuando llegó a la hacienda fue apresado por los capataces y la carta leída por su antiguo y recobrado amo.

Les llamó la atención que la letra no era la suya y el hecho de que un extraño con características tan nobles pudiese haber deambulado por aquellas sierras. Se organizó una comisión para estudiar el caso y vigilar la región donde residía. Cuando entraron en la cueva se encontraron con una imagen del São Tomé o Santo Tomás, el famoso apóstol que pregonó por Asia. Otra versión dice que la estatua fue traída por los jesuitas en 1715. En 1770 se construye una iglesia en homenaje al santo. Otros creen que la edificación se hizo entre 1781 y 1785, posteriormente nombrada "iglesia matriz", relativamente grande para las reducidas dimensiones del pueblo.

Allí al lado, una gruta, está la estatua de São Tomé, que tiene como telón de fondo pinturas rupestres, las "letras" que dan nombre al pueblo. La imagen, de 51 cm, fue robada en 1991.

En una de las múltiples ocasiones que estuve allí, junto con Syça Sellen y la mencionada sensitiva Teresa (Tessie) Pirajá Rinehart, visitamos la cueva *do Feijão* (de la judia), en cuyas inmediaciones los esclavos guardaban los sacos de estas legumbres. Allí, por las noches se oyen voces que los nativos relacionan con las almas en pena de los sufridos negros. Tessie cree que el ambiente está impregnado de "vibraciones" correspondientes a su sufrimiento. Según un nativo que vive cerca, José Monteiro, hace algunos años se observaba con frecuencia (en los meses de agosto y septiembre), una esfera de luz multicolor de tres o cuatro metros de diámetro. Por las noches salía de la cueva para después volver a esconderse. Otras grutas importantes son las Carimbado, Bruxa, Quatro Elementos, Leão y Triángulo.

En la iglesia matriz vive un señor, nieto de un esclavo africano, el guardián de varios objetos de arte religioso. Dice haber visto muchas veces las *mães-do-ouro*, bolas de luz que ejecutan complicadas evoluciones en el cielo y que los habitantes achacan al espíritu de una santa, guardiana de las minas de oro de la región.

La otra iglesia del pueblo es la del Rosario o de los Esclavos, puesto que el separatismo racial que se practicaba en el pasado se asemejaba al "apartheid" de Sudáfrica, donde había lugares destinados a los dominantes y a los dominados. Sobre esta iglesia pesa una maldición. La leyenda cuenta que una bruja solicitó cobijo en ella, pero le fue negado por el cura. Enfurecida y trastocada, la mujer echó un conjuro sobre el pueblo: éste nunca más progresaría. La bruja desapareció volando y se llevó un pedazo de la cruz.

En el pueblo vive Oriental Luis Noronha, ufólogo, escritor, explorador y arqueólogo aficionado que conoce la región como la palma de su mano. "Hace más de diez años me vine a vivir aquí con mi familia. Todo esto me fascina, particularmente después de que vi un OVNI sobre el pueblo y pasé a creer en ellos", me contaba el investigador sentado enfrente de la iglesia Nuestra Señora del Rosario, levantada con piedras de la región, con más de doce metros de altura, obra de esclavos africanos del siglo XVII.

En 1976 fue testigo de un contacto de tercera fase. Estaba durmiendo en su tienda de campaña a las afueras del pueblo tras una de sus exploraciones por las cuevas, cuando fue despertado sobre las dos de la madrugada por una voz que le llamaba. Sobrecogido (estaba solitario en un lugar deshabitado) salió de la tienda de campaña y con una linterna intentó ver quién andaba por allí. No encontró absolutamente a nadie.

"La noche estaba despejada y llena de estrellas. Desvelado, decidí dar una vuelta para ver si encontraba al individuo. Bastó caminar unos doscientos metros para descubrir un objeto fuertemente luminoso y estático flotando a poca altura del suelo, de unos tres metros de diámetro y unos dos de altura, formato oval", y prosigue: "A su izquierda se hallaba un tipo humano de estatura mediana que me observaba. Fue entonces que volví a oír, no por mis oídos, pero dentro de mi cabeza, la extraña voz. La única cosa que se me ocurrió fue preguntarle de dónde venía, a lo que pronto contestó: *Ozomatli*. Enseguida, el sistema de iluminación de lo que parecía ser una nave se apagó y desapareció haciendo un ruido semejante al del silbato de un guarda de circulación. Pasados algunos días escribí a un primo que es catedrático en Río de Janeiro para saber si conocía la palabra pronunciada.

En la misiva de respuesta me dijo que ese era el nombre de la constelación de Auriga entre los aztecas, donde se encuentran las estrellas de Perseus y Capella".

Marcos Antonio Silva, ufólogo y museólogo de São Paulo, investiga el fenómeno OVNI desde hace 20 años y confirma la alta incidencia de apariciones ufológicas en la región. "Sobre Sao Tomé pasa una importante línea de ortotenia, una especie de pasillo invisible donde suelen aparecer OVNIs tal como ha sido descubierto en otras partes del mundo por Aimé Michel y en España por Antonio

Comunidad alternativa en el valle de Aiuruoca.

Ribera. Ellos trazaron líneas sobre un mapa basadas en nodos sobre los que solían aparecer los objetos", me explicó el ufólogo.

La frecuencia de apariciones estimuló la construcción de una especie de mirador especializado sobre la colina más alta del pueblo, la llamada Casa de la Pirámide, que lleva ese nombre a raíz de su construcción, consistente en su totalidad en piedras sobrepuestas. Allí se realizan alertas OVNI organizadas por entidades ufológicas de todo el país.

Hoy por hoy Sao Tomé das Letras es una importante localidad donde los místicos se dan cita para llevar a cabo meditaciones , dar cursos a los iniciados que buscan la paz en la naturaleza. Durante los años 70, su zona rural fue elegida para servir de base a la fundación de una comunidad autosuficiente. Todo estaba basado en la arquitectura orgánica y la iniciativa se llamó en su tiempo Proyecto Alvorada. La idea no cuajó por completo pero aún hay algunos visionarios que pretenden reanudarla.

La antena parabólica de 15 metros de diámetro del Instituto Nacional de Pesquisas Espaciais -ubicada cerca de São Paulo- había captado extrañas señales procedentes del cosmos. Decodificadas mostraron enigmáticas imágenes. El asunto fue mantenido en secreto hasta que un grupo de científicos descubrió semejanzas apabullantes entre las del espacio y las pinturas rupestres halladas en la cueva del Carimbado o Bilocão.

Acto seguido se organizó una expedición para explorar la cueva y los científicos descubrieron los túneles que llegan hasta Machu Picchu, donde se halla una rara piedra capaz de dar la vida o provocar la muerte: un *souvenir* dejado por los extraterrestres en un pasado remoto. Esta es la base del guión de una serie producida por la Rede Manchete de Televisión de Brasil, en 1991: *Los Hijos del Sol*, rodada en Machu Picchu y en Sao Tomé.

Realmente la cueva es un lugar espeluznante. Por lo menos así lo siente Oriental Luis Noronha con sólo recordar los malos ratos que pasó allí hace algunos años. El ufólogo intentó explorar varias veces el interior que, según narran las tradiciones de los indios cataguases, tiene una ciudad de piedra situada en el ocaso, en medio de altas montañas y rodeada de una tupida selva. En ese lugar los nativos adoraban al dios Sol y a Sumé, el dios blanco de barbas que enseñó a los indios la filosofía, la religión, la agricultura, la artesanía y casi todo lo que sabían. Esa ciudad podría ser Machu Pichu, descubierta por los "civilizados" en el cercano año de 1911 por el arqueólogo estadounidense Hiran Bingham, a unos 130 km al norte de Cuzco.

Noronha deambuló perdido en la cueva durante dos días, sofocado por el enrarecimiento del aire en algunos tramos y sin comida. Un pensamiento negativo le acechó continuamente: varias personas que se habían aventurado por la cueva nunca más retornaron. "Tiene muchos túneles presuntamente hechos por la mano del hombre que desembocan en grandes salones. Tras haber caminado varios kilómetros tierra adentro escuché un ruido parecido al de un motor de lancha. No me quedé para saber lo que era. Me eché a correr y fue entonces cuando me perdí".

Para añadir una pizca más de misterio a la gruta conviene subrayar que allí ha sido encontrado hace pocos años el *Peripatos alcacione*, un pequeño ser de la familia de los *miriápodos* (conocidos popularmente como cienpiés). Tiene entre 25 y 30 pares de pequeñas patas, y se creía extinguido hace millones de años. Resulta que el animal es la prueba indiscutible de que Sudamérica estuvo un día ligada a Nueva Zelanda y al continente africano, donde se encontraron restos fósiles de este curioso animal que abomina la luz solar.

La Eubiosis reconoce que la gruta del Carimbado es una especie de portal que conduce hacia los mundos subterráneos que se hallan bajo la región sur de Minas Gerais.

En la gruta del *Paredao* (Paredón) se encontraron algunas pinturas e inscripciones que a juicio de Noronha son representaciones de naves espaciales y de lo que parecen ser sus ocupantes, que un día se pasearon por nuestro planeta. En otra, la del *Leão* (León), se hallaron unas imágenes que parecen ser un dinosaurio y un león. La mayoría fueron ejecutadas con pintura roja y algunas están a la intemperie.

El ufólogo Marcos Antonio Silva descubrió unas pinturas en la montaña del Areado. "Ahí se ve claramente dibujado un OVNI rodeado por algunos símbolos que significan constelación, serpiente, tucán y humo. Relacionados entre sí nos dicen que el Objeto Volante venía del cielo, volaba como un tucán, soltaba humo y se movía en zig-zag, al igual que una serpiente", me puntualizó el ufólogo.

Son pocas las ciudades histórico-coloniales de Brasil que tienen una memoria viva. En Mariana, a 100 km de Belo Horizonte, me encontré en 1995 a Geraldo Trindade, aliás *Zuzu*, un activo intelectual mulato que se dedica a estudiar la historia de su ciudad y ejerce de guía turístico para sobrevivir. "Mariana fue la primera capital del estado y el primer arzobispado de Minas Gerais. Además,

Iglesia de piedra erigida por esclavos en São Tomé das Letras.

poseemos un gran conjunto arquitectónico y uno de los más completos museos de arte sacro del país, con 16 obras de Aleijadinho", me dijo.

Me llamó la atención que el erudito había bosquejado 14 cuadros de la Pasión de Cristo con algunas singulariedades: el telón de fondo era Mariana y sus iglesias. Siempre al acecho aparece en los dibujos un "ojo que todo ve" flotando en el cielo, dentro de un triángulo que despide rayos de luz. Los bocetos se transformaron en bonitos e interesantes cuadros en las manos del pintor Vicente de Paula.

Trindade me llevó a conocer el túmulo de uno de los escritores y poetas que más admiro: Afonso Henriques da Costa Guimarães, alias Alphonsus de Guimarães como firmaba en sus escritos. Nació este en Ouro Preto (MG) en 1870 y falleció en Mariana en 1921, fue amigo de un poeta "maldito", Cruz e Souza. Considerado el mayor poeta del movimiento simbolista de la literatura brasileña, Guimarães podría ser comparado a San Juan de La Cruz en España, quizás utilizando un lenguaje mucho más rico y barroco.

Cada viaje al sur de Minas Gerais me ha demostrado que esta región es una de las más tranquilas y apacibles para la relajación y desarrollo espiritual de todo el Brasil. Tal vez Henrique José de Souza tenga razón cuando afirmaba que el flujo de energía planetario fluía por cada una de aquellas ciudades tal como si fueran gigantescos *chakras*.

Iglesias del Carmo y de San Francisco, en Mariana.

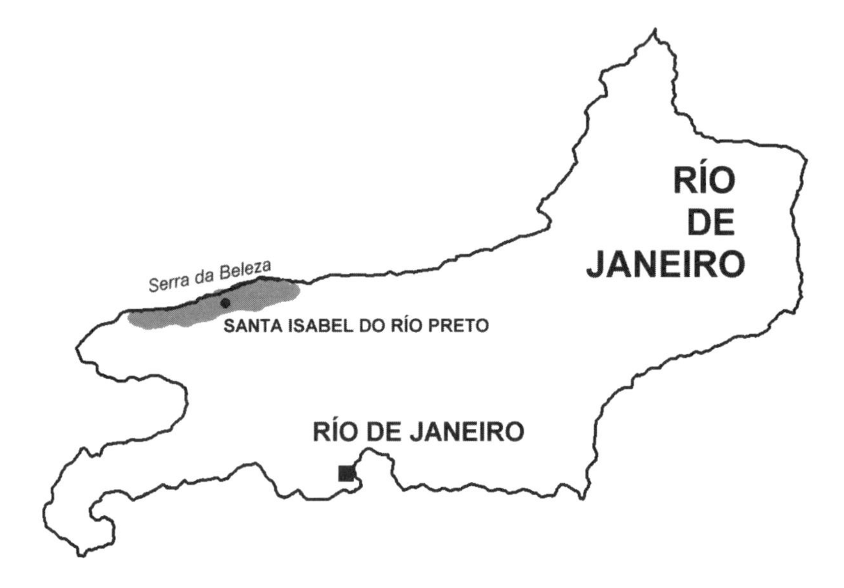
RÍO
DE
JANEIRO
Serra da Beleza
SANTA ISABEL DO RÍO PRETO
RÍO DE JANEIRO

XXIII

RÍO DE JANEIRO:
LA ESFINGE FENICIA Y LOS OVNIS DE BELEZA

COMO YA HEMOS DICHO al principio de este libro cada uno de los estados brasileños merecería un libro aparte respecto a sus lugares misteriosos con "historias ocultas". Es el caso del estado de Río de Janeiro, que con sus 43.653 kms^2 posee sierras repletas de OVNIs e iglesias donde se manifestaron milagros. Sobre la capital del estado, la homónima Río de Janeiro, ya se han derramado ríos de tinta sobre el papel. La *Cidade Maravilhosa* alberga todo lo peor y lo mejor de Brasil: la criminalidad más acuciante, los paisajes más bellos, las *garotas de Ipanema*, los *meninos de rua* (niños de la calle), hermosos edificios coloniales, las más grandes *favelas* (núcleos de casas pobres o chabolas) de América Latina.

Los nativos de la ciudad son llamados *cariocas* (equivocadamente sinónimo de brasileños en España). Según el coronel ruso Alexander Braghine[1] el origen de la palabra puede estar en una región más lejana. Así nos explica el controvertido investigador: "Oca, que en guaraní significa choza o bohío, se parece al término griego *oika* que tiene el mismo sentido. También *cari* quiere decir "hombres blancos" y por consecuencia debe traducirse como "morada de los blancos", que demuestra que sus inmediaciones fueron habitadas en cierta época por inmigrantes de raza blanca, fenicios, como nos permite suponer la inscripción encontrada en la Piedra de la Gávea. Estos misteriosos recién llegados se denominaban *cari* y los guaranís usaron probablemente este nombre para designar los hombres blancos en general".

La mencionada Piedra o Pedra da Gávea es bien conocida de los turistas que llegan a Río. Se trata de una enorme formación rocosa que se aprecia a lo lejos desde la playa de la Tijuca. Sin embargo ojos avizores han visto en tal mole granítica menos un simple capricho de la naturaleza que una esfinge tan enigmática

1. *Shadows of Atlantis*, Londres, 1938.

como la de Egipto. Siempre que voy a Río me subo a los autobuses que circulan por el barrio del mismo nombre y observo como hipnotizado aquel monumento que ha intrigado a muchos investigadores.

La historia se remonta a los primeros años del siglo XIX, todavía en el período colonial, cuando los habitantes de la próspera Río de Janeiro bautizaron una montaña cercana a la ciudad como "Cabeza de Anciano". Nada más apropiado, puesto que presenta en su cima descubierta de vegetación el aspecto de una esfinge, es decir, el cuerpo de un león agazapado.

Un cura de la corte del monarca portugués Don João VI, Custódio Alves Serrão, supo a través de la población local de la existencia de grandes surcos en la fachada este de la Pedra. En ellos se hallan señales que identificó como letras fenicias, conforme atestiguó en un informe enviado al rey. En 1839 el canónigo Januário da Cunha Barbosa, consejero del Instituto Histórico e Geográfico Brasileiro, nombró a una comisión para estudiar el lugar donde se encontraba la presunta inscripción y copiarla.

El informe final no resultó muy favorable respecto a un origen exógeno de los petroglifos, tal como había asegurado Cunha Barbosa, sino que podía tratarse de surcos grabados por el tiempo entre dos vetas de granito. En los informes también se aseguraba que la parte de la roca donde empezaba la pretendida inscripción era la menos conservada y de acceso casi imposible, siendo blanco fácil para la furia de viento y lluvia.

Pero lo que parecía una conclusión fatalista que podría haber clausurado definitivamente la historia de la esfinge, cambió totalmente de tono en los últimos folios, como enseguida transcribiremos: "Lejos de protestar solemnemente contra la idea de que los surcos sean o no una inscripción, y porque no han sido empleados los últimos recursos para la verificación de tales monumentos, sería necesario realizar una segunda expedición en un día más favorable para ver si podría ser obtenido un resultado de mayor evidencia y más positivo. Si la idea del ilustre Cura Maestro triunfa, deberán ser alteradas todas las ideas vigentes sobre las navegaciones antiguas y esperamos que surja un descifrador de la inscripción, un Champolión brasileño..."

Tras la publicación de estas conclusiones el asunto no fue retomado hasta que en el inicio del siglo XX la comunidad científica nacional se sorprendió por la noticia de que la inscripción había sido finalmente traducida, probando que los fenicios estuvieron allí siglos antes de Cristo. El responsable de la interpretación era un aficionado a la arqueología y la numismática antigua: el amazonense Bernardo da Silva Ramos. Autor también de un libro de clasificación de monedas fenicias y cartaginesas, editado en Roma, había realizado varios viajes por oriente recabando informaciones para un libro de misterios arqueológicos titulado *O Egipto*, publicado en París hacia 1910.

Empezó a interpretar varios símbolos petroglíficos en territorio brasileño achacándolos a fenicios, como los que existen en el río Amazonas. Y así era su traducción de las inscripciones de la Gávea: "Tiro, Fenicia, Badezir, primogénito de Jethbaal". Tiro era la capital de Fenicia y Badezir o Baalazar era un soberano que reinó entre 855 y 850 a.C., hijo de su antecesor, Itobaal ou Iethbaal, que reinó de 887 a 855 a.C.

Estudiosos brasileños y extranjeros vitorearon y también atacaron esta interpretación. Tras esa labor se dedicó con ahinco a lo largo de dos décadas a la creación de una obra que tituló *Inscrições e tradições da América pré-histórica, especialmente do Brasil*, en dos tomos. El primero contenía un gran inventario de inscripciones pétreas en varias partes de Brasil, principalmente en la amazonia, catalogadas como de origen fenicio y griego.

El segundo tomo prácticamente no llegó al conocimiento de las masas: una buena parte de la tirada de la edición, financiada con dinero público, fue destrui-

Cristo Redentor.
Foto: Secretaría de Turismo de Río de Janeiro.

Antigua ilustración de Río de Janeiro.

da a causa de las protestas de los arqueólogos, historiadores y filósofos que consideraban desorbitadas las interpretaciones de Silva Ramos. El hecho ocurrió muchos años después de su muerte, en 1956 (el libro había sido concluido en 1939, pero por falta de presupuesto quedó archivado).

Entre los años treinta y sesenta un libro titulado *Nossos descendentes da Atlântida*, escrito por el citado coronel ruso Alexander Pavlovitch Braghine -obscuro ex-jefe del servicio de contraespionaje del Zar en la Primera Guerra Mundial, que había combatido contra el ejército rojo- provocó mucha polémica y creó una legión de adictos a la teoría de la presencia atlante en Brasil en tiempos remotos.

El recientemente fallecido arqueólogo Aurélio M.G. Abreu me comentaba en la última conversación que tuvimos -en un bar tradicional de São Paulo-, que Braghine se refugió en Brasil, donde vivió hasta 1942, año de su muerte en Río de Janeiro. Él creía que la inscripción de la Pedra da Gávea databa del siglo IX a.C.

y consideraba a los fenicios como descendientes de los atlantes que escaparon del gran cataclismo que sumergió el gran continente. En su libro *Ruins in the Sky*, el hijo del célebre teniente-coronel británico Fawcett, Brian, publicó una foto dando credibilidad a la inscripción fenicia.

> "Aurélio Abreu fue mi profesor de antropología en la Facultad Cásper Líbero, de São Paulo. Posiblemente fue el mayor divulgador brasileño de misterios arqueológicos de Brasil y otros países a través de algunas obras, ahora clásicas, como *Civilizações que o mundo esqueceu* y *Reinos desaparecidos, povos condenados* (ambas de la Editorial Hemus de São Paulo)." *(N. del A.)*

El atlantólogo brasileño, también fallecido, Roldão Pires Brandão, se arriesgó en la década de los 70 tratando de alcanzar uno de los paredones de la mole donde se ubican algunas inscripciones, pero sin obtener éxito. Se hizo muy conocido por sus expediciones a la selva amazónica en busca de la ciudad perdida de Akakor y por haber localizado formaciones piramidales de centenares de metros de altura. En una de las paredes de la "Cabeza del Anciano", creía que existía una entrada secreta hacia el interior de la montaña granítica, que consideraba un monumento atlante.

Antes que Brandão, en 1970, el escritor e investigador suizo Erich von Däniken, siguiendo las indicaciones de un investigador *carioca* llamado Eduardo Chaves, visitó dos veces la Pedra alcanzando su cima con el auxilio de un helicóptero de la Força Aérea Brasileira (FAB). En su libro *El mensaje de los dioses*, Däniken presenta la fotografía de los trazados de siete grandes círculos concéntricos en la meseta.

En agosto de 1992 por primera vez, y gracias a las gestiones del escritor e investigador J. J. Benítez, el tema OVNI entraba en discusión en el ámbito académico de una universidad española -en El Escorial-. Aquí me encontré con el suizo, quien me dijo que no podía aceptar la explicación de los arqueólogos ortodoxos que dicen que la cabeza es producto de la erosión y que las inscripciones no son fenicias ni atlantes. "Los círculos en la montaña son suficientemente intrigantes como para sacar conclusiones apresuradas".

Posteriormente Eduardo Chaves publicó en Portugal un libro en el que defiende la teoría de que es verdaderamente una esfinge y representa un extraterrestre. Y añade que hay otras montañas "artificiales" en Río de Janeiro, como el famoso Pão de Açúcar (presente en todas las postales de la ciudad) y el Morro (cerro) Dois Irmãos. Ocultistas brasileños han declarado que habían conseguido penetrar en el interior de la supuesta esfinge donde, según afirman, existen dos sarcófagos de metal que guardan las momias de dos astronautas depositadas allí hace varios milenios. Todo el lugar -añaden- estaría lleno de objetos extraños traídos de un lejano planeta, e incluso una astronave probablemente guardada dentro de un túnel debajo de la esfinge.

A modo de anécdota -o quizás sea algo más- en 1952, en la playa de Tijuca, Ed Keffel un fotógrafo de la revista *O Cruzeiro* que estaba junto con un reportero, João Martins, fotografió un platillo volante cuya imagen es una de las más divulgadas en el mundo. El detalle es que, al fondo ¡aparecía la Pedra da Gávea!

Lo cierto es que la engimática formación es una lugar que deberá ser mejor estudiado y explorado por quienes tengan la osadía de aventurarse. Cuando lo intenté en 1997, un tremendo aguacero anegó todo Río. Junto con mi amigo, el ufólogo e historiador Cláudio Tsuyoshi Suenaga, intentamos acceder por una carretera empinada y nos topamos con toneladas de tierra roja cubriendo el camino y así se defraudó nuestro sueño de ver de cerca lo que podría ser un monumento fenicio.

Pedra da Gávea: esfinge fenicia o formación natural. ***Foto: Eduardo Chaves.***

Vista de la bahía de Guanabara con el Pão de Açucar al fondo. ***Foto: Riotur.***

Río de Janeiro es una ciudad repleta de iglesias, algunas con historias muy curiosas como la de la Nossa Senhora da Lampadosa, situada en el centro. Cuando la fue concluida en 1772, sus devotos eran esclavos que rendían culto a una virgen venerada en la isla de Lampedosa, en el Mediterráneo, entre Sicilia y África.

Los ritos eran una mezcla de catolicismo y elementos del continente negro. Una de las fiestas más interesantes era la del rey Baltazar, cuando se elegían entre algunos esclavos un émulo de emperador y de emperatriz que, por lo menos un día, disfrutaban de un, tan ilusorio como vacío de contenido, poder eventual.

Aún dentro del marco sumamente místico de sus habitantes (muchos profesan a la vez el catolicismo y el *candomblé* o *umbanda*) se encuentra la iglesia de Nossa Senhora do Rosário e de São Benedito, una importante baza en su tiempo contra la esclavitud. Allí también se halla el Museo del Negro, donde se destaca la enigmática e impactante imagen de la esclava Anastácia que se transformó en una santa popular a raíz de su muerte por maltratos de sus amos. Su rostro siempre aparece cubierto por una especie de bozal y un armazón de hierro que le recubre casi todo el cráneo.

El monumento más grande a la devoción religiosa *carioca* es el Cristo Redentor del cerro del Corcovado. Erigida sobre una de las montañas graníticas más impresionantes de Río, la gigantesca estatua está considerada la más grande del mundo de este género, con 30 m de altura y 28 entre las puntas de las manos. La obra fue realizada por el escultor francés Paul Landowski que trabajó la cabeza (4 m de altura y 35 toneladas) y las manos (9 cada una).

El ciclópeo Jesucristo fue inaugurado el día 12 de octubre de 1931 con un detalle revolucionario para su época: la iluminación nocturna fue encendida a distancia por ondas hertzianas, en una operación comandada desde Génova -Italia- por el inventor de la radio: el célebre Marconi. En 1965 el Papa Pablo VI repitió el acto, realizándolo desde el Vaticano. En 1981, llevó a cabo la misma operación Juan Pablo II.

Casi en la frontera con Minas Gerais -tres horas en automóvil desde Río capital- está la misteriosa Serra da Beleza (Sierra de la Belleza), escenario de numerosas apariciones de luces de origen desconocido. En los últimos años los ufólogos Marco Antonio Petit y Denilson de Andrade Lima se dedicaron a investigarlas montando campamentos sobre las frías y solitarias serranías cariocas, en pleno contraste con la caliente costa repleta de bañistas.

Objetos tan grandes como la luna que a veces se esfuman detrás de una cortina de humo son vistos desde hace varias décadas. En la madrugada del 29 de julio de 1988, en una noche de luna llena, Sebastião Lima, funcionario del ayuntamiento de Santa Isabel do Río Preto -pueblo situado en la Serra da Beleza-, vio un objeto cilíndrico que cruzó el cielo y lo comparó a un canuto de plástico con una luz interior que presentaba los colores rojo, azul y amarillo.

El 18 de abril de 1992 otro testigo vio hacia las 20 horas una esfera luminosa sobre un cerro que luego cambió de forma, pasando por triángulo, cilindro y cubo, siguiendo este orden. Estuvo visible durante media hora y presentaba un notable color naranja. En otras ocasiones más de 30 personas han podido ver fenómenos semejantes en Santa Isabel. El especialista en ufología Denilson de

Andrade[2] afirma que llegó a ver tales objetos inumerables veces desde su casa en Santa Isabel.

Para Marco Antonio Petit la Serra da Beleza oculta una base subterránea de platillos volantes cuyas rocas ofrecen protección incluso a explosiones nucleares. La base o bases pudieron ser construidas en épocas muy remotas, quizá antes de la llegada de los primeros hombres al continente americano. Petit también pudo determinar que había una correlación entre las fases de la Luna y las apariciones de los OVNIs.

Desde 1982 Petit y Andrade realizan alertas o vigilias ufológicas en varios campamentos situados en lo alto de la Serra, uno a menos de dos kilómetros de Santa Isabel do Río Preto, conocido como Pedreira. Sólo en la noche del 19 de julio de 1995 los ufólogos pudieron observarlos en once ocasiones e incluso fotografiarlos. La decana de la ufología brasileña, Irene Granchi, también llegó a presenciar la aparición de algunas de la extrañas luces que merodean aquellos cerros.

Existen algunos casos -aún no confirmados- de personas que supuestamente habrían sido raptadas por algunos de estos objetos. La ingente asiduidad de las incursiones de las presuntas naves ha despertado la atención del ejército del aire brasileño que envió especialistas para estudiarlas.

Foto de OVNI delante de la Pedra da Gávea, realizada por el fotógrafo Ed Keffel.

2. Revista UFO, agosto de 1995.

SUR

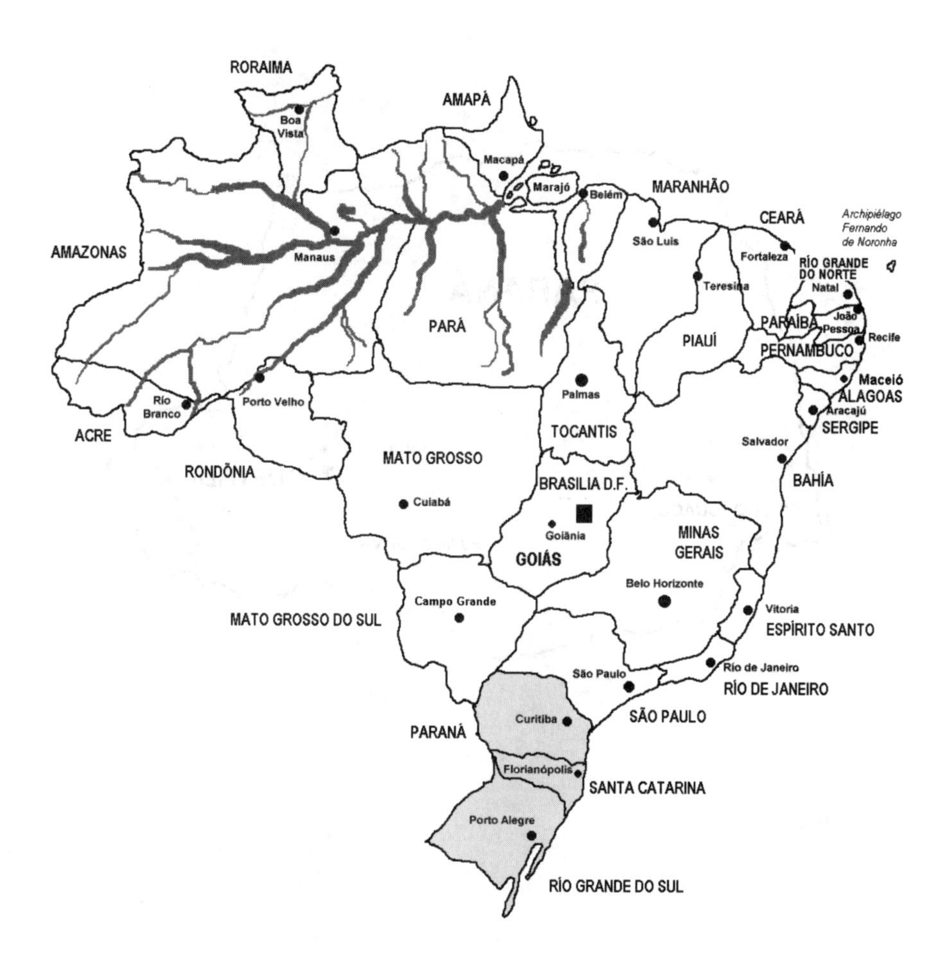
RORAIMA
Boa Vista
AMAPÁ
Macapá
Marajó
Belém
MARANHÃO
São Luis
CEARÁ
Archipiélago Fernando de Noronha
Fortaleza
RÍO GRANDE DO NORTE
Natal
AMAZONAS
Manaus
Teresina
PARAÍBA
João Pessoa
Recife
PARÁ
PIAUÍ
PERNAMBUCO
Maceió
ALAGOAS
Río Branco
Porto Velho
Palmas
Aracajú
SERGIPE
ACRE
TOCANTIS
Salvador
MATO GROSSO
RONDÔNIA
BRASILIA D.F.
BAHÍA
Cuiabá
Goiânia
MINAS GERAIS
GOIÁS
Belo Horizonte
Campo Grande
MATO GROSSO DO SUL
Vitoria
ESPÍRITO SANTO
São Paulo
Río de Janeiro
RÍO DE JANEIRO
Curitiba
SÃO PAULO
PARANÁ
Florianópolis
SANTA CATARINA
Porto Alegre
RÍO GRANDE DO SUL

PARANÁ
VILA VELHA
CURITIBA
Serra do Mar
FOZ DO IGUAÇÚ
GUARAPUAVA

XXIV

PARANÁ:
¿QUIÉN VIVIÓ EN VILA VELHA?

EN PARANÁ EL FRÍO húmedo puede calar los huesos en invierno. Que no se sorprenda el lector, puesto que la imagen que tenemos del país tropical es casi siempre la de palmeras, selva y mucho calor. Estamos hablando de un estado del sur repleto de contrastes y que muestra lo diferente que pueden ser el Brasil del norte al del sur, tanto en paisajes como en clima y gentes.

Aquí, en un territorio de casi 200.000 km² se respira un aire más europeo, no sólo en el paisaje -donde predominan bosques de pinos y vegetación de latitudes más altas- sino también entre sus ciudadanos, la mayoría descendientes de alemanes, italianos, ucranianos y polacos.

Curitiba, la capital del estado, ha sido reconocida por la ONU como una de las más importantes ciudades-modelo del planeta: la casi perfecta integración entre el ser humano y una urbe planificada han favorecido esta elección. Hoy está considerada la capital ecológica del país. Tiene 50 metros cuadrados de área verde por habitante, una cifra cuatro veces superior a la ideal para la ONU.

Reza una leyenda que un día un cacique llamado Tingüi-Tá-Kantin, junto con su séquito, llegó a un páramo que eligió para establecer una aldea bajo la protección del dios del trueno, Tupã, Tupan o aún Tupana.

En la época de los *bandeirantes*, era una villa donde descansaban los caballeros que transportaban carne seca del ganado bovino que se criaba en la región hasta Minas Gerais para alimentar a los mineros que buscaban riquezas auríferas y piedras preciosas. A finales del siglo pasado empezaron a llegar los inmigrantes europeos que trajeron sus costumbres culinarias, religiosas, etc.

Con ellos llegaron también grupos esotéricos de la masonería europea y por eso hay tantas logias masónicas en Curitiba, considerada asimismo la capital ufológica de Brasil por una larga tradición de congresos. En los últimos años sus organizadores, los hermanos Cury, han traído a las mayores autoridades mundiales en lo que respecta a la investigación de los OVNIs.

Además, existen innumerables institutos, hasta una facultad, dedicados a la investigación y estudio de la parapsicología, que a veces cuentan con el apoyo del gobierno del estado. Por eso la ciudad está considerada como la más avanzada de Sudamérica en este campo. Programas de radio y de televisión locales se encargan de difundir las informaciones de tales institutos.

El paseante podrá toparse con unos extraños edificios que tienen formas semejantes al Faro y la Biblioteca de Alejandría. Una inspección rápida revelará que se trata del estilo adoptado por varias bibliotecas públicas de la capital, aunque tal modelo arquitectónico sea demasiado pretencioso para algunos.

Corre la leyenda de que por la ciudad existe un hombre vampiro que por su trascendencia, mereció incluso una novela[1]. Sí es cierto, no se sorprenda que por las noches frías de invierno pueda atisbar a la luz de la luna la silueta de una criatura voladora de mayor envergadura que lo habitual y escuchar su tétrico aletear...

Tal vez éste no sea de un vampiro como los del cine, si no de un pariente cercano: el chupacabras. Y es que en Paraná y en las cercanías de Curitiba se dieron múltiples casos de embestidas de la famosa criatura entre 1997 y 1998 que fueron investigados por uno de los expertos en el asunto, Carlos Alberto Machado. Según este investigador, autoridades militares y gubernamentales habrían capturado uno en la región de Campina Grande do Sul y luego le trasladaron a Estados Unidos. Los curitibanos incluso publicaron un álbum de cómics[2] donde la bestia hace buenas migas con un humano.

Según la opinión de uno de los decanos de la ufología brasileña, Fernando Grossmann, podría tratarse de una especie de insecto gigante que mutó tras las primeras explosiones atómicas subterráneas que realizaron rusos y estadounidenses. Tales seres viven bajo el suelo, son muy ágiles y ariscos, alimentándose principalmente de sangre de animales. Otros investigadores se decantan más por la hipótesis extraterrestre o incluso de que la criatura sea el resultado de experimentos controlados realizados por las naciones industrializadas.

Las imágenes que Hollywood vende son es este caso auténticas y veraces: las inmensas cataratas que aparecen en la película *La Misión* (protagonizada por Robert de Niro) no son un truco producido por los magos del celuloide. Iguaçu es, con todas las de la ley, una de las Siete Maravillas de la Naturaleza. Sólo se puede comparar a las del Niágara (EEUU), las de Victoria (Sudáfrica) y al Salto del Angel (Venezuela).

Las cataratas de Iguaçu -formadas por 272 caídas de agua- son visita obligatoria para quienes van a Brasil. En medio de un verdor impresionante que incluso llega a agredir la vista, rompen con furor aquellos enormes chorros de agua burbujeante y espumosa. ¿Champán de la naturaleza? Casi, pues igual son de embria-

1. *O vampiro de Curitiba* (1965) de Dalton Trevisan. Sobre vampirismo y disfunciones físico-psíquicas, ver el artículo "Vampiros" de Lorenzo Fernández Bueno (revista *Enigmas*, nº 36).
2, *A história que ninguém deveria saber: chupacabra* (Ed. Monalisa, Curibita, 1998), con dibujos de Antonio Eder.

gadoras sus bellezas. Me acuerdo que cuando llegué, después de un largo viaje por Chile y Argentina en 1988, mi piel agradeció el sol y la humedad -para algunos insoportable- del aire.

"La altura en promedio de las cataratas es de 83 metros. La época en que se pueden ver en todo su esplendor corresponde a los meses lluviosos entre diciembre y febrero." *(N. del A.)*

Llegué a la ciudad de Foz de Iguaçu procedente de su vecina homónima argentina, pero con la diferencia de que la primera es moderna y está bien abastecida. Los hoteles, eso sí, son caros salvo unos hostales muy deteriorados en los que compites por una habitación con los avezados contrabandistas de menudezas y artilugios vendidos en Paraguay. Son los *sacoleiros* que a veces se hacen pasar por turistas. Así conocen una maravilla de América y quizás del mundo.

Cataratas de Iguaçú.

Nada más llegar al mirador nos saludan con su cola y patitas suplicantes los ágiles y a veces molestos *coatís*, estos pequeños mamíferos cuyo cuerpo recuerda al de los monos y su cabeza a la de un perro de hocico agudo. Lo que se les tire -sea comida o pequeños objetos- lo agarran con extrema destreza. El revoloteo de loros y pericos común, provocando el asombro y regocijo de los turistas, muchos blanquecinos como las nieves árticas.

Las cataratas deben ser uno de los lugares más cosmopolitas del mundo: es un destino que aparece obligatoriamente en todos los paquetes turísticos que llevan a Brasil desde cualquier parte de la Tierra y quizás de otros planetas, puesto que en la región se han visto muchos OVNIs.

Alemanes, chinos, japoneses, italianos y españoles quieren recoger con sus videocámaras las escenas del paraíso tropical burbujeante y repleto de frescor para después, ya acomodados en sus lejanos hogares, disfrutar de tales visiones sin sudar y sin tener que darse palmotazos a causa de los virulentos mosquitos.

Los que tienen algo más de dinero no se abstienen -tampoco temen- subirse en uno de los helicópteros que realizan el vuelo panorámico, disfrutando de un regalo visual digno de los dioses. No tuvieron la misma suerte los guaraníes que allí habitaron y que fueron expulsados del paraíso por españoles y portugueses.

El primero que se enamoró de las cataratas fue el adelantado Alvar Núñez Cabeza de Vaca en 1541, que llegó allí de la mano de los indios autóctonos, tras una tormenta que los llevó a naufragar.

Ese mundo de verdor y aguas tiene, según los biólogos, la friolera de 2.000 especies vegetales y otras 400 de aves. Una parte del *Mundo Perdido* de Conan Doyle parece residir allí, entre los enormes helechos y mariposas de más de 15 centímetros. Allí vive una especie casi criptozoológica, el *yaguareté*, el mayor de los felinos sudamericanos, en serio peligro de extinción.

"Según el criptozoólogo catalán Miguel Seguí existen muchas subespecies de felinos en todo el mundo que la mayoría de las personas difícilmente, incluso cazadores, pueden diferenciar de la especie principal." *(N. del A.)*

Un dato que muy pocos conocen, a excepción del fallecido Alfredo Brandão, es que junto a las cataratas de Iguaçu existía una ciudad perdida[3]. Cuando sirvió al ejército en la colonia militar, exploró la zona pero su búsqueda fue, según sus palabras, "infructuosa". ¿Aún existirá la ciudad perdida? ¿Estará casualmente bajo las aguas?

Hay que ser justo con los argentinos: pese a que el lado brasileño ofrece una vista más atractiva de las cataratas, el de los hermanos hispanoparlantes tiene mejores y más interesantes senderos para caminar. Se puede pernoctar en Puerto Iguazú (en la provincia de Misiones, Argentina) a sólo 20 km. Aunque feo y polvoriento, este pueblo tiene mejores precios hoteleros que el lado brasileño.

El segundo lugar más visitado de Paraná es seguramente Vila Velha (Villa Vieja), un complejo y bonito conjunto de formaciones rocosas de tipo ciclópeo de arenisca rojiza. En 1849, el historiador Adolfo de Varnhagen publicó un artículo titulado *Etnografía indígena* en la revista del Instituto Histórico e Geográfico Brasileiro, donde escribió: "...ver a lo lejos tales piedras con tal o cual simetría, a modo de los monumentos druídicos de Europa, y se daban un aire a las ruinas de una antigua población sobre las laderas de una montaña".

El guía que acompañaba a Varnhagem le explicó que las piedras eran *itaocas*, o casas rocosas construidas por la naturaleza. Aun así, el historiador siguió creyendo que se trataba de formaciones artificiales. Una de ellas, la más fotografiada por los turistas, es la de la "Copa" o "Caliz".

Sobre esta formación existe una leyenda que cuenta que "Vila Velha" era una ciudad donde vivían los indios apiabas que llamaban *Itacueretaba.* La tribu tenía por misión proteger un valioso tesoro aurífero allí guardado. El dios Tupã ordenó a los mejores guerreros mantener bajo sigilo su escondite. Para ello los robustos varones debían mantener voto de castidad. El machismo indígena impedía que tal secreto fuera trasmitido a las mujeres consideradas de "poco fiar", puesto que podrían revelar la localización a hombres de tribus enemigas de los que se enamoraran.

"Tupã, según el folclorista Luís da Câmara Cascudo, es la entidad que en la formación del mundo se quita la piel para hacer la Tierra. Después del diluvio surgió junto con Papá y

3. En *A escripta prehistorica do Brasil*, 1937.

Piá, tan poderosos como él, e hizo a una mujer de *tabatinga* (barro blanco), pero esta se rompió. Después la hizo de una planta llamada *samauneira* (*Eriodendrum samauma*). Esta leyenda de los indios brasileños está emparentada con el relato de la creación del hombre a partir del barro primero y luego con el maíz del Popol Vuh -uno de los libros sagrados de los mayas de Centroamérica-. Otra leyenda cuenta que Tupã, también conocido por Tupana, estaba casado con una india, Massaricado pero le era infiel. La esposa, ultrajada, se entrega a otro hombre capaz de transformarse en guacamayo. Tupana, al descubrir la traición de la esposa, decide transformarla en piedra." *(N. del A.)*

Dhuí, jefe de los apiabas, sabía donde estaba el tesoro y acabó por ser víctima de un plan de una tribu rival, la de los butiás, que intentaba desvelar el secreto. Sus enemigos eligieron a la bella india Aracê Poranga para seducir al joven guerrero y conquistar su amor. Ambos conectaron a primera vista pero Aracê bebió el licor de los butías que ella traía para embriagar al jefe de los apiabas y sonsacarle el secreto del oculto escondrijo.

Formaciones rocosas de Vila Velha.
Foto: Javier Sierra.

Mientras hacían el amor Tupã, airado, envió su castigo bajo forma de truenos y temblores que transformó todo en piedra. La pareja no escapó a la metamorfosis y al lado de ellos, hoy en día, se puede ver la huella de la traición : la copa donde bebieron el licor. En la misma Itacueretaba o Vila Velha está la laguna donde, según la leyenda, se enterró el tesoro, conocida por *Lagoa Dourada.* También como resultado de su ira decidió fundir todo el oro y transformarlo en dicha laguna.

A tres kilómetros del escenario transformado por la furia celestial se hallan las "Calderas del Infierno", tres enigmáticos cráteres perdidos sobre una llanura, cada uno de 80 metros de diámetro. Sus paredones verticales alcanzan una profundidad de casi cien metros inundados hasta la mitad. Buceadores han descubierto que sus peligrosas aguas subterráneas están conectadas por túneles a la *Lagoa Dourada.*

Se puede bajar a estos enormes cráteres en unos ascensores que descienden hasta 54 metros y permanecen sobre una plataforma flotante. Allí dentro el sol se refleja en la vegetación de las paredes y forma magníficas irisaciones. Un efecto semejante se puede observar en la *Lagoa Dourada* al atardecer, pero dentro de sus aguas que entonces adquieren un tono dorado, no a causa del oro que Tupã supuestamente fundió, sino debido a la mica que existe en su interior.

Hoy, el excesivo flujo turístico perjudica el espacio ambiental donde se hallan las formaciones de Vila Velha. El gobierno construyó una carretera que acerca a los autobuses y otros vehículos a escasos metros de las rocas, desluciendo, además, el entorno visual.

Los turistas bajan por pequeños cañones, muy estrechos, donde la sensación de agobio se hace patente. Los ancianos de la zona cuentan que en tiempos pasados aquí y el en antiguo poblado de Atuba (cerca de Curitiba) se oía el *bradador* (gritador). Este se interpretaba como un alma en pena que gritaba de una forma horripilante todos los viernes después de la media noche. Se trataba de un cuerpo seco, quizás una momia, que fue desenterrado clandestinamente del cementerio de Atuba. Esporádicamente se oyen rumores sobre su aparición en alguna barriada, quizá implorando para que encomienden su alma a Dios y así poder dejar el nefasto mundo terrenal...

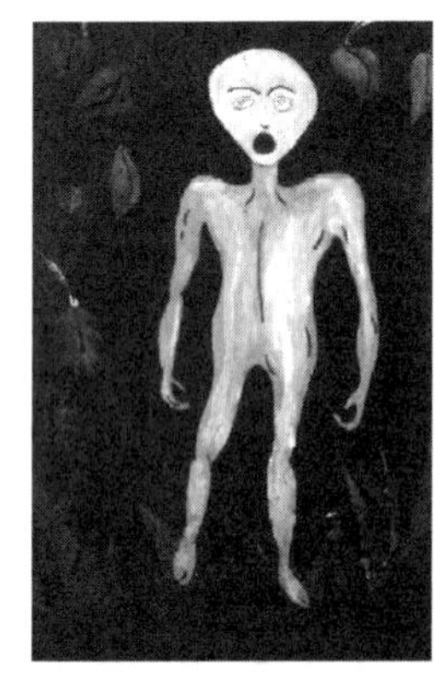

Recreación artística del *Gritador*.

En 1935 un grupo de montañeros caminaba por la Sierra del Mar (Serra do Mar), región del río Ipiranga cerca de la costa de Paraná, cuando encontraron en el fondo de un aislado valle una extraña roca que tenía el rostro de una mujer de larga melena. El líder de la expedición, José Peón, alpinista y escultor de origen argentino residente en Curitiba, la bautizó como "Esfinge del Salto del Infierno"[4].

Peón participaba de las actividades culturales del Instituto Neo-Pitagórico de Curitiba, de corte esotérico. También era amigo de Dario Vellozo, autor de un conjunto de poemas llamado *Atlântida* (Curitiba,1933), también relacionado[5].

El arqueólogo Jorge Bahlis comentó que la esfinge poseía un gran valor artístico pues: "no podía ser obra de nuestros salvajes del tiempo de la conquista, puesto que los rasgos son de una raza diferente". El atlantólogo del Río Grande do Sul, Gabriel Bastos escribió sobre la esfinge en su rarísimo libro *Atlântida* (Porto Alegre, 1940) donde revelaba que tenía 3 metros de altura y atribuía su construcción a la civilización atlante.

Sin embargo, los geólogos afirmaban que la roca debía ser una formación natural. La foto publicada en los periódicos de la época parecía haber sido retocada, despertando aún más sospechas sobre su artificialidad. En 1946, el francés Emile R. Wagner, a la sazón director del museo arqueológico de Santiago del Estero (Argentina), publicó el libro titulado *Archéologie Comparée* (Buenos Aires) donde daría un importante espaldarazo a la autenticidad de la estatua.

Wagner, que era arqueólogo difusionista, es decir, creía que los pueblos de Asia y del Viejo Mundo influyeron en un pasado remoto sobre las civilizaciones americanas, decía que *La Sphinx de Salto do Inferno* (Brasil), situada al fondo de un valle de difícil acceso en el cauce del río Ypiranga... esta colosal estatua pétrea

4. Un excelente y completo ensayo a este respecto fue escrito por el historiador Johnni Langer, publicado en la revista *História: Questões & Debates*, Curitiba, v.13, julio/diciembre 1996.

5. No sabemos si este autor se inspiró en el libro de poemas *La Atlántida*, del escritor catalán Jacint Verdaguer (1845-1902), que se publicó originalmente en 1877. Empezó a gestar los primeros borradores de esta obra en 1863. Para conocer más sobre el tema, aconsejo el libro *La Atlántida y otros continentes sumergidos* (Biblioteca Básica de *Espacio y Tiempo* dirigida por Fernando Jiménez del Oso, Madrid, 1992) de la investigadora Carmen Pérez de la Híz.

de hembra, artísticamente esculpida, nos remite a aquella civilización olvidada". El arqueólogo se refería -como lo denunciaba un mapa al final del libro- a la Atlántida o a los atlantes como los creadores de la escultura.

Muchos fueron los curiosos que intentaron ver la polémica estatua. Algunos lo lograron, pero otros fueron menos afortunados, como un estudiante de Florianópolis, víctima de un accidente en 1944 cuando ascendía hacia ella.

A partir de los años 50 la Esfinge del Salto del Infierno se sume en el más completo olvido. Algunos montañeros que por allí pasaron más recientemente afirmaron que es una formación natural. De todas formas, no se conoce la opinión de ningún arqueólogo sobre el asunto y por eso preferimos dejar que la estatua sea esfinge hasta que no se presenten más pruebas en contra.

Paraná también es estado donde los adeptos a la teoría de la Tierra Hueca y de los mundos subterráneos o intraterrestres encuentran justificación. Allí vivían los indios caigangues, hoy reducidos a unos pocos miles en ocho municipios del estado, entre ellos Londrina y Palmas. Sus ancestros contaban que en tiempos del Gran Diluvio, las almas de los primeros que murieron huyendo las riadas (buscaban salvarse en las altas montañas de la Serra do Mar) emigraron hacia el centro de la Tierra, atendidos por los *curatons*, una especie de servidores o esclavos.

Los héroes mitológicos Kaneru y Kame abrieron camino hacia la superficie para salir en "Krinxy", las Montañas Negras de Paraná que se ubican en la región de Guarapuava, donde efectivamente existen dos grutas que no han podido ser aún totalmente exploradas.

Los caciques caigangues ordenaron a sus *curantons* que regresaran al centro de la Tierra para traerles sus pertenencias. Sin embargo, por llevarles la contraria o por pereza, estos jamás regresaron a la superficie. Por eso la leyenda cuenta que aún viven allí abajo, ocultos de los demás mortales.

**"Cáliz" de piedra en Vila Velha.
En primer plano los investigadores Javier Sierra (España) y Rodrigo Fuenzalida (Chile).**
Foto: Javier Sierra.

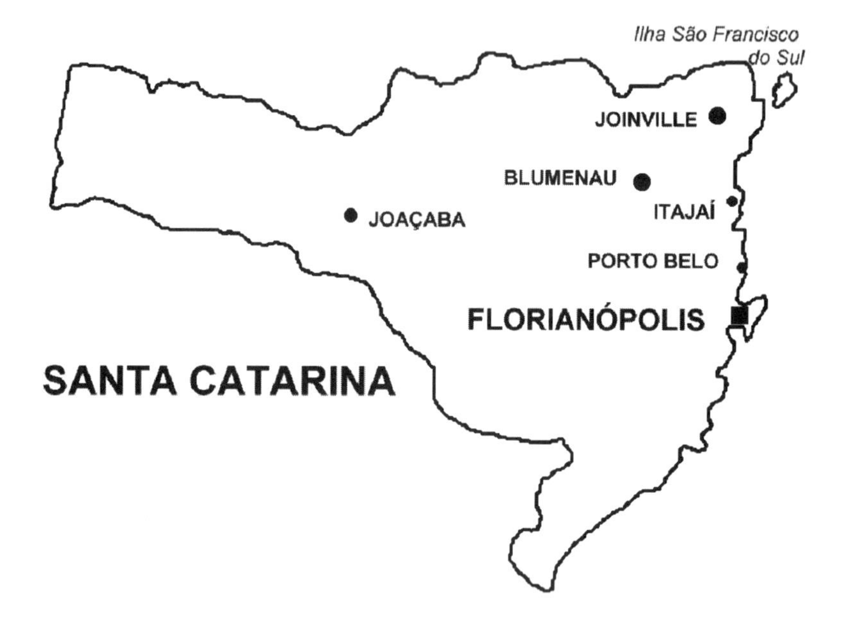
Ilha São Francisco do Sul
JOINVILLE
BLUMENAU
ITAJAÍ
JOAÇABA
PORTO BELO
FLORIANÓPOLIS
SANTA CATARINA

XXV

SANTA CATARINA:
LA CIVILIZACION DE LOS HOMBRES ACUÁTICOS

SANTA CATARINA ES EL ESTADO más tipicamente europeo de Brasil. Perviven en su territorio historias de brujas y hadas traídas por los primeros colonos azorianos (islas Azores, provincia portuguesa en el Atlántico), entradas a mundos subterráneos, petroglifos desconcertantes y casos ufológicos de primer orden.

En sus 95.900 km^2 (más grande que Hungría, Portugal o Suiza) conviven diversos pueblos de origen europeo, principalmente alemanes, italianos, polacos y portugueses de las Azores. Pocos saben que allí está ubicado el segundo centro industrial textil del mundo (sólo le supera Greesboro -Carolina del Norte, EEUU) en la ciudad de Blumenau, creado con la llegada de los hermanos Hering de Sajonia, en 1880. Es aquí en el valle de Itajaí donde persiste la huella de una de las mayores colonizaciones alemanas en Sudamérica que comenzó en 1830.

En el valle encontramos Pomerode, la ciudad más alemana de Brasil. Según estadísticas el 95% de su población habla el idioma de Goethe, mientras que en Urussanga la mayoría utiliza el de Dante y es considerada la "capital italiana" de Santa Catarina. La cercanía climática a Europa la vamos a encontrar en las montañas del Planalto Serrano, región de los municipios de Lages, São Joaquim y otros pueblos donde las bajas temperaturas dejan ocasionalmente ver nieve e hielo, algo que deja sorprendidos a los demás brasileños.

La más genuina expresión popular de los germanos en aquellas tierras es el Oktoberfest (la fiesta de octubre), considerada una de las mayores de Brasil después del carnaval. Se celebra en varias ciudades del estado durante 17 días -para algunos, cortos-. Cifras para el Guiness: más de un millón de litros de cerveza discurren por la garganta de los participantes que llegan de todo Brasil e incluso de Alemania. Algunos dicen que la fiesta en Santa Catarina es más divertida que su hermana en Europa. En Blumenau existe un inmenso recinto ferial donde se celebra el festival muy cerca de una gran fábrica de cerveza.

El mayor milagro que he podido detectar en Santa Catarina es que una sola industria textil produce en un mes diez millones de camisetas. Otros muy distintos son los que realiza la Madre Paulina de Florianópolis que fue beatificada por el Papa Juan Pablo II hace pocos años, 1991.

Más gentes milagreras: la monja italiana Amábile Wisentainer (1865-1942), conocida como Madre Paulina. La religiosa era natural de Trento, Italia y dio origen a la Congregación de las Hermanas de la Inmaculada Concepción a partir de 1875, en Nova Trento (SC). Allí está el valle de Vígolo, donde hay una réplica de la gruta de Lourdes (Francia).

Florianópolis, la capital, está situada en una isla de 50 km de extensión y casi 20 de ancho. Allí llegaron en 1748, cerca de 6.000 colonos del archipiélago portugués de las Azores. Hoy la ciudad alberga 280.000 habitantes y vive del potencial turístico de sus playas que le han dado el apodo de *Hawai brasileño.* Todo está en función de la gran cantidad de surfistas que buscan "buenas olas" para practicar tal deporte.

Casi en la frontera con Paraná se halla la isla de São Francisco do Sul que fue descubierta por los franceses en 1504. Allí se erigió la tercera villa más antigua de Brasil después de Porto Seguro (Bahía) y São Vicente (São Paulo). Sus calles estrechas y de laderas empinadas están flanqueadas por caserones de paredes gruesas, herencia de los azorianos. Dentro de algunas residencias aún se oyen historias fantásticas de brujas y brujerías que los antepasados de los remotos habitantes de aquellas isla trajeron a Santa Catarina.

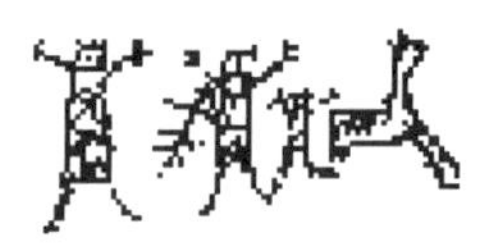

La Serra do Mar, cerca de la costa, es una de las zonas de mayor actividad OVNI en Santa Catarina. Relativamente cerca de las montañas, en Porto Belo, ocurrió una extraña aparición que algunos, como Alexandre Calandra (del Grupo de Pesquisas Ufológicas de Santa Catarina) atribuye a una proyección holográfica producida por entidades extraterrestres.

El caso en cuestión ocurrió el 17 de agosto de 1997, cuando el vigilante nocturno Miguel Gonçalves, de 47 años, fue sorprendido por algo espeluznante en aquella madrugada de luna llena. Vigilando los vehículos y equipos empleados en la construcción de una carretera, vio una silueta femenina cerca de las obras. De unos 1,65 m de altura aproximadamente, piel morena, largos cabellos lacios caídos sobre los hombros, llevaba un vestido largo entallado en el pecho.

La mujer no contestó a las preguntas que le hacía Miguel, solamente apuntó a la luna cuando le preguntó sobre su procedencia. En un momento dado, y con ayuda de su linterna el vigilante notó que el cuerpo de la presunta mujer se difuminaba. Asustado, el hombre se apartó de aquella visión fantasmal u "holográfica" ocurrida cerca del *Morro* de Santa Lucía, lugar conocido por su intensa actividad OVNI. Parece que estamos nuevamente ante un caso de la dama blanca[1].

1. Sobre extrañas damas recomiendo al lector la novela con fondo histórico *La Dama Azul*, del periodista e investigador Javier Sierra (Ed. Martínez Roca, Barcelona, 1998).

Otra zona caliente ufológica es la región que abarca los municipios de Joaçaba, Catanduvas, Chapecó, Herval do Oeste, Fraiburgo, Videira, Capinzal y Concórdia, en la región centro-oeste de Santa Catarina. En 1996, según investigaciones realizadas por el ufólogo griego-brasileño Andréa Patounas (director de la Sociedade de Estudos Extraterrestres) se podían ver tales objetos casi a diario.

En Joaçaba, Andréa registró el caso de abducción de un empresario. Muchas personas grabaron en video imágenes de OVNIs sobre el pueblo. Redondos, cilíndricos, o en forma de avión, los habitantes ya se han acostumbrado a esas apariciones y aún hoy, aunque más esporádicamente, hay quien cree son naves extraterrestres que se asoman para espiar su tranquila vida.

Las ciudades de las sierras de Santa Catarina guardan similitud con la arquitectura de algunas regiones de Alemania.

En Santa Catarina vivió una pequeña civilización a las orillas del mar, en una franja de tierra y piedras muy estrecha. En 32 yacimientos arqueológicos junto a paredones pétreos de la costa dejaron sus huellas indelebles. Seis de tales sitios están localizados en el continente y 26 esparcidos por las islas cercanas, algunas de acceso muy difícil y peligroso en cuanto a navegación se refiere.

Estos antiguos nautas nos dejaron símbolos tallados en piedra de hasta cinco metros de altura, como el que existe en la isla de Campeche donde se encuentran otros 70 petroglifos. Sus autores daban preferencia a los símbolos geométricos en detrimento de los antropomorfos o zoomorfos más escasos. Las marcas tienen entre 3 cm de anchas y 3 de profundidad y son muy regulares.

El investigador de misterios arqueológicos, el franco-argelino Marcel Homet estuvo en la isla y consideró que allí se estableció en tiempos remotos una "importante cultura solar". Además, discernió entre las pinturas de hombres voladores u "hombres pájaro", semejantes a otros que pudo ver en Perú. Cerca de una de tales criaturas percibió una cruz a gran altura sobre el mar. Sobre su antigüedad arriesgó dar la cifra de 8.000 años a.C. en base a la pátina de los frescos.

En playas del continente, como las de Joaquina y Armação do Pântano do Sul los petroglifos fueron destruídos. Estas playas, cercanas a Florianópolis, son visitadas por gran cantidad de turistas, valientes surfistas y jóvenes doncellas de piel dorada.

En otras islas se hallan dibujos de figuras humanas con las manos abiertas y los brazos extendidos. Mas la mayoría ostenta elementos circulares (pequeños) alineados o agrupados y líneas zigzagueantes que osadamente algún arqueólogo ha querido interpretar como símbolos de lluvia. Otros muestran círculos concéntricos con o sin una cola al estilo de los cometas. También aparecen cuadrados y triángulos agrupados. Esferas radiadas fueron registradas en algunos yacimientos.

La primera persona que se interesó por el tema de los petroglifos catarinenses fue un biólogo y arqueólogo autodidacta, el jesuita gaucho João Alfredo Rohr. Se le atribuye el descubrimiento de los vestigios humanos más antiguos del Sur de Brasil -14.000 años-, en la región de Itapiranga, cerca de Argentina.

Sin embargo, los habitantes de la costa eran más recientes, de unos 3.000 a.C., conocidos como "Hombres del Sambaqui". Los *sambaquis* son montículos de escombros dejados por los indígenas, que se formaron por acumulación a lo largo de los siglos. En estos basureros prehistóricos, Rohr encontró elementos que muestran el tipo de alimentación de los indígenas (básicamente moluscos y peces), pedazos de cerámica y objetos de piedra rituales o utilitarios.

Tal vez los autores de los petroglifos sean los mismos puesto que los dibujos que se han encontrado en la cerámica se asemeja a los de las piedras. Sin embargo, no pasa lo mismo en todos los sitios con éstos y los petroglifos, por eso algunos arqueólogos se atreven a dudar y consideran que las inscripciones pétreas son anteriores a la civilización de los "basureros" prehistóricos.

Desgraciadamente el 20% de los petroglifos ya han desaparecido en manos de los vándalos. En la famosa playa de Joaquina las inmobiliarias y los particulares construyeron sus casas sobre las misma rocas grabadas. Cuándo estuve allí , en 1988, discutí con algunos propietarios para que por lo menos avisaran a los arqueólogos de la universidad que retiraran la rocas. Lo único que recibí a cambio fueron exhabruptos, lógicamente impublicables...

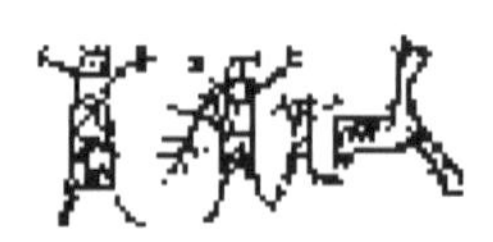

Una visita al interesante Museu Arqueológico do Sambaqui, en la ciudad de Joinville (180 km de Florianópolis) nos podrá dar buena visión sobre éstos en más de 12.000 piezas. Además vale la pena un paseo por esta bonita ciudad donde la cultura germana está presente en casas, gastronomía y en el habla; es delicioso

El más grande de Brasil está en Santa Catarina, en Cabeçudas. Su altura se asemeja a la de un edificio de diez plantas. Allí se celebraran enterramientos colectivos o necrópolis. Los más antiguos son de 8000 a.C. y los más recientes de hace 1.000 años. Han podido ser localizados 625 a lo largo de la costa brasileña pero es posible que existan y hayan existido más. La mayoría ha sido explotada por empresas fabricantes de cal, puesto que los montículos acumulan grandes cantidades de conchas marinas ricas en silicatos y materiales calcáreos.

En ellos podrían vivir entre 40 y 300 personas. Hace poco tiempo los arqueólogos revelaron que el "hombre del *sambaqui*" era experto en el arte de bucear y en la pesca submarina. Capturaban tiburones empleando rústicos y eficaces arpones hechos con espinas de grandes pescados, según parece.

La arqueóloga Maria Cristina Tenorio, del Museo Nacional de la Universidad de Río de Janeiro descubrió en Ilha (Isla) Grande (en la costa sur carioca) la osamenta de un hombre de unos 30 años con una pecularidad: presentaba una deformación ósea en el oído típica de los buceadores. Una calcificación que tapa complemente el canal auditivo y provoca sordera.

En la costa de Cabeçudas se hallaron 100 esqueletos humanos de los cuales 30 la poseían. Otro indicio que se encontró en varios estados brasileños concierne a la habilidad submarina de los hombres prehistóricos costeños es la existencia en los "basureros" de ostras que sólo habitan aguas muy profundas. En Ilha

Inscripciones rupestres encontradas en Santa Catarina.

Grande se encontraron dientes del tiburón blanco, que mide hasta 4 metros de longitud, pesa hasta una tonelada y habita en fondos de muchos metros.

¿Cómo aquellos hombres podrían bucear a tanta profundidad? Esto es todavía un misterio. Lo mismo puede decirse sobre lo que representaban algunas extrañas esculturas en piedra -entre 20 y 70 centímetros de longitud- a las que los arqueólogos llaman "zoolitos" (animales de piedra). Tales objetos resultan muy bien labrados, a veces con una pulimentación casi perfecta.

Los arqueólogos opinan que se empleaban para abrir cocos y muestran embarcaciones, una suerte de canoas. Otros dicen que son representaciones de peces con todos sus rasgos anatómicos, lo que no deja de ser cierto en algunos casos. La galería zoológica incluye al menos doce especies de peces y siete de mamíferos, incluídas ballenas, focas, manatíes, delfines y también caimanes y pingüinos. No se sabe por que motivo, pero moluscos y crustáceos están excluidos de las representaciones. Algún ritual o vis religiosa de los animales esculpidos.

Sin embargo algunas piezas parecen figuras muy estilizadas cuyas formas sorprenden mucho por su aspecto hidrodinámico. Recuerdan el diseño de ciertos submarinos. Una de las piedras se parece al famoso batiscafo Trieste, que se usó para llegar a profundidades abisales. Algunos muestran una inexplicable cavidad circular en su lomo, parte superior o costado derecho. Otros tienen forman de cruz latina y los hay casi esféricos dotados de pequeños apéndices.

Lo único que se puede decir a ciencia cierta es que los zoolitos no son obra gratuita de los habitantes de los *sambaquis*: el tiempo que los artesanos dedicaron a cada una de las esculturas debía ser largo, algunas decenas o quizás centenares de horas de trabajo, según los arqueólogos, en un material muy duro y resistente como el basalto. Las estatuas aparecieron junto a los enterramientos y son muy raras, posiblemente son bienes de caciques o líderes religiosos muy importantes.

El prestigioso arqueólogo de origen francés radicado en Brasil André Prous cree que tales estatuas pertenecían a chamanes que, a modo de los nahuales del Centro y Norteamérica, captaban el álito de los animales de poder espiritual y material y se transformaban en ellos[2]. "Es por esa transformación nocturna en un animal capaz de vencer las barreras entre mundos que el chamán puede ejercer su oficio y los zoolitos podrían evocar estos animales mediadores: pájaros que unen el cielo a la tierra; anfibios y peces que vienen de las profundidades del mar a las orillas donde se halla el hombre, armadillos en túneles subterráneos que se extienden en el seno de la tierra...las esculturas prehistóricas del litoral serían la expresión material de las creencias cosmológicas... su función no era promover disfrute estético, sino servir de soporte al pensamiento mítico que explica a los hombres su lugar en el mundo. "... jamás se perderá, será fosilizado en los huesos y en la piedra. El objeto es sombra de un mito". Bonitas palabras de Prous que quizá capten la profundidad oculta de estas fantásticas obras del "hombre del *sambaquí*".

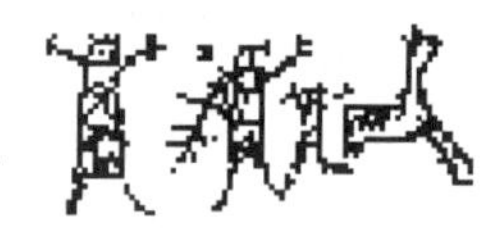

El tesoro más grande de Santa Catarina puede estar a orillas del río Uruguay, junto a Río Grande do Sul, en Cerro do Gato Preto. Quién nos cuenta la historia es el investigador Brígido Ibanhes que recogió la leyenda sobre último guardián del tesoro, un indígena guaraní llamado Kaiuón. No sólo se compone de metales preciosos, sino algunos objetos considerados sagrados cuyo valor puede equipararse, o incluso superar a oro y diamantes. Todavía existen susguardianes espirituales: criaturas espectrales que ahuyentan a visitantes.

Brígido descubrió en el lugar varios paredones de piedra y restos arqueológicos, además de una pequeña pirámide. Surgieron varias columnas de basalto que recuerdan las ruinas de Nan Madol, de la isla de Temuen, en las Carolinas (Oceáno Pacífico). El investigador también encontró pequeñas piezas de cristal en forma de "T" dentro de recipientes de cerámica guaraní. Tales piezas son los *tembetás*, empleados como adorno, que se introducían por el labio inferior que se había previamente perforado.

Cree que tales objetos de cristal podrían almacenar o concentrar informaciones y energía de lugares lejanos y ampliar las "vibraciones energéticas y sensoriales" de sus usuarios. Una niña, al tocar uno de ellos, desfalleció repentinamente. La región cercana al río donde se encuentran las ruinas es visitada frecuente-

2. Artículo "Les sculptures animaliers du sud bresilien"en la revista *Les dossiers d'archeologie* nº 169, marzo de 1992, Francia.

mente por platillos voladores, como el mismo Brígido pudo atestiguar en varias ocasiones. Bolas de fuego, mujeres fantasmales, humanoides cuyas cabezas son más grandes de lo normal, caballos voladores y otras criaturas fantásticas frecuentan la región desde hace siglos.

Según el investigador, las ruinas son los restos de una antigua ciudad construída por los descendientes del extinguido continente de Atlántida, comandados por el sabio Xapecó. Como hemos podido percibir, Brasil pudo ser el destino de muchos supervivientes atlantes. Viejo símbolo de la aparición de una nueva humanidad que muchos de nosotros soñamos en construir.

Zoolito en forma de submarino.

SANTO ANGELO
SÃO BORJA
RÍO GRANDE DO SUL
PORTO ALEGRE
Lagoa dos patos

XXVI

RÍO GRANDE DO SUL: GAUCHOS, NEGRITOS FANTASMALES Y CASAS SUBTERRÁNEAS

AUNQUE SE PUEDA pensar lo contrario, los gauchos no son una exclusividad de Argentina o Uruguay. También los hay en Brasil, más concretamente en el estado del Río Grande do Sul. Este territorio fronterizo -se nota la proximidad a Paraguay, Uruguay y Argentina- es uno de los más prósperos de todo el país. Sus gentes son descendientes en su gran mayoría de europeos, especialmente alemanes e italianos. Hoy por hoy es la tercera potencia industrial de Brasil.

Con más de 280.000 km^2, la antigua provincia fue ocupada en sus primeros tiempos coloniales por las congregaciones jesuíticas empezando por las españolas (1627). Los misioneros llegaban de Paraguay por la mítica senda o camino del Inca, también llamado *Peabirú*, antiguos caminos quizá trazados por los pueblos del Imperio del Sol de Perú. El tema es todo un misterio, puesto que los historiadores ortodoxos no están dispuestos a admitir que los incas hubieran podido llegar hasta la costa atlántica brasileña y mucho menos haber ordenado la construcción de una amplia red de caminos -a veces empedrados- a lo largo y ancho del continente sudamericano.

Otro personaje casi mítico en la construcción del territorio brasileño, el *bandeirante* Antonio Raposo Tavares, invadió la misiones en 1636. Con furia y saña las destruyó. Sólo en 1687 los jesuitas logran fundar otras nuevas: *Sete Povos das Missoes Orientais*, tal vez en un intento de construir la utopía de las Siete Ciudades -ver Piauí- que un día romanos y portugueses buscaron allende los mares.

La colonización del Río Grande do Sul solamente empezó a hacerse efectiva con la llegada de inmigrantes de las islas Azores en varias oleadas, entre 1740 y 1760. Trajeron extraños usos con reminiscencias medievales, embrujos, supersticiones y leyendas que aún hoy se mantienen en algunos pueblos medio brujeriles. Son historias de viejas hechiceras que provocaban la muerte de sus enemigos con pócimas y conjuros de poner los pelos de punta o encantamientos que transformaban seres humanos en asquerosas alimañas.

Poco conocido es el hecho de que en 1763 los españoles invadieron gran parte del territorio gaucho brasileño que quedó bajo dominio de la corona de Carlos III durante 13 años. Ya en los siglos XIX y XX fueron muchos los inmigrantes que llegaron a Río Grande do Sul, la mayoría campesinos y algunos comerciantes. En su homenaje existe hoy la Fuente Talavera de la Reina, en Porto Alegre, la capital del estado, una de las más europeas de todo Brasil.

En esa urbe de 1,5 millones de habitantes abundan edificios art-decó o art-nouveau, logias masónicas y algunas que otra entidad esotérica. Están firmemente arraigadas. En 1952 se fundó el grupo Ponte para a Liberdade, de corte teosófico, también conocido por Fraternidade Branca, bajo la dirección de Inocência Gerandine. De la escisión del grupo surgió el Grupo Avatárico. La Fraternidade Branca gaucha, por ejemplo, tuvo una visión de la presente Era de la Libertad a partir de mayo de 1954 y deberá durar 2000 años. Pero hay otros muchos secretos inescrutables en el seno de tales grupos y sólo tienen acceso a ellos los especialmente iniciados.

Yo siempre paro obligatoriamente en Porto Alegre antes de seguir viaje hacia Montevideo (Uruguay) o Buenos Aires (Argentina). La ciudad me recuerda, salvadas las debidas proporciones, un poco a Madrid, donde algunas estatuas neoclásicas evocando los dioses de la mitología grecoromana coronan edificios vetustos y solemnes. Ocultan tras su fría mirada la sabiduría de las tradiciones que fueron traídas del Viejo Mundo para fundirse con el pensamiento nativo de la tierra de los indios charrúas que otrora dominaban aquellos páramos hasta el territorio uruguayo.

De la época de las Misiones, nos ha llegado una extraña entidad invisible, el Generoso, que tocaba instrumentos musicales, agrandaba las llamas de las hogueras y levantaba las faldas de las doncellas. Este atrevido personaje no era precisamente asustador, y se hacía sentir en las fiestas más animadas incluso cantando una copla, como nos dice Luis da Cámara Cascudo en su *Geografia dos Mitos Brasileiros.*

La verdad es que existió en carne y hueso. Era un recio indígena, amigo de los jesuitas que murió con una mueca de risa plasmada en el rostro. Su alegre espíritu, no satisfecho con los aburrimientos del "otro mundo", se quedó anclado en el nuestro para seguir participando de las fiestas en los salones y casas gauchas. Dicen que se le oía zapatear durante la fiestas de baile de fandango en las haciendas ricas, o la *chimarrita,* en las fincas pobres. Es decir, cuando podía el espíritu del indio bailón se colaba en una fiestecilla...

Sin embargo, en las noches silenciosas, aburrido, camina por las haciendas, haciendo que crujan los pisos de madera o moviendo objetos. Este espíritu burlón es ciertamente primo del teutón *poltergeist,* éste más adusto y menos amigo de juergas. La llegada de otros seres de leyenda, como el *saci-perere*, arrinconaron al Generoso. Quizá, como dice Cascudo, haya cumplido su "dulce misión de alegría" y pasado a otra dimensión.

Una de las entidades que jamás quiso marcharse del Río Grande do Sul, quizá por su fervorosa pasión a la tierra, es el *Carbúnculo*. Hemos podido encontrar sus antepasados en los tiempos del rey bíblico Salomón. Se trataba de un lagarto con una piedra encantada que se le caía de la cabeza cada cien años. Además, era guardián de las riquezas de las minas.

Uno de ellos quizá extraviado entre los pequeños rebaños que existían en el Oriente Medio y en Europa, se apareció hace dos siglos al sacristán de la iglesia de la reducción de Santo Tomás (São Tomé), cerca de la actual ciudad de São Borja en tiempos de las misiones. Un bello día el religioso percibió que las aguas de una laguna cercana burbujeaban. Al acercarse, vio como de las aguas emergía un *Teiú-iaguá*, una suerte de lagarto oscuro con rayas amarillas.

A diferencia de los que pululaban en la naturaleza, este tenía su cabeza coronada por un halo de luz deslumbrante. Apretando los ojos, el sacristán vislumbró en medio del resplandor una piedra preciosa. Fascinado, el buen hombre se llevó el Teiú a su casa, metiéndole en el interior de un cuerno donde secretamente le cuidaba y alimentaba.

El afortunado sacristán, gracias a él, vio acrecentar su ganado y minas de oro. Todo lo recibía como caído del cielo. Los cristianos empezaron a sospechar que algo raro ocurría, puesto que se pasaba mucho tiempo sin salir de casa. Un día fue encontrado con una bella doncella, en realidad el repugnante Teiú que se metamorfoseaba por las noches.

El ahora infeliz sacristán fue juzgado y llevado al garrote. A punto de ejecutarse la condena se oyeron estruendos, gritos, temblores y cundió el pánico entre el pueblo. Entonces, del fondo de la laguna, abriendo un surco profundo que aún hoy existe, surgió el Teiú que se llevó al clérigo en su dorso encantado; cruzó el río Uruguay nadando, descansó en São Borja y se escondió en el cerro de Jarau.

Dicen los habitantes de la región que aún hoy se puede ver al *Carbúnculo* paseándose entre las montañas, despidiendo su vivísima luz. A modo de otros tantos casos de mitos ígneos que yo había recolectado en el transcurso de mis múltiples viajes por toda Sudamérica y Centroamérica, éste parecía ser otra de las "luces populares", *critters* u OVNIs que desde hace siglos merodean por determinadas regiones geográficas y váya uno a saber por qué motivo...

La huella jesuítica en las Siete Misiones de Río Grande do Sul ha sido imborrable. Historias de pasadizos subterráneos, oro enterrado, objetos de plata y otras riquezas pusieron la codicia en los ojos de los buscadores de tesoros. Todo esto escondido antes de su expulsión por el rey de España Carlos III.

Los últimos guardianes de estos secretos fueron los fieles indígenas adoctrinados por los religiosos. Algunos eran firmes celadores, hasta su muerte, de estas opulencias y se llevaron a la tumba el secreto de los escondrijos: fondos de lagunas, quebradas de sierras o bosques impenetrables.

Me contaron en Costa Rica innumerables historias de espíritus de viejos indios, guardianes de *huacas*, es decir enterramientos repletos de figuritas de oro y jade. En Río Grande do Sul se repetía lo mismo. Se hablaba de un tal M'Bororé, un cacique amigo de los santos padres de las Siete Misiones.

Cuando los religiosos tuvieron que huir, éste y sus hombres se llevaron por la noche aquellos sacos de metal amarillo y plateado -por los cuales se mataban los hombres blancos- hacia un escondrijo, la llamada Casa Blanca, que todavía hoy guarda su espíritu. Según cuentan las leyendas estaría situada en la ciudad perdida de Emboré, en medio de una selva virgen que sólo los indígenas conocían. Allí ninguna casa tenía puertas, ni ventanas.

"... la entrada a ellas se hacía por subterráneos, cuyas bocas estaban ocultas escrupulosamente. Los que transportaron los tesoros, que según las gentes de allí sobrepasaron en valor y cantidad a todos los que refieren los cuentos de las mil y una noches, desaparecieron a su vez y con ellos los rastros que conducían al famoso Emboré, perdido desde entonces entre las sombras de la selva impenetrable y las densas nubes de la leyenda", cuenta con soltura el arqueólogo argentino Juan Ambrosetti, en su libro *Supersticiones y Leyendas.*

Como hemos visto, las Siete Misiones viven pobladas de cuentos de seres fantásticos que cuesta quitarse de encima a los más incrédulos. Los parapsicólogos tienen otro tema fascinante para estudiar, el de los *Zaoris* (en castellano zahoríes), misteriosos hombres nacidos en viernes de Pasión. Según Câmara Cascudo, tienen un brillo especial en los ojos, enigmático e inconfundible.

Estos hombres pueden ver a través de los objetos, pues encuentran tesoros enterrados, minas de oro, yacimientos de diamantes y todo lo que se considere valioso bajo tierra o dentro de las rocas. Eran los hombres que descubrían los tesoros escondidos por los jesuitas. Quizá esta visión de "rayos X" tenga una explicación en el empleo de un desconocido ungüento que se untaba en los párpados, según menciona *Las Mil y Una Noches.*

Francisco de Quevedo refería en su obra *Los Sueños, Visita de los Chistes* (1622) su existencia de esta manera:

Nació viernes de Pasión
para que zahorí fuera
porque en su día muriera
el bueno y el mal ladrón

En tiempos pretéritos -hace 1500 años, según dataciones de carbono-14, habitó en Río Grande do Sul una civilización que, aunque no abominase la luz del día como los topos, prefirió vivir bajo tierra, más protegida de la intemperie y la amenaza del mundo animal. Eran hombres que construyeron casas subterráneas con características muy peculiares.

La primera referencia a los pueblos cavernícolas brasileños o "pueblos-topo" se la debemos al cronista del siglo XVI, Gabriel Soares de Souza en su célebre *Tratado descritivo do Brasil*. Menciona a indígenas que vivían en la meseta paulista, "indios que vivían en cavernas, cubiertas de ramas".

En 1967, el profesor Fernando La Salvia, de la Universidad de Caxias do Sul y su equipo encontró los vestigios de una población subterránea. Hasta principios de los años 70 se habían localizado más de 2.000 viviendas bajo tierra en 170 yacimientos arqueológicos de aquel estado. Cada pueblo o aldea tenía un promedio de 30 a 50 casas de forma circular. También las había aisladas sobre puntos más elevados, posiblemente puestos avanzados de observación de incursiones enemigas.

Uno de los lugares más poblados era Santa Lucía do Piaí, donde habrían existido más de 200 casas. En la región de Santa Bárbara se hallaron algunas entre 9 y 14 metros de diámetro, aunque otras más grandes, hasta 18 metros, se han podido excavar en otras regiones. El actual pueblo de Ana Rech fue construído sobre una de estas aldeas prehistóricas.

Según las excavaciones del profesor La Salvia, tales casas tenían, en promedio, 6 metros de profundidad, excavadas en roca o en tierra. Solamente el techo se quedaba a nivel del suelo. A su vuelta corría una zanja que recolectaba el agua de las lluvias. Una de ellas, quizá ceremonial, fue la llamada "Casa de los hombres". A su alrededor se disponían banquillos de 80 cm de ancho y 45 de altura fabricados con amontonamientos de cenizas de hogueras.

Algunas son semi-subterráneas, pues sus paredes sobrepasan el nivel del suelo. Las más pequeñas tenían una estaca central apoyada sobre una laja pétrea y servía para sostener el techo. En las más grandes se usaban tres estacas. La techumbre estaba constituida por vigas de madera recubiertas, primero por ramas y paja, luego por tierra y piedras y una nueva capa de tierra para mimetizarla.

Se bajaba por escalones de piedra o troncos de madera trabajados como escaleras. Como recuerda Renato Castelo Branco, en su libro *Prehistoria brasileira: fatos & lendas* (Sao Paulo, 1971), ya se conocían las casas subterráneas de Europa (entre 25.000 y 12.000 años de antigüedad), que pertenecieron a los cazadores de mamuts en Siberia, Checo-Eslovaquia y Rusia Meridional. Sin embargo, al parecer, eran menos profundas y poseían forma rectangular.

En China hacia 3000 a.C. y en Moravia, Alemania, Escandinavia y Japón también se encontraron edificaciones prehistóricas semisubterráneas. En Norteamérica, los indígenas de la cultura mogollón y anasazi (Arizona, Nuevo México, Utah y Colorado) también.

¿Por qué hicieron los antiguos habitantes del Río Grande do Sul estas construcciones? Además de protegerse del acoso de los animales, se cree que, al contrario de otras regiones del país, habría heladas en invierno. Quizá en el pasado el clima fuera más riguroso y se hacía necesario que los seres humanos utilizasen buenos cobijos.

Esto puede explicar la existencia de restos de hogueras dentro de las viviendas. Las totalmente subterráneas, según La Salvia, podrían ser las más antiguas, seguidas, en orden cronológico por las semisubterráneas y luego sustituídas por las chozas que encontraron los conquistadores portugueses.

En las inmediaciones de estas aldeas, los arqueólogos descubrieron cementerios cuyas sepulturas eran circulares o elípticas. En su interior no se pudo hallar restos de huesos, tal vez por la excesiva acidez del suelo que corroe todo en el tiempo. Quizá nuevos hallazgos en el Río Grande do Sul nos traigan la respuesta al enigma de la civilización de las casas subterráneas y sobre la desconocida vida de sus habitantes.

Porto Alegre, capital del Estado. Ambiente europeo.
Foto: Secretaría de Turismo de Río Grande do Sul.

DISTRITO FEDERAL

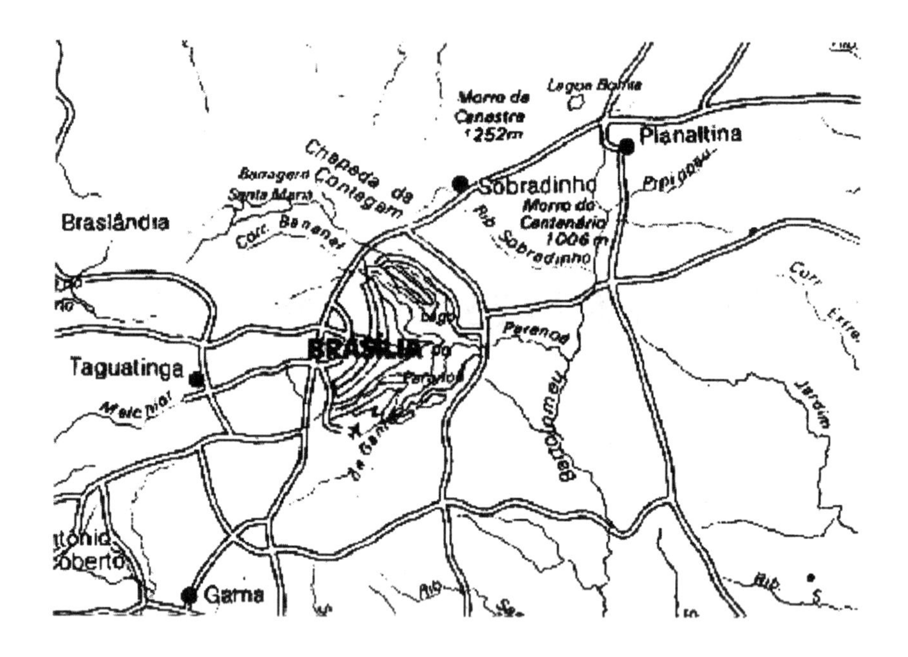
Morro da Canastra 1252m
Planaltina
Chapada da Contagem
Sobradinho
Morro do Centenário 1006 m
Braslândia
Rio Sobradinho
BRASILIA
Taguatinga
Paranoá
Bartolomeu
Gama

XXVII

BRASILIA:
LA CAPITAL MÍSTICA DE BRASIL

BRASILIA NO PUEDE PASAR desapercibida al viajero que llega a este país, ya sea para criticarla o elogiarla. Sí, porque para ella no hay término medio, sólo extremos. Esta ciudad "rara" donde las calles no están hechas para pasear, donde hay amplios espacios donde la visión se escurre en perspectivas alejadas que obligan a echar mano del automóvil, de uso imperativo. La primera impresión que se tiene al llegar a la capital brasileña es la de soledad o de haber desembarcado en un lugar monótono y futurista donde se alzan modernos edificios entre zonas desérticas de tierra roja. Sin embargo su periferia está cubierta con parques y bosque que humanizan un poco esta urbe burocrática.

Brasilia nació de la profecía de un religioso italiano, Dom Bosco, que soñó que en el hemisferio sur del planeta, entre los paralelos 15 y 20, donde se haya formado un lago, nacería una gran civilización. En Lisboa en 1822 apareció un documento titulado *Aditamento ao projeto de Constituição para fazê-lo aplicável ao Reino do Brasil* donde estipula en el primer artículo, "... que en el centro de Brasil, entre las nacientes y confluentes del río Paraguay y Amazonas, se fundará la capital de este Reino, con la denominación de Brasilia". Pero sólo en 1892 el lugar fue determinado por una expedición dirigida por el astrónomo y geógrafo Luis Cruls. La idea volvió a aparecer en la constitución de 1934 y en otros documentos de 1946.

Al principio del gobierno del presidente Juscelino Kubitschek -1956- el proyecto salió de la mesa de los arquitectos y culminó con su inauguración el 21 de abril de 1960. El director nombrado para la realización de la nueva urbe era Oscar Niemeyer, discípulo del famoso Le Corbusier. Para unos un genio, y para otros el creador de un concepto arquitectónico derrochador y poco práctico a los ciudadanos: amplios espacios, mucho hormigón, poco aprovechamiento de los espacios construidos y una larga lista de defectos. Sin embargo a efectos visuales y propagandísticos Brasilia resultó un éxito.

Vista desde el aire recuerda un avión, un ave o un arco y flecha apuntando hacia la costa atlántica. Los principales edificios públicos, los ministerios, el palacio de Justicia y el Presidencial forman parte del "fuselaje". El 21 de abril de cada año, Día de la República, el sol sale de entre las torres gemelas del Congreso dando, como dicen los autores de la *Guía Viva de Brasil* (Anaya-Touring Club, Madrid, 1997), "un tono dorado a los edificios de cemento que los convierte en una especie de Stonehenge futurista".

También existe una extraña relación entre Brasilia y Egipto. Vista desde el aire recuerda al *ibis* faranónico, y el edificio del Consejo Nacional de Investigación parece el templo de Ramsés II. El Teatro Nacional ostenta formas arquitectónicas semejantes a los templos aztecas de México. En homenaje a la profecía de Dom Bosco la ciudad erigió un santuario y a orillas del lago Paranoá existe una ermita-dedicada al italiano. Es supuestamente el mismo que menciona la profecía.

La nueva capital supera hoy por hoy el millón de habitantes, todo un récord si consideramos su existencia tan corta. Durante 41 meses -tiempo que duró su construcción en una primera etapa- trabajaron más de 30.000 obreros nordestinos llamados *candangos.* En 1987 fue declarada Patrimonio de la Humanidad por la Unesco y es la única obra contemporánea que hay en la lista de esta institución.

Otra visita obligatoria a la capital brasileña es la Legião Brasileira da Boa Vontade-LBV (Legión Brasileña de la Buena Voluntad), un espacio que suelen llamar "ecuménico" donde hay un gran templo piramidal y se pueden encontrar elementos de las mil y una noches, recintos sagrados egipcios e iglesias cristianas que rozan los más futuristas conceptos de arquitectura y expresión de lo sagrado.

Pero, ¿qué es exactamente este complejo arquitectónico llamado Templo da Boa Vontade inaugurado en octubre de 1989? Según las palabras del actual presidente de la LBV, el periodista, escritor y humanista Paiva Netto[1], el impresionante templo tiene por objetivo "confraternizar seres terrestres y celestes". La Paz, con mayúsculas, es su palabra, en todas sus acepciones y en todas las lenguas.

Lo que más llama la atención desde que se llega a su sede es la gran pirámide octogonal de 3.000 m^2, "el templo piramidal", en lo alto del cual está instalado el más grande cristal de cuarzo del mundo, descubierto en 1989 en el municipio de Cristalina, a 100 km del Distrito Federal.

Quizás Paiva Netto al idealizar esta piedra se haya puesto en contacto con los habitantes del mundo intraterrestre, los mismos que guardan el secreto del otro gran cristal que destella con rayos de luz o energía en medio del Mato Grosso. Independientemente de mi observación, el enorme cuarzo cumple una función noble: "cataliza los fluidos cósmicos reforzando las fuerzas vitales de cada uno de nosotros a una altura de 21 metros del suelo", me dijo Luciano Alves Meira, directivo de la LBV en mi visita.

1. Paiva Netto es un profundo conocedor del *Apocalipsis.* Ha escrito un libro titulado *Profecias sem mistérios* (Ed. Elevação, 1998), traducido a diez idiomas donde interpreta este asunto tan polémico.

Mientras caminaba por dentro, mirando hacia lo alto para observar la abertura por donde el cristal recibe los rayos de sol, me dirigí hacia el centro, desde donde se desenrollan dos espirales hechas con baldosas de granito, una oscura y otra clara. "Andar sobre ellas simboliza nuestro caminar hacia lo espiritual. Aquí, en el centro de las espirales, hay una placa de bronce. Es el descubrimiento de la Luz", me decía en un lenguaje que todos los espiritualistas conocen.

Dentro de la base se encuentra un altar modernista, "el Trono y Altar de Dios". En una placa metalizada están los cuatro elementos de la naturaleza (aire, fuego, tierra y agua).

Pirámide-templo de la Legião-Brasileirada Boa Vontade.
Foto: LBV.

El extraordinario complejo arquitectónico es explorado a diario por los visitantes que se deleitan al descubrir a cada paso un entresijo, un misterio y un aspecto evocador de la espiritualidad. Casi todas las autoridades nacionales o internacionales que llegan visitan el templo.

El cosmonauta ruso Alexander Balantine, cuando estuvo allí a finales de 1997, declaró que jamás había visto un recinto como éste donde se aunaran en perfecta comunión las más diversas tendencias religiosas, con tan elevado respeto. Allí se han dado cita los representantes de casi todas las religiones como el judaismo, budismo, islamismo, umbanda, candomblé, religiones indígenas, etc, siempre elogiando el aspecto ecuménico. Algunas de las autoridades se entrevistan con el embajador, Paiva Netto y recorren jardines subterráneos, un museo de arte y la sala egicia.

En esta última los visitantes pueden leer: "los muertos no mueren". Dentro existen reproducciones fieles de obras egipcias, y paredes que imitan las de los templos con centenares de jeroglíficos pintados. Más que un simple espacio cultural, este gran recinto es un santuario de meditación equipado, incluso, con butacas especiales destinadas a este menester. La Fundación Arqueológica Clos-Museo Egipci de Barcelona (Rambla Catalunya, 57-59), colaboró con el trabajo de reproducción y de asesoría respecto a la fidelidad de las obras.

En 1994 fue inaugurado otro edificio, el *Parlamundi*, en el "Parlamento Mundial de la LBV", cuyo objetivo es, en palabras de Paiva Netto, "promocionar el entendimiento entre los pueblos". Con un salón plenario para 500 personas y dos auditorios, allí se celebran grandes congresos nacionales e internacionales. Uno de ellos fue el "Primer Forum Mundial de Ufología", celebrado en diciembre de 1997, considerado el más importante del mundo en su género. En el participaron más de 60 ufólogos de 19 países diferentes y casi 40 brasileños. Yo representé a España con una ponencia sobre aspectos comparativos de casos ufológicos que había investigado en la península Ibérica, América Latina y norte de África.

Durante el Forum -iniciativa de Paiva Netto y del veterano ufólogo Ademar Gevaerd- se firmó la polémica "Carta de Brasilia", que reivindica la desclasificación de documentos de los archivos militares brasileños relacionados con OVNIs. Sus redactores, además de Gevaerd, Roberto Pinotti (italiano) y Andrea Patouna (griego) entregaron la carta firmada por los conferenciantes a las autoridades del Ejército del Aire y copia al presidente de la república, Fernando Henrique Cardoso. A principios de 1998, en el Sexto Simposio Mundial sobre OVNIs -República de San Marino-, se divulgó otro documento reinvindicativo: la "Carta de San Marino". En él se mencionaba y refrendaba la "Carta de Brasilia" para solicitar a la ONU retomar la propuesta realizada hace dos décadas por el gobierno de Granada para crear una comisión investigadora del fenómeno OVNI.

Curiosamente, el fundador de la LBV fue uno de los primeros ufólogos brasileños. Amiro Zarur llegó a escribir libros sobre esta temática y hoy tiene un memorial dentro del templo donde se destaca un enorme *mandala* hecho con cristales de cuarzo de varios colores, elaborado por una artista alemana. Está repleto de símbolos budistas que refuerzan el aspecto ecuménico de todo el templo.

Los espíritus de la naturaleza están simbolizados por una "Fuente Sagrada", una cascada artificial de piedra diseñada por un artista japonés, cuyas aguas se suponen sean "energéticas".

Pero el aspecto fundamental de la LBV, que tiene varias delegaciones en cada estado, es su labor social, atendiendo a miles de niños y niñas de capas empobrecidas de la población. En cada delegación reciben educación y alimentación gratuita, mientras que sus madres trabajan.

Otra visita obligada en Brasília es el *Vale do Amanhecer* (Valle del Amanecer), un foro de sincretismo religioso total, quizá uno de las más curiosas amalgamas de la humanidad en materia de grupos, sectas y manisfetaciones místicas de todo tipo. Se encuentra a las afueras de la capital y se trata de una verdadera ciudad mística con edificiaciones que mezclan desde tendencias psicodélicas hasta las más austeras de casi todas las religiones.

Una enorme cruz, un palomar, una gran estrella de siete puntas y un templo semisubterráneo conforman uno de los principales sectores de la ciudad, todo destinado a captar las energías de sol y luna para concentrarla en los seguidores de un peculiar culto. El valle se extiende sobre una llanura del *cerrado* (vegetación arbustiva) y fue fundado por la ya fallecida "Tia Neiva" como es cariñosamente conocida aquella visionaria que podía codearse con los grandes maestros universales de las utopías.

Tras una serie de recomendaciones de orden moral y religioso, los visitantes pueden acceder a este espacio mágico por donde circulan personas vestidas con vaporosas túnicas, turbantes, o ropas de varios colores que reflejan una de las esencias espirituales de la comunidad, la *cromatopía.* El azul es para lograr la armonía; el marrón evoca la figura de San Francisco de Asís y el verde es la esencia del equilibrio.

En el llamado Campo de los Mediums está una construcción piramidal donde se rinde culto a Tutankamón, Akenatón y Amenofis. En el Gran Lago -un espejo de agua artificial formado por una cascada- con forma de estrella de seis puntas, se yergue una majestuosa imagen de Yemanjá la reina de los mares y de las aguas que aparece tanto en el *candomblé* como en la *umbanda*, rodeada de otros *orixás* o dioses del panteón afro-brasileño.

Allí llegan procesiones de devotos que se bendicen ante las estatuas y, más adelante, captan las supuestas energías emanadas por una gran elipse vertical en el centro de la laguna. Según los adeptos al curioso culto del Valle del Amanecer, las energías negativas quedan atrapadan en las aguas del Gran Lago, tal como si fueran las aguas del río Ganges en escala reducida.

Para el observador foráneo todo aquello podrá parecer algo absurdo y extraño, como si de una puesta en escena se tratara, con multitudes vestidas de forma estrafalaria, dispuestas a rezar y a pedir bendiciones a todos los dioses del universo. Pero una cosa es cierta: los devotos del valle del Amanecer son sinceros en sus manifestaciones y profesan una sólida fe en principios que buscan aunar toda la humanidad y generar la Paz universal.

Catedral de Brasilia (Distrito Federal): ubicación profética, según Dom Bosco.
Foto: Turismo de Brasilia.

GUÍA DE VIAJES POR BRASIL

Transporte

Brasil posee una extensa red de carreteras, a excepción de la región amazónica donde la alternativa son las vías fluviales. Conviene siempre buscar las *Rodoviárias* de cada pueblo o ciudad, es decir, las terminales de autobuses o autocares, generalmente con horarios fijos. Hay autobuses muy lujosos -como los que hacen el tramo entre São Paulo y Río de Janeiro, y los típicos pueblerinos (en los que los pasajeros suben con sus gallinas, cerditos y frijoles). Quizá valga la pena viajar en estos últimos para conocer mejor a las gentes del lugar.

Extreme la atención en las más utilizadas, pues son un verdadero campo de trabajo para carteristas y otros maleantes. En las de São Paulo, Río de Janeiro y Recife el viajero -en un simple pestañear- puede verse desvalijado.

Hacer **auto-stop** puede ser un buen modo de viajar, especialmente para los chicos. Algunas gasolineras o estaciones de servicio en las carreteras son un buen punto para contactar con camioneros. El viajero experimentado sabrá optar por viajar con éste o aquél. Las chicas deben estar más atentas, pues los camioneros suelen viajar miles de kilómetros "sin compañía"...

En los ríos amazónicos lo mejor es viajar en las *gaiolas* (jaulas), embarcaciones de media y gran eslora que a veces van abarrotados de carga y viajeros. Algunas, como recientemente ha ocurrido, se han hundido por exceso de carga, ahogándose varios pasajeros. Conviene ver en qué condiciones viajan. En viajes más cortos se pueden emplear las canoas de los nativos o *voadeiras*, lanchas de aluminio dotadas de motor.

Mulas y caballos son necesarios para largas expediciones y es necesario tratar con los hacendados para alquilar a las bestias o incluso comprárselas.

Los vuelos internos son muy caros. Si es posible trate de comprar un *air-pass* (pase aéreo) de Vasp o Varig fuera de Brasil, en el país de origen, puesto que resulta mucho más barato y ofrece varios viajes que pueden ser realizados en un plazo de un mes o a veces un poco más.

Salud

Conviene ir vacunado contra las principales enfermedades que el Ministerio de Sanidad recomienda (fiebre amarilla, hepatitis B, tétanos, etc). Son necesarios tratamientos antipalúdicos o contra la malaria para los que viajan a algunas zonas de la amazonia (aún no existe vacuna para tal enfermedad). Se pueden llevar mosquiteros y repelentes contra los insectos fastidiosos, también en la costa.

En los últimos años han ocurrido muchos brotes de *dengue*, una enfermedad transmitida por un mosquito de tipo *Anopheles* que provoca fiebres y mal estar corporal. No suele ser mortal si es tratada convenientemente -los síntomas son bien conocidos por cualquier médico brasileño- a excepción de la *dengue hemorrágica* que puede matar en pocos días. Su extensión geográfica es muy amplia, y han sido registrados brotes en São Paulo, Río de Janeiro y muchos estados del noreste del país. Es encarada por muchos brasileños como una especie de gripe que requiere reposo y buena alimentación, además de algunos medicamentos específicos.

El agua que se bebe del grifo (llave) en las capitales y muchas ciudades suele estar tratada. Procure no beber de pozos o ríos. Lleve pastillas purificadoras, cloro o hiérvala.

Uso del teléfono

Los teléfonos que aparecen en este listado tienen prefijos que sólo sirven al marcarse dentro del país (se elimina si se llama desde la misma ciudad). Desde España, para llamar a Brasil, se marca el 00 (prefijo internacional) el 55 (prefijo de Brasil) y los dos guarismos (excluyéndose el cero que llevan por delante) que refiere la ciudad o estado donde se quiera llamar. Un ejemplo (para llamar a Manaus, capital del estado de Amazonas): 00+55 (92) 633-4414 (Teléfono de "União Pela Vida: Ação Conjunta da Sociedade e Salesianos").

Hospedaje y Agencias de Viajes

A continuación se presenta una pequeña guía de referencia de hoteles y agencias de viajes de los estados de Brasil. Algunos son más caros y otros más sencillos para que el lector pueda acomodarse a sus condiciones monetarias. Por lo general están limpios y los de dos o más estrellas suelen servir desayunos abundantes y variados, especialmente frutas tropicales.

Existen muchos campings, pero generalmente suelen abrir y cerrar con frecuencia, por eso es bueno informarse sobre su localización y período de funcionamento. También se puede practicar la acampada salvaje - excepto en los parques nacionales salvo previa autorización- siempre respetando el medio ambiente.

Categorías Hoteleras:	(*)	Simple/Modesto
	(**)	Medianamente confortable
	(***)	Confortable
	(****)	Muy confortable

ACRE

Hoteles en Río Branco (capital):

Rio Branco (*). Rua Rui Barbosa, 193 (centro). cep. 69900-000. Tel. (068) 224-1785. Fax. (068) 224-2681.
Vilhamor (*). Rua Floriano Peixoto, 394 (centro). cep. 69900-000. Tel. (068) 223-2399. Fax. (068) 223-2428.
Triângulo (*). Rua Floriano Peixoto, 727 (centro). cep. 69900-000. Tel. (068) 224-9265. Fax. (068) 224-4117.

Agencias de viajes:

Araras Tour /BMV Viagens. Rua Quintino bocaiuva, 10, loja B. Rio Branco. cep. 69909-400. Tel.Fax. (068) 223-2504.
Serras Tur Viagens. Rua Coronel Silvestre Coelho, 372. Rio Branco. cep. 69909-360. Tel.(068) 224-4629. Fax. (068) 224-7335.

ALAGOAS

Hoteles en Maceió (capital):

Venta Club Pratagy (****). Praia do Pratagy, s/n, km.10. Al 101 norte. Riacho Doce. Tel. (082) 971-4227. Fax. (082) 971-4226.
Maceió Mar (**). Av. Alvaro Otacílio, 2991 (Praia da Ponta Verde). cep. 57000-000. Tel. (082) 231-8000. Fax. (082) 327-5085.
Ponta Verde Praia. Av. Alvaro Otacílio, 2933 (Praia de Ponta Verde). cep. 57000-000. Tel. (082) 231-4040. Fax. (082) 231-8080.

Agencias de viajes:

Caiçara Viagens e Turismo. Rua Antonio Pedro de Mendoça, 351. Maceió. cep. 57030-070. Tel. (082) 231-0872. Fax. (082) 231-8131.

Tropicana agência de Viagens e Turismo. Av. Dom Antonio Brandão, 461. Maceió. cep. 57021-190. Tel.(082) 221-3373. Fax. (082) 221-3375.

AMAPÁ

Hoteles en Macapá (capital):

Macapá (**) Av. Francisco Azarias Neto, 17. cep. 68900-000. Tel. (096) 223-1144. Fax. (096) 223-1115.

Atalanta (**). Av. Coaracy Nunes, 1148 (centro). cep. 68900-000. Tel.Fax. (096) 223-1612.

Frota (*). Rua Tiradentes, 1104 (centro). cep. 68900-000. Tel.(096) 223-3999. Fax. (096) 223-7011.

Agencias de viajes:

Amapá Viagens e Turismo. Av. Francisco Azarias Neto, 17. Loja 01. Macapá. cep. 68900-080. Tel. (096) 223-2667. Fax. (096) 222-2553.

Marco Zero Viagens e Turismo. Rua São José, 2048. sala 06. Macapá. cep. 68900-110. Tel.(096) 222-1922. Fax. (096) 222-3086.

AMAZONAS

Hoteles en Manaus (capital):

Tropical Manaus-Beira Rio (****). Estrada da Ponte Negra, km 18. cep. 69000-000. Tel.(092) 658-5000. Fax. (092) 658-5026.

Novotel (***). Av. Mandii, 4 (Bola da Suframa), km 5. cep. 69000-000. Tel.(092) 237-1211. Fax. (092) 237-1094.

Plaza (*). Av. Getúlio Vargas, 215 (centro). cep. 69000-000. Tel. (092) 232-7522. Fax. (092) 234-0647.

Agencias de viajes:

Amazon Explorers. Rua Nhamundá, 21. Praça Nossa Senhora Auxiliadora. Manaus. cep. 69909-400. Tel.(092) 633-3319. Fax. (092) 234-5753.

Fontur. Estrada da Ponta Negra, km 18.(Tropical Hotel). Tel. (092) 658-3052. Fax. (092) 658-3512.

BAHÍA

Hoteles en Salvador (capital):

Transamérica Salvador (****). Rua Monte Conselho, 505. (Rio Vermelho). cep. 40000-000. Tel. (071) 330-2233. Fax. (071) 330-2200.

Bahia Othon Palace Beira-Mar (***). Av. Presidente Vargas, 2456 (Ondina). cep. 40000-000. Tel. (071) 247-1044. Fax. (071) 245-4877.

San Marino (*). Av. Presidente Vargas, 889 (Barra). Tel.Fax. (071) 336-4363.

Agencias de viajes:

Terramorena Viagens e Turismo. Av. Manoel Dias da Silva, 760. Salvador. cep. 41850-000. Tel.(071) 248-2122. Fax. (071) 248-0967.

Vivabahia Viagens e Turismo. Rua Comendador José Alves Ferreira, 140. Salvador. cep. 40100-010. Tel.Fax.(071) 332-2525.

Hoteles en Lençóis:

Canto das Aguas (Beira-Rio)(**). Av. Sr. dos Passos. cep. 46960-000. Tel.Fax. (075) 334-1154.

Pousada de Lençóis (Parque) (**). Rua Altina Alves, 747. cep. 46960-000. Tel.Fax. (075) 334-1102.

Colonial (*). Praça Otaviano Alves, 750. cep. 46960-000. Tel.(075) 334-1114.

BRASILIA (DISTRITO FEDERAL)

Hoteles en Brasília:

Kubitschek Plaza (****). Setor Hoteleiro Norte, quadra 2, bloco D. cep. 70000-000. Tel. (061) 329-3333. Fax.(061) 328-9366.

Manhattan.(***) Setor Hoteleiro Norte, quadra 2, bloco A.cep. 70000-000. Tel. (061) 319-3060. Fax. (061) 328-5683.

Hotel das Nações (*). Setor Hoteleiro Sul. quadra 4, bloco 1. Tel. (061) 322-8050. Fax. (061) 225-7722.

Agencias de viajes:

Art Viagens e Turismo. SHN Quadra 2. Bloco J- loja 32/36. Brasília. DF. cep. 70710-901. Tel. (061) 987-8283. Fax. (061) 323-3235.

Damatour da Mata Viagens e Turismo. SRTN Centro Empresarial Norte. Bloco A. sala 526. Brasília. DF. cep. 70710-200. Tel. (061) 328- 3454. Fax.(061) 328-9016.

CEARÁ

Hoteles en Fortaleza (capital):

Marina Park (Beira Mar) (***). Av. Presidente Castelo Branco, 400. cep. 60000-000. Tel. (085) 252-5253. Fax. (253-1803).

Imperial Othon Palace (***). Av. Beira Mar, 2500 (Praia do Meireles). cep. 60000-000. Tel. (085) 242-9177. Fax. (085) 242-7777.

Beira Mar (*). Av. Beira Mar, 3130 (Praia do Meireles). Tel. (085) 242-5000. Fax. (085) 242-5659.

Agencias de viajes:

Afetur Viagens e Turismo. Rua Leonardo Mota, 2242. Fortaleza. cep. 60170-040. Tel.Fax. (085) 268-2180.

Estrela Guia Viagens e Turismo. Av. Antonio Sales, 2162. Fortaleza. cep. 60135-101. Tel. (085) 261-1661. Fax. (085) 224-8209.

Hoteles en Ubajara:

Pousada da Neblina (Parque Nacional) (*). Estrada do Teleférico, km 2. cep. 62350-000. Tel.Fax. (088) 634-1270.

Clube Pousada de Inhuçu (Parque Nacional). (*). Rua Gonçalo de Freitas, 454 (São Benedito, km 32). cep. 62350-000. Tel. Fax. (088) 626-1173.

Hotel Le Village (Parque Nacional) (*). Estrada da Bandeira para Ibiapina (CE-075) km 4. cep. 62350-000. Tel.Fax. (088) 634-1364.

Hoteles en Juazeiro do Norte:

Panorama (**). Rua Santo Agostinho, 58. cep.63000-000. Tel. (088) 512-3100. Fax. (088) 512-3110.

Pousada Portal do Cariri (*). Av. Leão Sampaio, 2120. (Lagoa Seca) saída para Barbalha, km 5. cep. 63000-000. Tel. (088) 571-2399.

Das Fontes (*) (Parque). Estrada para Jardim (Balneário do Caldas Barbalha), km 22. cep. 63000-000. Tel. (088) 573-1066.

Hoteles en Baturité:

Guaramiranga (Serra) (*). Sítio Guaramiranga, km 20. cep. 62760-000. Tel.Fax. (085) 321-1106.

Estância Vale das Flores (*) (Serra). Sítio São Francisco (Pacoti), km 27. cep. 62760-000. Tel. (085) 325-1233.

Remanso Hotel da Serra (*) (Serra). Estrada para Pacoti (Guaramiranga) km 24. cep. 62760-000. Tel. (085) 325-1222. Fax. (085) 325-1211.

ESPÍRITO SANTO

Hoteles en Vitória (capital):

Best Western Porto do Sol (***). Av. Dante Michelini, 3957. (Praia de Camburi), Km 12. cep. 29000-000. Tel. (027) 337-2244. Fax.(027) 337-2711.

Vitória Palace (**). Rua José Teixeira, 323. (Praia do Canto). cep. 29000-000. Tel. (027) 325-0999. Fax. (027) 325-0487.

Costa Mar (**). Av. Antônio Gil Veloso, 1480. (Praia da Costa). Vila Velha. cep. 29100-000. Tel. (027) 200-4688. Fax. (027) 349-0100.

Agencias de viajes en Vitória (Capital):

Atlantur Viagens e Turismo. Av. Fernandes Ferrari, 3425. Vitória. cep. 29075-053. Tel.(027) 223-7583. Fax. (027) 222-4668.

Viamax Viagens e Turismo. Av. Rio Branco, 227. Vitória. cep. 29055-641. Tel.Fax. (027) 235-2199.

GOIÁS

Hoteles en Goiânia (capital):

Tamandaré Plaza (***). Rua 7, 1123 (setor oeste). cep. 74000-000. Tel.Fax. (062) 214-1314.
Kananxuê (**). Rua 28, 27 (setor central). cep.74000-000. Tel.Fax. (062) 212-1717.
Oeste Plaza (**). Rua 2, 389 (setor oeste).cep. 74000-000. Tel.Fax. (062) 224-5012.

Agencias de viajes en Goiânia (capital):

Condor Viagens e Turismo. Av. Araguaia, 193. Goiânia. cep. 74010-100. Tel. (062) 223-5799. Fax. (062) 224-8455.
Graftour Viagens e Turismo. Av. Assis Chateaubriand, 417. Goiânia. cep. 74025-020. Tel. (062) 214-1213.

MARANHÃO

Hoteles en São Luís (capital):

Calhau Praia Hotel (****).Av. Litorânea, Quadra 01, nº 1. São Luís. Maranhão. cep. 65067-430. Tel. (098) 248-4800. Fax. (098) 248-2722.
Sofitel-Parque.(***) Av. Avicênia(Praia do Calhau, km 10).cep.65000-000. Tel. (098) 235-4545. Fax. (098) 235-4921.
La Ravardière(**). Av. Marechal Castelo Branco, 375. cep. 65000-000. Tel.(098) 235-2255. Fax. (098) 235-2217.

Agencias de viajes en São Luís (capital):

Athenas Viagens e Turismo. Av. Beira Mar, 342-A. São Luís. cep. 65010-070. Tel.Fax. (098) 231-9080.
Ontour Viagens e Turismo. Rua Sete de Setembro, 284. São Luís. cep. 65020-590. Tel.(098) 221-3105. Fax. (098) 232-3818.

MATO GROSSO

Hoteles en Cuiabá (capital):

Paiaguás Palace(***). Av. Historiador Rubens de Mendoça, 1718. (Bosque da Saúde). cep. 78000-000. Tel. (065) 624-5353. Fax. (065) 322-2910.
Best Western Mato Grosso Palace (**). Rua Joaquim Murtinho, 170 (centro). cep. 78000-000. Tel.(065) 624-7747. Fax. (065) 321-2386.
Taiamã Plaza (**). Av. Historiador Rubens de Mendoça, 1184 (Bosque da Saúde). cep. 78000-000. Tel. (065) 624-1490. Fax. (065) 624-3384.

Agencias de viajes en Cuiabá (capital):

Araruana Turismo Ecológico. Av. Lavapés, 500, loja 07. Cuiabá. cep. 78040-000. Tel.Fax. (065) 321-6666.
Milenium Agência de Viagens. Av. Isacs Póvoas, 1008. Cuiabá. cep. 78045-640. Tel.Fax.(065) 623-3200.

MATO GROSSO DO SUL

Hoteles en Campo Grande (capital):

Jandaia (***). Rua Barão do Rio Branco, 1271 (centro). cep. 79000-000. Tel. (067) 721-7000. Fax. (067) 721-1401.
Vale Verde (**). Av. Afonso Pena, 106 (Amambaí). cep. 79000-000. Tel.Fax. (067) 721-3355.
Campo Grande (**). Rua 13 de maio, 2825 (centro). cep. 79000-000. Tel.(067) 721-6061. Fax. (067) 724-8349.

Agencias de viajes en Campo Grande (capital):

Aquidauana Viagens e Turismo. Travessa Antônio Lopes Lins, 72. Campo Grande. cep. 79002-520. Tel.(067) 383-1326. Fax. (067) 725-5520.
Aventur Viagens e Turismo. Rua Antônio Maria Coelho, 2486. Campo Grande. cep. 79002-223. Tel.(067) 725-4311. Fax. (067) 721-1953.

Hoteles en Corumbá:

Pousada Solar do Pantanal (**). acceso por el km. 706 de la Br-262, hacia Campo Grande, km. 68. cep. 79300-00. Tel. (067) 751-4806.
Golden Fish (Beira Rio) (**). Av. Rio Branco, 2799 (salida hacia Ladário, km. 5). cep. 79300-000. Tel.(067) 231-5106. Fax. (067) 231-5435.
Pesqueiro da Odila (*). Rio Paraguai, acceso por el km 699 de la BR-262 hacia Campo Grande, km. 68. cep. 79300-000. Tel.Fax. (067) 231-5623.

MINAS GERAIS

Hoteles en Belo Horizonte (capital):

Liberty Palace(***). Rua Paraíba, 1465 (Savassi). cep. 30000-000. Tel. ((031) 282-0900. Fax. (031) 282-0808.
Wembley Palace (**). Rua Espírito Santo, 201. cep. 30000-000 Tel. (031) 273-6866. Fax. (031) 224-9946.
Praça da Liberdade (*). Av. Brasil, 1912 (Savassi). Tel. (031) 261-1711. Fax. (031) 261-4696.

Agencias de viajes en Belo Horizonte (capital):

Agência de Viagens CVC Turismo. Av. Brasil, 1533. Belo Horizonte. cep. 30140-002. Tel. (031) 261-1180. Fax. (021) 261-3090.
Terramares Viagens e Turismo. Rua Ceará, 1605. Belo Horizonte. cep. 30150-311. Tel.Fax. (031) 221-4303.

Hoteles en São Tomé das Letras:

Pousada Arco-Iris (*). Rua João Batista Neves, 19. Tel.Fax. (035) 237-1212
Pousada Reino dos Magos (*). Rua Gabriel Luis Alves, 27. Tel.Fax. (035) 237-1300.
Pousada Harmonia (*). estrada para Sobradinho. km 1,4. Tel. (035) 237-1280.

Hoteles en São Lourenço:

Emboabas (***). Alameda Jorge Amado, 350 (Solar dos Lagos). Tel. (035) 332-4600. Fax. (035) 332-4392.
Brasil (***). Alameda João lage, 87. Tel.(035) 332-1313. Fax. (035) 331-1536.
Sul América (**). Av. Getúlio Vargas, 639. Tel. (035) 332-3400. Fax. (035) 332-5799.

Hoteles en Mariana:

Solar dos Correa (*). Rua Josafá Macedo, 70. cep. 35420-000. Tel.Fax. (031) 557-2080.
Pouso da Typographia (*). Praça Gomes Freire, 220. cep. 35420-000. Tel. (031) 557-1577. Fax. (031) 557-1311.
Pousada Chafariz (*). Rua Cônego Rego, 149. cep. 35420-000. Tel.Fax. (031) 557-1492.

PARÁ

Hoteles en Belém (capital):

Belém Hilton (***). Av. Presidente Vargas, 882. (Praça da República). cep. 66000-000. Tel.(091) 242-6500. Fax. (091) 225-2942.
Sagres. (**) Av. Governador José Malcher, 2927. cep. 66000-000. Tel. (091) 246-9556. Fax. (091) 226-8260.
Regente (**). Av. Governador José Malcher, 485. cep. 66000-000. Tel. (091) 241-1222. Fax. (091) 242-0343.

Agencias de viajes en Belém (capital):

Columbia Turismo. Rua Avertano Rocha, 115. Belém. cep. 66023-120. Tel. (091) 241-1944.
Marcopolo Viagens e Turismo. Travessa Piedade, 539. Belém. cep. 66053-210. Tel. (091) 242-8682. Fax. (091) 242-4434.

Hoteles en Santarém:

Tropical Amazon Park (***). Av. Mendoçа Furtado, 4120. cep. 68000-000. Tel. (091) 522-1513. fax: (091) 523-2800.
New City (*). Travessa Francisco Corrêa, 200. cep. 68000-000. Tel.Fax. (091) 522-4719.

PARAÍBA

Hoteles en João Pessoa (Capital).

Tropical Tambaú Center (Praia)(***). Av. Almirante Tamandaré, 229 (Praia de Tambaú). cep. 58000-000. Tel. (083) 247-3660. Fax. (083) 247-1070.
Caiçara (**). Av. Olinda, 235 (Tambaú). João Pessoa. cep. 58000-000. Tel.Fax. (083) 247-2040.
Sol-Mar (*). Av. Senador Rui Carneiro, 500 (Tambaú). cep. 58000-000. Tel.(083) 226-1350. Fax. (083) 226-3242.

Agencias de viajes en João Pessoa (capital):

Conexão Viagens e Turismo. Rua Flávio Ribeiro Coutinho, 213/12. João Pessoa. cep. 58013-120. Tel.Fax. (083) 246-7000.
Golden Tour. Av. Nego, 46. João Pessoa. cep. 58039-100. Tel. (083) 226-3100. Fax. (083) 226-7511.

Hoteles en Campina Grande:
Do Vale (**). Rua Janúncio Ferreira, 10. (Alto Branco). cep. 58100-000. Tel. (083) 341-3111. Fax. (083) 341-5914.
Majestic (*). Rua Maciel Pinheiro, 216. cep. 58100-000. Tel. (083) 341-2009. Fax. (083) 321-6748.

Hotel en Souza:
Gadelha Palace (*). Travessa Luciander Rocha João Pessoa, 2. Tel.(083) 521-1880.

PARANÁ

Hoteles en Curitiba (capital):
Bourbon Curitiba. (****). Rua Cândido Lopes, 102. Curibita. Tel. (041) 322-4001. Fax. (041) 322-2282.
Hotel Vitoria Villa (***). Av. Sete de Setembro, 2448 (Centro). cep. 80000-000. Tel.(041) 223-2297. Fax. (041) 223-2105.
Hotel Lancaster (*). Rua Voluntários da Pátria, 91. cep. 80000-000. Tel.Fax. (041) 322-8953.
Agencias de viajes en Curitiba (capital):
Nibras Turismo e Viagens. Av. 7 de setembro, 5104. Curitiba. cep. 80240-000. Tel. (041) 342-1433. Fax. (041) 342-8187.
Wonder Tours Agência de Vaigens e Turismo. Rua Francisca Rocha, 18. Curitiba. cep. 80420-130. Tel. (041) 342-5778. Fax. (041) 244-0513.

Hoteles en Foz do Iguaçu:
Bourbon & Tower(****). Rodovia das Cataratas, km 2,5. cep. 85850-000. Tel.(045) 523-1313. Fax. (045) 574-1110.
Hotel Das Cataratas (Parque) (***). Final da Rodovia das Cataratas, kma 25. cep. 85850-000. Tel.(045) 523-2266. Fax. (045) 574-1688.
Rafain Centro (**). Rua Marechal Deodoro, 984. cep. 85850-000. Tel.Fax. (045) 523-1213.

PERNAMBUCO

Hoteles em Recife (capital):
Sheraton Recife-Praia (****). Av. Bernardo Vieira de Melo, 1624 (Praia da Piedade). cep. 50000-000. Tel. (081) 468-1288. Fax. (081) 468-1118.
Novotel Chaves Recife-Praia (***). Av. Bernardo Vieira de Melo, 684 (Piedade). cep. 50000-000. Tel. (081) 468-4343. Fax. 468-4344.
Recife Plaza (*). Rua da Aurora, 225 (Boa Vista). Tel.Fax. (081) 231-1200.
Agencias de viaje de Recife (capital):
Tropical Tours. Pátio São Pedro, 21. Recife. cep. 50020-220. Tel. (081) 224-6699. Fax. (081) 224-1875.
Maracatur Viagens e Turismo. Rua Barão de Itamaraca, 333. Recife. cep. 52020-070. Tel. (081) 427-1921. Fax. (081) 241-6300.

Hoteles en Olinda:
Sete Colinas (**). Ladeira de São Francisco, 307. cep. 53000-000. Tel. Fax. (081) 439-6055.
Pousada São Francisco (*). Rua do Sol, 127. cep. 53000-000. Tel. (081) 429-2109. Fax. (081) 429-4057.
Samburá (*). Av. Ministro Marcos Freire, 1551. cep. 53000-000. Tel. (081) 429-3466. Fax. (081) 429-3393.

Hoteles en Caruaru:
Village (**). Estrada para Recife Km 135,3. cep. 55000-000. Tel. (081) 722-5544. Fax. (081) 722-7033.
Centenário (*). Rua 7 de Setembro, 84. cep. 55000-000. Tel. (081) 722-4011. Fax. (081) 721-1033.
Caruaru (*). Rua Mestre Pedro, 77. cep. 55000-000. Tel.Fax. (081) 722-5011.

PIAUÍ

Hoteles en Teresina (capital):
Rio Poty.(***). Av. Marechal Castelo Branco, 555 (ilhota). cep. 64000-000. Tel. (086)223-1500. fax (086) 222-6671.
Luxor do Piauí.(**). Praça Marechal Deodoro, 310. cep. 64000-000. Tel. (086) 221-4911. Fax. (086) 221-5171.
São José. (*) Rua João Cabral, 340. cep. 64000-000. Tel.(086) 226-1166. Fax. (086) 226-1244.

Agencias de viajes en Teresina (capital):

Primeira Classe Viagens e Turismo. Rua Lisandro Nogueira, 1110-A. Teresina. cep. 64000-200. Tel.(086) 221-7509. Fax. (086) 221-9223.

Levrini Tur Viagens e Turismo. Rua Lisandro Nogueira, 1575. Teresina. cep. 64000-200. Tel.(086) 223-2030. Fax. (086) 223-8606.

Eco-o-Tur & Coutinho Agencia de Viagens (especializados en Sete Cidades). caixa postal 105. Agencia Centro. Teresina. cep. 64001-970.

Hoteles en Parnaíba:

Delta do Parnaíba (*). Av. Presidente Vargas, 268. cep. 64200-000. Tel. (086) 322-1460. Fax. (086) 321-2464.

Pousada dos Ventos (*). Av. São Sebastião, 2586 (Campos). Saída para Br-343, kms 3. cep. 64200-000. Tel. (086) 322-2177. Fax. (086) 322-4880.

Hoteles en Piripiri (región de Sete Cidades):

Fazenda Sete Cidades(*). km 63 de la Br-222 para Fortaleza. Piripiri. cep. 64260-000. Tel. (086) 276-2222.

RÍO DE JANEIRO

Hoteles en Rio de Janeiro (capital):

Premier Copacabana (***). Rua Tonelero, 205 (Copacabana). cep. 22030-000. Tel. (021) 548-8581. Fax. (021) 547-4139.

Marina Palace (***). Rua Delfim Moreira, 630. (Praia do Leblon). cep. 22441-000. Tel.(021) 259-5212. Fax. (021) 294-1644.

Imperial (*). Rua do Catete, 186 (Catete). tel (021) 205-0772. Fax. (021) 225-5815.

Agencias de viajes en Rio de Janeiro (Capital):

Acrópolis Viagens e Turismo. Rua da Quitanda, 194. sala 706. Rio de Janeiro. cep. 20091-000. Tel.(021) 263-2690. Fax. (021) 283-2892.

Atrium Viagens e Turismo. Rua Barão de Loreto, 17. Rio de Janeiro. Rio de Janeiro.cep. 401150-270. Tel. (021) 247-0099. Fax. (021) 237-2203.

RÍO GRANDE DO NORTE

Hoteles en Natal (capital):

Ocean Palace Hotel (*****).Av. Via Costeira, s/n. km 11. Ponta Negra. Natal. cep. 59090-001. toll free: (084) 800-4144. Fax.(084) 219-3081.

Porto do Mar-Praia (***). Via Costeira, 455. (Praia da Barreira D'Agua, km 5). cep. 59000-000. Tel. (084) 202-4242. Fax. (084) 202-2808.

Residense (*). Av. Salgado Filho, 1773 (Lagoa Nova). Tel. (084) 206-6265. Fax. (084) 206-5454.

Agencias de viajes en Natal (capital):

Athenas Viagens e Turismo. Av. Alexandrino de Alencar, 1211. Natal. cep. 59015-350. Tel.(084) 211-8047. Fax. (084) 222-2264.

Reis Magos Viagens e Turismo. Av. Senador Salgado Filho, 1799. Natal. cep. 59056-000. Tel. (084) 206-5888. Fax. (084) 206-6628.

RÍO GRANDE DO SUL

Hoteles en Porto Alegre (capital):

Plaza São Rafael.(****). Av. Alberto Bins, 514. Porto Alegre. cep. 90000-000 (051) 211-5767 . Fax.(051) 221-6883.

Caesar Towers.(***) Av. Coronel Lucas de Oliveira, 995 (Bela Vista). Porto Alegre. cep. 90000-000. Tel. (051) 333-0333. Fax. (051) 330-5233.

Center Park. (***) Rua Coronel Frederico Link, 25 (Moinhos de Vento). Porto Alegre. cep. 90000-000. Tel.(051) 311-5388. Fax. (051) 311-5320.

Agencias de Viajes de Porto Alegre (capital):

BTM Viagens de Turismo. Av. Alberto Bins, 392, conjunto 1302. Porto Alegre. cep. 90030-140. Tel.Fax. (051) 224-6344.

Balboa Viagens e Turismo. Av. Benjamin Constant, 1468. Porto Alegre. cep. 90550-002. Tel. (051) 343-3088. Fax. 343-0288.

RONDÔNIA

Hoteles en Porto Velho (capital):

Vila Rica (***). Av. Carlos Gomes, 1616 (centro). cep. 78900-000.Tel.Fax. (069) 224-3433.

Rondon Palace (**). Av. Governador Jorge Teixeira s/nº. (Jacy Paraná- Nossa Senhora das Graças). cep. 78900-000. Tel.Fax.(069) 224-6160.

Central (*). Rua Tenreiro Aranha, 2472. cep. 78900-000. Tel.(069) 224-2099. Fax. (069) 224-5114.

Agencias de viajes en Porto Velho (capital):

Lua Nova Viagens e Turismo. Av. Carlos Gomes, 1645. Loja 3. Porto Velho. cep. 78901-200. Tel. (069) 224-7932. Fax. (069) 223-2904.

Silvestre Turismo e Viagens. Rua José de Alencar, 3333. Porto Velho. cep. 78050-500. Tel. (069) 223-2250. Fax. (069) 223-2230.

RORAIMA

Hoteles en Boa Vista (capital):

Aipana Plaza (*). Praça Centro Cívico, 53. cep. 69300-000. Tel. (095) 224-4800. Fax. (095) 224-4116.

Uiramutam Palace (*). Av. Capitão Ene Garcez, 427. cep. 69300-000. Tel. Fax. (095) 224-9912.

Eusébio (*). Rua Cecília Brasil, 1107. cep. 69300-000. Tel.(095) 623-0300. Fax. (095) 623-9131.

Agencias de viajes en Boa Vista (capital):

Anauá Viagens e Turismo. Rua Cecília Brasil, 708. 1º andar. sala 12. Boa Vista. cep. 69301-080. Tel. (095) 224-4734. Fax. (095) 224-7052.

Timbó Turismo e Viagens. Av. Benjamin Constant, 170. Boa Vista. cep. 69301-021. Tel. (095) 224-4350. Fax. (095) 224-4077.

SANTA CATARINA

Hoteles en Florianópolis (capital):

Canasvieiras Praia Hotel (***) Rua Hypólito Gregório Pereira, 700. (Canasvieiras). Florianópolis. cep. 88054-210. Tel. (tool free) 0800-48-1310. Fax. (048) 266-1310.

Porto Ingleses (praia)(***). Rua das Gaivotas, 610 (Praia dos Ingleses) km 36. Florianópolis. cep. 88000-000. Tel. (048) 269-1414. Fax. (048) 269-2090.

Valerim Plaza (**). Rua Felipe Schmidt, 705 (Centro). cep 88000-000. Tel.Fax. (048) 224-3388.

Agencias de Viajes en Florianópolis (capital):

ABC Viagens e Turismo. Rua Pascoal Simone, 197. Florianópolis. cep. 8808-350. Tel.Fax. (048) 244-2393.

Unisoli Viagens e Turismo. Av. Luís Boiteux Piazza, 4810. Florianópolis. cep. 88056-000. Tel.(048) 261-4077. 261-4078.

Hoteles en Joinville:

Anthurium Parque Hotel (**). Rua São José, 226. Centro. Joinville. Tel.Fax. (047) 433-6299.

Tannenhof Othon (**). Rua Visconde de Taunay, 340. cep. 89200-000. Tel. Fax. (047) 433-8011.

Le Canard L'École Joinville (**). Rua 15 de novembro, 2075 (Glória). cep. 89200-000. Tel.Fax. (047) 433-5033.

SÃO PAULO

Hoteles en São Paulo (capital):

Grand Hotel Mercure(****). Rua Joinville, 511 (Vila Mariana). cep. 0408-011. Tel. (011) 5088-4000. Fax. (011) 5088-4001.

Nikkey Palace (***). Rua Galvão Bueno, 425 (Liberdade). Tel. (011) 270-8511. fax (011) 270-6614.

Normandie (*). Av. Ipiranga, 1187 (Centro). Tel. (011) 228-5766. Fax. (011) 228-3157.

Agencias de viaje en São Paulo (capital):

Agência Geral Tour Brasil de Viagens e Turismo. Av. Paulista, 505. São Paulo. cep. 01301-001. Tel. (011) 255-9644. Fax. (011) 258-8536.

Chão Nosso Viagens Culturais e Turismo. Rua Caiowaá, 1997. São Paulo. cep. 01258-000. Tel.Fax. (011) 3872-2567.
Flying Agência de Viagens e Turismo. Rua Domingo de Morais, 2104. Bloco B. São Paulo. cep. 04036-000. Tel.Fax. (011) 574-1244.

Hoteles en Peruíbe:
Xapuri Praia (*).Alameda Barão de Mauá, 227. cep. 11750-000. Tel.Fax. (013) 455-4177.
Paraíso do Sol (*). Rua Francisco Garcia, 280. cep. 11750-000. Tel.Fax. (013) 455-5918.
Colonial de Peruíbe (*). Av. João Abel, 218 (saída para a SP 55) km 7. cep. 11750-000. Tel.(013) 458-2685.

SERGIPE

Hoteles en Aracaju (capital):
Parque dos Coqueiros (***). Rua Francisco Rabelo Leite Neto, 1075. (Praia de Atalaia). cep. 49000-000. Tel. Fax.(079) 243-1511.
Resort Hotel da Ilha Praia da Costa (Ilha de Santa Luzia-Barra dos Coqueiros. cep. 49000-000. Tel. (079) 262-1221. Fax. (079) 262-1380.
Beira Mar (**). Av. Rotary (Praia de Atalaia). cep. 49000-000. Tel. (079) 243-1921. Fax. (079) 243-1153.
Agencias de viajes de Aracaju (capital):
Cactu's Viagens e Turismo. Rua Humberto Pinto Maia, 4609-A. Aracaju. Sergipe. cep. 49075-200. Tel. (079) 231-3200. Fax.(079) 217-1244.
Mar&Sol Agência de Viagens. Rua Manoel gomes da Rocha, 05. Aracaju. cep. 49045-480. Tel.(079) 231-1982. Fax. (079) 231-8857.

TOCANTINS

Hoteles en Palmas (capital):
Pousada dos Girassóis (*). Conjunto 03, lote 43, AVNS 1. Palmas. Tel. (063) 215-1187. Fax. 215-2321.
Casa Grande (*). Palmas. Avenida Teotônio Segurado. Conjunto 1. Lote 1. (ACSUSO 20)Tel.Fax. (063) 215-1813.
Hotel Turim (*). Conjunto 02 lote 37/40, ACNO 1. Palmas. Tel. (063) 215-1484. Fax. (063) 215-2890.
Agencias de viajes en Palmas (capital):
Turismo Batista Pereira. ACSO 01 Conjunto 1- lote 41. Palmas. Tel. (063) 215-1228.
Tocantins Transporte e Turismo. Quadra 15 - lote 03/15 Al 4- ARS SE 65. Palmas. Tel. (063) 216-3102.
Ponte Alta Turismo. Quadra 3 - lote 39/63 Al.5 -ASR SE 65. Palmas. Tel.(063) 214-1131.

Asociaciones para ayuda humanitaria

Associaçao de Assistência à Criança Defeituosa (A.A.C.D. Asociación de Asistencia a los Niños Minusválidos). Av. Prof. Ascendino Reis, 724. SP. Tel. (011) 575-8555.
União pela Vida: Ação Conjunta da Sociedade e Salesianos (asociación qua ayuda a niños. adolescentes). Caixa postal 0427. Manaus (AM). cep. 69011-999. Tel. (092) 633-4414. Fax. (092) 232-4649.
Fundo Cristão para Crianças (Fondo Cristiano para Niños). www.fcc-brasil.org.br
CIMI. Conselho Indigenista Missionário. SDS. Edifício Venâncio III, salas 309/314. Brasília. DF. cep. 70393-900. Tel. (061) 2225-9457. Fax. (061) 225-9401. e-mail: cimi@embraTel.net.br. internet: http://www.cimi.org.br
Legião Brasileira de Boa Vontade. SGAS 915. Lotes 75/76. Brasilia.DF. cep. 70390-150.tel(061) 245-1070. Av. Rudge, 938. Sao Paulo. SP. cep. 01134-000. Tel.(011) 250-4838. http://www.lbv.org

Todos aquellos que tengan las mismas inquietudes del autor. quieran intercambiar ideas e impresiones pueden hacerlo en el:

Apartado de correos 52039 - 28080. Madrid. España.
PABLO VILLARRUBIA MAUSO

ÍNDICES

Onomástico

Etnias y grupos indígenas

Dioses y entidades mitológicas

Temático

Toponímico y Geográfico por mención en capítulos

Clave de los Estados brasileños

AC	Acre	**PE**	Pernamubuco
AL	Alagoas	**PI**	Piauí
AM	Amazonas	**PR**	Paraná
AP	Amapá	**RJ**	Río de Janeiro
BA	Bahía	**RN**	Río Grande do Norte
CE	Ceará	**RO**	Rondônia
DF	Brasilia. Distrito Federal	**RR**	Roraima
ES	Espírito Santo	**RS**	Río Grande do Sul
GO	Goiás	**SC**	Santa Catarina
MA	Maranhão	**SE**	Sergipe
MG	Minas Gerais	**SP**	São Paulo
MS	Mato Grosso do Sul	**TO**	Tocantins
MT	Mato Grosso		
PA	Pará		
PB	Paraíba	**IN**	Introducción del libro

Glosario

Bandeiras: fuerzas armadas de los núcleos urbanos fundados por los portugueses en Brasil con el objetivo de "servir" al rey (de Portugal) más villas y ciudades .Las más importantes actuaron en los siglos XVII y XVIII.
Bandeirantes: miembros de las bandeiras, exploradores y conquistadores de nuevos espacios geográficos, acusados por algunos de comercio con esclavos indígenas. Dieron forma a gran parte del actual territorio brasileño.
Chapada: mesetas o montañas de cima plana, con cuestas abruptas o ligeramente inclinadas.
Candomblé: religión afro-brasileña con un gran panteón de deidades inspiradas en las fuerzas de la naturaleza.
Garimpeiros: buscadores de oro, generalmente en las regiones norte, noreste y centro-oeste de Brasil.
Gaiolas: embarcaciones con dos o más plantas y gran capacidad para transporte en los ríos amazónicos.
Mãe-do-ouro: fenómeno lumínoso de origen desconocido. Generalmente bolas de luz trazando una trayectoria regular en el cielo, entre un punto y otro de un espacio casi siempre fijo, como dos sierras. En ocasiones persiguen a campesinos. Cuenta la leyenda que es un espíritu que señala donde está enterrado un tesoro.
Pajé: chamán o hechicero indígena.
Seringueiro: explotador o recolector del caucho producido por la *seringueira* (*Hevea brasiliensis*) en el Amazonas.
Sertão: espacio geográfico del interior de Brasil desconocido (hoy aún existen lugares no visitados por el hombre). No obstante también puede designar la región entre el estado del Maranhão y los demás nordestinos, sometidos a sequías. La vegetación típica del *sertão* es la *caatinga*, compuesta por arbustos y cactáceas que crecen sobre terrenos pobres y agrestes.
Sertanista: aquel que se dedica a explorar los "sertões" y a contactar con tribus indígenas.
Rodoviária: red de carreteras brasileñas.
Voadeiras: lanchas de aluminio motorizadas que navegan por los ríos Amazónicos.

Egipto el Oculto

Nacho Ares.

2.300 pesetas.

Dos mil años después de último suspiro, el dios Amón de Egipto (*el Oculto*), sigue cubriendo con su sombra secular infinidad de secretos que aún hoy esperan una respuesta de los científicos. Nacho Ares analiza a lo largo de este libro los diez grandes temas que hasta ahora no ha podido explicar satisfactoriamente la egiptología ortodoxa.

El Hechizado

Mar Rey Bueno.

1.900 pesetas.

España, finales del siglo XVII. El rey Carlos II, enfermizo y débil no tiene un heredero. La Corona, acuciada por el vacío de poder, puso todas sus energías en la búsqueda de un remedio. Alquimistas, curanderos y exorcistas, junto a eminentes catedráticos de medicina, intentaron desesperadamente salvar la descendencia del último vástago de una dinastía moribunda.

El enigma de las siete luces

José Antonio Iniesta

2.500 pesetas.

Una maravillosa novela, con hermosas ilustraciones en color, que le sumergirá en un mundo mágico, habitado por fantásticos seres, en el que encontrará las pistas que le conducirán, junto a sus protagonistas, a descubrir el mundo interior que cada uno tenemos.

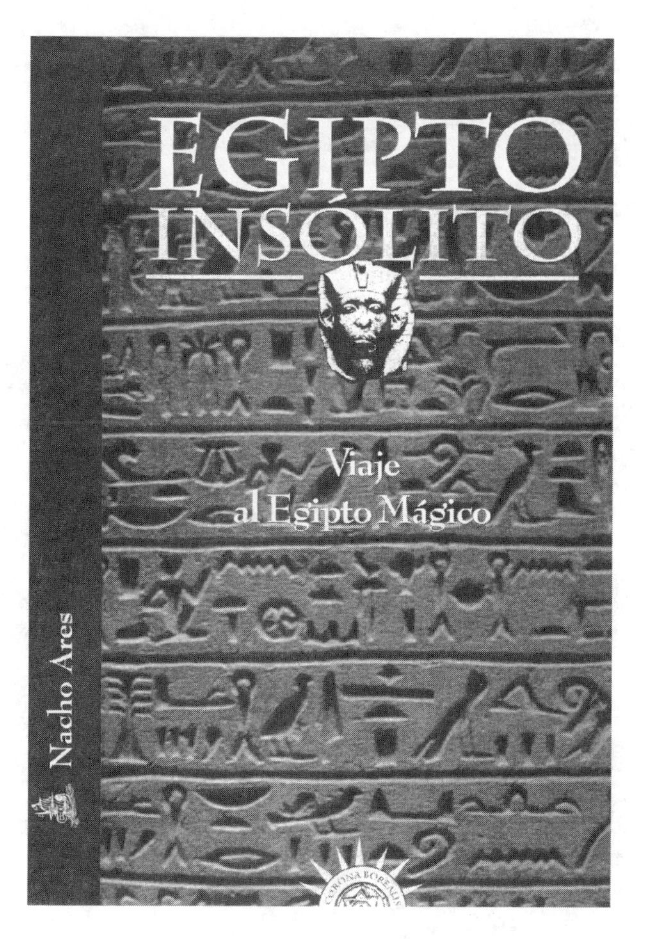

Egipto insólito

Nacho Ares. **2.300 pesetas**

Más de una vez nos habremos preguntado por qué causa tanta fascinación la cultura egipcia en nuestra civilización de cemento acero y cristal. Seguramente, la repuesta sea más sencilla de lo que a simple vista puede parecer. Y es que, cualquier viaje a Egipto es, al fin y al cabo, un regreso a nuestros orígenes. Este libro es una buena prueba de ello. El país de los faraones es la cuna de la civilización, y todavía un mundo por descubrir. El viajero del Nilo con la compañía de este libro tendrá una visión diferente y muy completa de todo aquello que otras guías no le contarán.

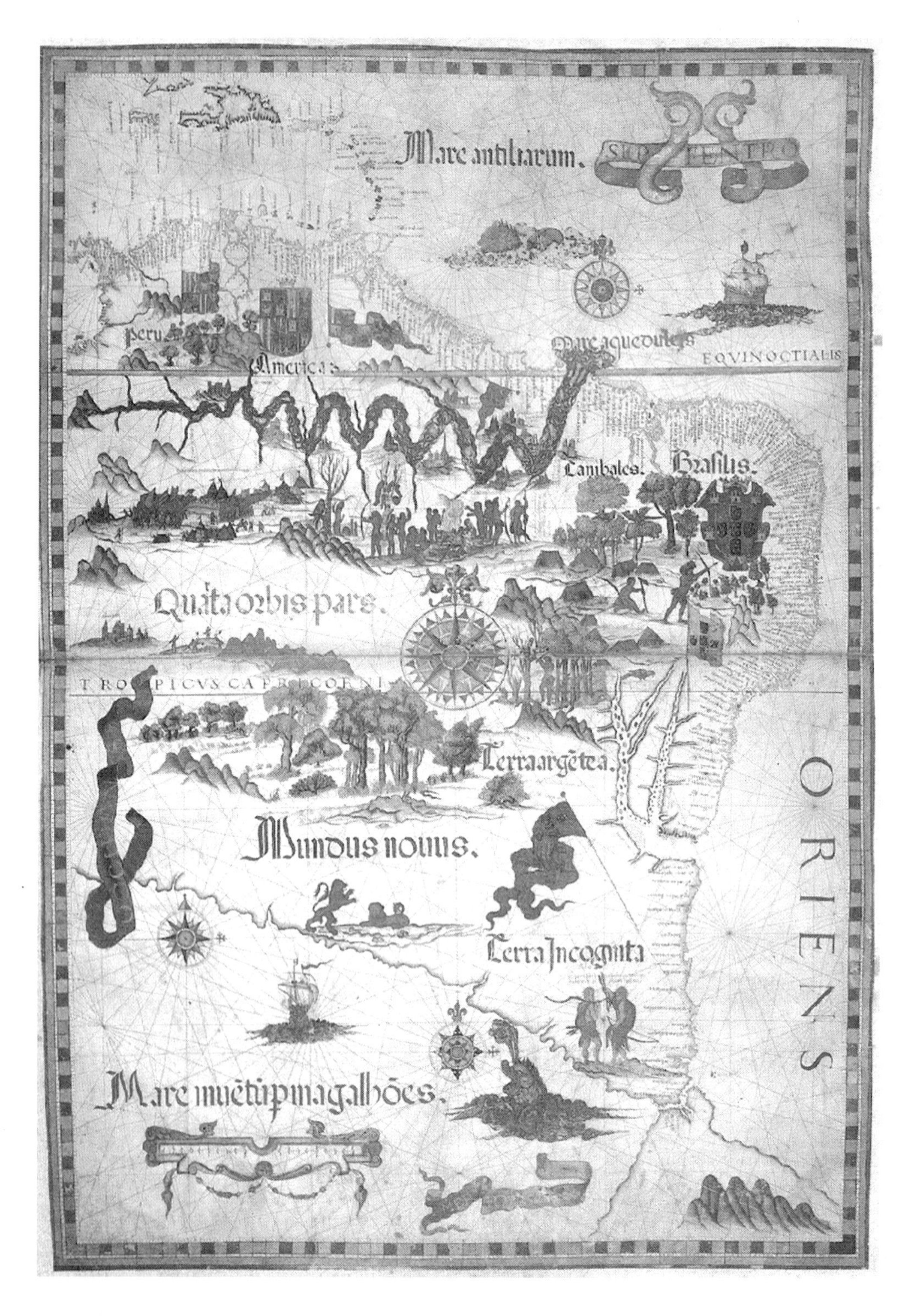
Mare antiliarum.
Peru
America
Mare aquedulcis
EQVINOCTIALIS
Cambales.
Brasilis.
Quarta orbis pars.
TROPICVS CAPRICORNI
Terra argẽtea.
Mundus novus.
ORIENS
Terra Incognita
Mare muẽtũ p magalhões.